发电厂动力部分

 方勇耕 主编

中国水利水电出版社
www.waterpub.com.cn

内 容 提 要

　　本书重点介绍了发电厂动力设备的作用、原理和运行情况；发电厂动力设备的结构及动力设备相互之间的联系；对发电厂动力设备实时监控的方法及信号采集的处理手段；微机液压型调速器的基本原理及机组在电网中的运行方式和对电网的频率调整方法等。从而，使读者对发电厂动力设备有一个系统的了解。文中配有大量的机械设备立体图和立体剖视图，便于读者识图。书后配有大量的自测练习题和参考答案，便于读者自学练习及自测。

　　本书可供从事电力工程设计和发电厂运行安装的工程技术人员学习、参考，也可作为高等学校电力专业学生的教学用书。

图书在版编目（CIP）数据

发电厂动力部分/方勇耕主编 . —北京：中国水利水电出版社，2004（2022.1 重印）
ISBN 978 - 7 - 5084 - 1917 - 6

Ⅰ. 发… Ⅱ. 方… Ⅲ. 发电机–基本知识 Ⅳ. TM31

中国版本图书馆 CIP 数据核字（2004）第 007736 号

书　　名	**发电厂动力部分**
作　　者	方勇耕　主编
出版发行	中国水利水电出版社
	（北京市海淀区玉渊潭南路 1 号 D 座　　100038）
	网址：www. waterpub. com. cn
	E - mail：sales@waterpub. com. cn
	电话：（010）68367658（营销中心）
经　　售	北京科水图书销售中心（零售）
	电话：（010）88383994、63202643、68545874
	全国各地新华书店和相关出版物销售网点
排　　版	中国水利水电出版社微机排版中心
印　　刷	天津嘉恒印务有限公司
规　　格	184mm×260mm　16 开本　14.25 印张　338 千字
版　　次	2004 年 3 月第 1 版　2022 年 1 月第 10 次印刷
印　　数	26101—28100 册
定　　价	**39.00** 元

前　　言

　　随着新技术、新设备在发电厂的广泛应用，发电厂的动力设备也发生了比较大的变化，特别是计算机监控技术在发电厂的普及应用，使得发电厂动力设备的监测、控制发生了质的变化。微机液压型调速器调节控制的机组和全厂计算机监控使得发电厂无人值班、少人值守、远控遥控操作变成现实。针对目前同类书籍缺少微机液压型调速器和动力设备计算机监控等方面知识介绍的现状，面对高级应用型人才的培养需求，策划编写了本书。

　　本书较全面地反映了我国目前中小型发电厂的新技术、新设备，特别是目前我国中小型发电厂动力设备计算机监测与控制以及机组的微机液压型调速器调节与控制技术，简要介绍了火电厂环境保护技术。

　　本书在编写内容的安排上，对水电、火电的内容同等对待。在本书编写中，编者注重突出了这两种发电厂的共同点和不同点。因为水轮机与汽轮机同属流体机械，水轮机原理与汽轮机原理几乎相同，只不过工作介质不同；水轮发电机组与汽轮发电机组在同一个电网中运行，水轮机调节与汽轮机调节的工作原理完全相同；现代工业计算机监控系统的结构，基本上都是分散式控制结构，水电厂计算机监控系统的结构与火电厂计算机监控系统的结构也基本相同。所以，凡是在前半部分水电厂动力部分中介绍过的知识点，在后半部分对火电厂动力部分的知识介绍时，采用与前面已介绍过的内容进行对比分析的方法，重点介绍它们之间的共性和各自的特点以及在各种使用场合的不同应用，这样既节省了文字篇幅，又对前面已学知识进行了复习和应用，起到事半功倍、举一反三的效果。

　　本书力求读者弄懂动力设备的作用、原理和运行，了解发电厂动力设备相互之间的联系，了解进行计算机实时监控的手段及信号采集处理的方法，掌握发电机组在电网中的运行方式和电网的频率调整方法，从而对发电厂动力设备有一个系统的、整体的了解，为各种专业知识的学习和现场知识的积累搭建了良好的知识平台。

动力设备的机械视图一般都比较复杂，是读者学习过程中经常遇到的难题。为此，编者利用几十年来收集到大量的立体图片，基本做到每介绍一个设备都同时配有平面机械视图和立体视图，甚至配有很难得到的立体剖视图，使读者通过平面机械视图与立体视图的对比，方便轻松地掌握平面机械视图的识图方法。

本书可供从事电力和动力工程设计的工程技术人员、发电厂运行安装的工程技术人员学习或参考，也可以作为高等学校电力和动力专业学生的学习或参考书籍。本书的最后附有大量的自测练习题和参考答案，便于读者自学练习。每一个习题都有记分值，读者可以任取100分值的习题，对自己进行闭卷测验打分。

参加本书编写的有陈峰、张颐、方元、陆天华、宋水明等专家学者。本书在编写过程中得到了杭州发电设备厂、杭州汽轮机厂、杭州半山火力发电厂、浙江龙泉均溪二级水电厂、浙江江能水电建筑安装公司、浙江水电勘测设计院和浙江水利水电专科学校等诸多单位和专家、学者的指导帮助，在此一并表示感谢。

由于编者水平有限，接触和收集的资料局限，文中可能会有错误和不足之处，恳请读者批评指正。

编　者

2004 年 1 月于杭州

目　　录

第一篇　水电厂动力部分

水电厂动力部分主要由水轮机、调速器和辅助设备组成。水轮机将水能转换成旋转机械能，再由发电机转换成电能。水轮机和发电机组成水轮发电机组，称水电厂的主机，则其他机械设备称水电厂的辅机。调速器能自动调节水轮发电机组的转速，使发电机输出的交流电的频率符合要求。调速器设备应该归属于水电厂的辅机，但是由于水轮机的调速器设备比较复杂，功能比较重要，水轮机调节理论相对独立，因此将调速器及水轮机调节的内容单独放在第四章介绍。水电厂辅助设备中的主阀能实现机组的紧急停机，油、气、水系统设备能向机组提供润滑、冷却、机组制动等技术服务，保证机组的正常安全运行。

第一章　水力发电的基本原理

自然界的河床高程总是沿程下降的，河床高程下降的程度可用河床的坡降表示。有的河床在沿程几千米到几万米范围内，坡降可达几十米甚至几百米，河床中的水流每时每刻都在从高处流向低处释放能量，将水能消耗在流动的路程上。水力发电的任务是采用最经济安全的方法，将消耗在河床路程上的水能收集储存起来并转换成电能。水力发电是人类改造大自然、利用大自然最成功的一个典范，是取之不尽、用之不竭的绿色再生能源。

第一节　河流的水流能量

一、水能与水头

1. 水体的能量形式

水流作为流体的一种形态，具有三种能量形式，如图 1-1 所示。m 质量的水体其具有的三种能量形式为

位能：$\qquad mgz$

动能：$\qquad \dfrac{1}{2}mv^2$

压能：$\qquad mg\dfrac{p}{\gamma}$

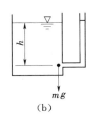

图 1-1　水质点的三种能量形式

（a）水质点的位能和动能；（b）水质点的压能

式中　γ——水的容重，$\gamma = 9810 \text{N/m}^3$；

　　　z——m 质量的水体相对某一基准平面的位置高度，m；

1

v——水流过水断面的平均流速，m/s；

p——m 质量水体内的点压力，$p = \gamma h$，Pa。

水体压能的表示如图 1-1（b）所示，如果杯子右壁面的细管中原先是空气，则在水下 h 深处质量为 m 的水体就会释放能量，在压力 p 的作用下克服地球引力 mg，沿着细管上升 h 高处，压力 p 所做的功

$$W_p = mgh \tag{1-1}$$

根据功能原理，压力 p 所做的功就等于 m 质量的水体在 h 深处所具有的能量——压能，即 m 质量的水体在 h 深处所具有的压能

$$E_p = W_p = mgh = mg\,\frac{p}{\gamma} \tag{1-2}$$

2. 压力的计量方法

单位面积上的作用力在工程中习惯称"压力"，也就是中学物理中的"压强"，用小写符号"p"表示。作用某一面积的压力在工程中习惯称"总压力"，用大写符号"P"表示。压力有以下几种单位：

$$1at（工程大气压）= 10mH_2O = 1kgf/cm^2$$

$$= 10000kgf/m^2 = 98100N/m^2 = 98100Pa（帕斯卡）$$

$$= 0.0981 \times 10^6 Pa = 0.0981MPa（兆帕）$$

压力有两种计量方法，一种是以工程大气压力作为计算零点的计量方法，另一种是以完全真空作为计算零点的计量方法。因此有四种含义的压力值：

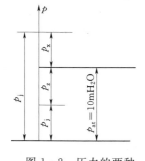

图 1-2　压力的两种
　计算零点

（1）相对压力 p_x。以工程大气压力作为计算零点，比工程大气压力大的数值称相对压力，见图 1-2。

（2）真空度 p_z。以工程大气压力作为计算零点，比工程大气压力小的数值称真空度，则最大真空度为 $10mH_2O$。

（3）绝对压力 p_j。以完全真空，即比工程大气压力小 $10mH_2O$ 作为计算零点，比该零点大的数值称绝对压力，则

$$p_x = p_j - p_{at} \tag{1-3}$$

$$p_z = p_{at} - p_j \tag{1-4}$$

式中　p_{at}——工程大气压。

（4）表压力 p_e。实际工程中使用的各种压力表所指示的压力，是比当地大气压力 p_{amb} 大的数值（表相对压力）或小的数值（表真空度）。在黄海零高程的海平面上的当地大气绝对压力为 $10.33mH_2O$（物理大气压），海拔每上升 900m，当地大气压力就下降 $1mH_2O$。显然

$$p_j = p_e + p_{amb} \tag{1-5}$$

3. 水体的单位能量

水流三种能量的数值大小不但与水体的能量特征有关，还与水体的质量 m 有关，因

此不能确切表示水体的能量特征。为了能确切地表示水体的能量特征，通常用单位重量水体的能量来确切地表示水体的能量特征。单位重量水体的能量又称为水头（E），单位重量水体的能量也有三种能量形式，即

单位位能：z

单位动能：$\dfrac{\alpha v^2}{2g}$（过水断面平均单位动能）

单位压能：$\dfrac{p}{\gamma}$

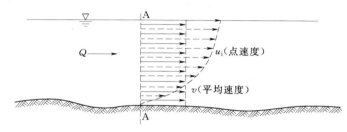

图 1-3　河流过水断面水质点的流速分布规律

由于水流具有粘滞性，使得水流在同一过水断面上流速分布很不均匀。对于有自由表面的河流，在河流表面中心线上的水质点流速最高，与河床固体表面接触的水质点流速为零，见图 1-3 过水断面 A—A，在整个过水断面上，水质点的流速按抛物线规律分布。对无自由表面的管流，在管流中心线上的水质点流速最高，与管道固体表面接触的水质点流速为零，见图 1-4 过水断面 A—A，在整个过水断面上，水质点的流速按抛物线规律分布。因此，我们只能用断面所有水质点的单位动能平均值来表示过水断面平均单位动能。

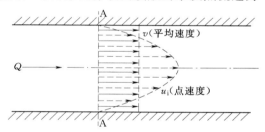

图 1-4　管流过水断面水质
点的流速分布规律

设过水断面有 n 个水质点，则过水断面所有水质点的单位动能的平均值为

$$\frac{\sum\limits_{i=1}^{n}\dfrac{u_i^2}{2g}}{n} \tag{1-6}$$

式中　$u_i^2/2g$——第 i 个水质点的单位动能。

由于每一个水质点的点流速 u_i 实际是无法测量得到的，所以式（1-6）无法计算，只能得到断面平均流速 v，采用过水断面平均流速 v 所表示的单位动能 $v^2/2g$ 来表示过水断面平均单位动能，但是通过实测发现 $v^2/2g$ 小于式（1-6）表示的过水断面平均单位动能，工程中采取对 $v^2/2g$ 乘上一个大于 1 的系数 α 来进行修正的办法，并使

$$\frac{\alpha v^2}{2g} = \frac{\sum\limits_{i=1}^{n}\dfrac{u_i^2}{2g}}{n} \tag{1-7}$$

式中　α——动能修正系数，由水力学试验可得 $\alpha=1.05\sim1.1$，在定性分析时常取 $\alpha=1.0$。

过水断面平均流速

$$v = \frac{Q}{A} \tag{1-8}$$

式中　Q——流过过水断面的水流量，m^3/s；

　　　A——过水断面的面积，m^2。

水头等于单位位能、单位压能和单位动能三种单位能量之和，也可以认为是位置水头、压力水头和流速水头三个水头之和，即

$$E = z + \frac{p}{\gamma} + \frac{\alpha v^2}{2g} \tag{1-9}$$

水头的单位为"米水柱高"（mH_2O），简称"米"（m）。

由于水体的单位能量更能确切地反映水体的能量特征，所以如不作特殊说明，水体能量都是指水体的单位能量。根据能量守恒与转换定律，水体的三种能量形式相互之间能够转换。

【例题 1-1】　水流总是希望从能量高的状态向能量低的状态释放，例如高处的水总是自发地向低处流动。在静止水体内部水质点只受重力作用，水质点相互之间没有运动，表明静止水体内部水质点的能量处处相等，静止水体内水质点的动能为零，因此静止水体内水质点的位能与压能之和处处相等，见图 1-5，即

$$z_1 + \frac{p_1}{\gamma} = z_2 + \frac{p_2}{\gamma} = \cdots = 常数$$

公式表明在静止水体内部水质点的位能与压能可以相互转换，既在同一静止水体内部，水质点的位能大了，压能就小了；反之水质点的位能小了，压能就大了，这就是静止水体内部的压力分布规律。由于每一个水质点的总能量都相等，所以所有水质点处于静止平衡状态。

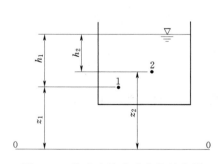

图 1-5　静止水体水质点的总能量

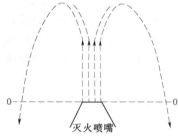

图 1-6　运动水体水质点的
能量互换

【例题 1-2】　对运动的水流，例如消防灭火喷嘴的射流，当忽略了空气的摩擦阻力时，水质点的能量转换，如图 1-6 所示，依次为：

水塔中水的位能→喷嘴内水的压能→喷嘴出口水的动能→射流顶端水的位能→射流下落水的动能

水流沿程流速大小、方向不变的流段称为均匀流，水流沿程流速大小、方向变化不大的流段称为渐变流。在均匀流中，水质点既不加速也不减速作匀速运动，同一过水断面上的水质点所受的惯性力为零，只受重力作用，与静止水体内水质点的受力相同，因此在均匀流中同一过水断面上水质点的压力分布规律与静止水体内的压力分布规律相同，即

$$z_1 + \frac{p_1}{\gamma} = z_2 + \frac{p_2}{\gamma} = \cdots = \text{常数} \qquad (1-10)$$

在渐变流中，水质点不是加速运动就是减速运动，或者运动方向发生变化，水质点所受的惯性力不为零，但是由于是渐变流，水流速度的大小和方向变化较小，水质点所受的惯性力较小，可以忽略不计，可以近似认为同一过水断面上的水质点所受的惯性力为零，只受重力作用。因此在渐变流中同一过水断面上水质点的压力分布规律近似与静止水体内的压力分布规律相同。

图 1-7 所示为水流流速方向沿程不变，但流速大小沿程减速，由于流速大小变化不大，可以认为是渐变流。所以对同一过水断面的不同水质点有

$$z_1 + \frac{p_1}{\gamma} \approx z_2 + \frac{p_2}{\gamma} \approx \cdots \approx \text{常数} \qquad (1-11)$$

因此在均匀流和渐变流中，可以认为在同一过水断面上每一水质点的

$$z + \frac{p}{\gamma} + \frac{\alpha v^2}{2g} = \text{常数} \qquad (1-12)$$

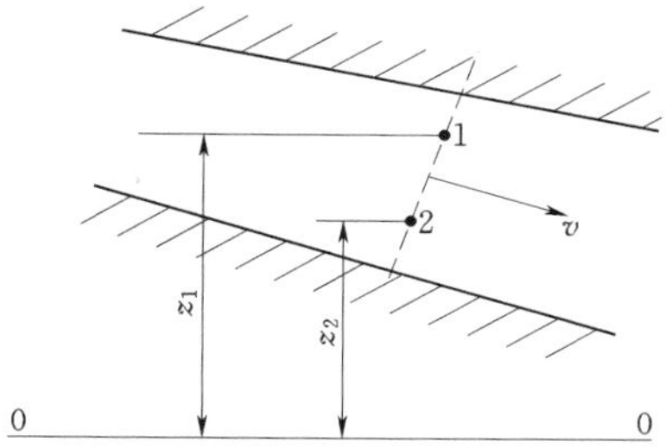

图 1-7　渐变流管流过水断面的压力分布规律

即在均匀流和渐变流中，同一过水断面上水质点的单位能量处处相等，但是不同过水断面上水质点的单位能量处处不相等，并且是沿程下降，因为水流运动需要克服摩擦阻力消耗能量。也就是说，在对均匀流和渐变流中的某一过水断面水质点的单位能量计算时，取该断面上任一个水质点作为计算点都可以。实际工程中，在水流的沿程总能找到均匀流段或渐变流段，避开流速大小、方向变化较大的急变流段，因此在水力计算时，总是把计算的过水断面放在均匀流段或渐变流段上。并且在河流水力计算时将过水断面的计算点放在河流的自由表面上；在管流水力计算时将过水断面的计算点放在管流的管轴线上，这样可使水力计算简单一些。

【例题 1-3】　已知河流某均匀流中的同一过水断面，如图 1-8 所示，水质点位置高度 $z_1 = 5$m，$z_2 = 3$m，断面平均流速 $v = 2$m/s，请计算给定过水断面水质点 1、2 的单位能量（$h = z_1 - z_2$）。

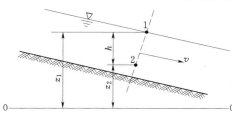

图 1-8　均匀流河流过水断面水质点的总能量

解　（1）水质点 1 的单位能量——水头（取 $\alpha_1 = 1.0$）

$$E_1 = z_1 + \frac{p_1}{\gamma} + \frac{\alpha_1 v^2}{2g} = z_1 + 0 + \frac{\alpha_1 v^2}{2g}$$
$$= 5 + \frac{1 \times 2^2}{2 \times 9.81} = 5.2 \text{(m)}$$

（2）水质点 2 的单位能量——水头（取 $\alpha_2 = 1.0$）

$$E_2 = z_2 + \frac{p_2}{\gamma} + \frac{\alpha_2 v^2}{2g} = z_2 + \frac{\gamma h}{\gamma} + \frac{\alpha_2 v^2}{2g}$$
$$= 3 + (5-3) + \frac{1 \times 2^2}{2 \times 9.81} = 5.2 \text{(m)}$$

由此可见，只要给定过水断面位于均匀流或渐变流上，同一过水断面不同水质点的单位能量相等，即

$$E_1 = E_2$$

从点 1、点 2 计算过程可知，计算点放在河面上点 1 处时，由于河床表面作用大气压力 $p_1 = 0$，可使计算简化。

当水流流速较大，流速水头不可忽略时，水质点 1 的水头 E_1 大于位置高度 z_1；如果水流流速较小，流速水头可以忽略不计，则水质点 1 的水头 E_1 等于位置高度 z_1。

二、河流的水流功率

自然河流的水流具有一定的能量，取河流某一河段进行分析，见图 1-9，过水断面 A—A 单位重量水体的能量为

$$E_A = z_A + \frac{p_A}{\gamma} + \frac{\alpha_A v_A^2}{2g} \tag{1-13}$$

断面 B—B 单位重量水体的能量为

$$E_B = z_B + \frac{p_B}{\gamma} + \frac{\alpha_B v_B^2}{2g} \tag{1-14}$$

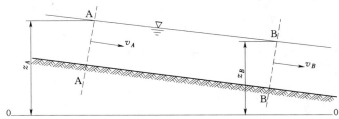

图 1-9　河流的水流能量

两断面之间单位重量水体的能量差值为

$$\Delta E = E_A - E_B \tag{1-15}$$

两断面之间河流的水流功率为

$$N_{hl} = \gamma Q \Delta E \quad (\text{N} \cdot \text{m/s}) \tag{1-16}$$

式中　Q——河流的常年径流量，m^3/s。

两断面之间河流的水能蕴藏量为

$$W_{hl} = N_{hl} t = \gamma Q \Delta E t \tag{1-17}$$

式中　t——时间。

这些水流能量一直消耗在克服水流与水流、水流与河床的摩擦阻力上，消耗在对河床岩石的冲刷上，消耗在对河流泥沙的搬运上。

如果在河流 B 处建造大坝挡水，见图 1-10，抬高水位，就能形成水库和上下游的水位差，现在以黄海平面作为位置高度的基准平面，上游水库中单位重量水体的能量为

$$E_{sy} = \nabla_{sy} + \frac{p_{sy}}{\gamma} + \frac{\alpha_{sy} v_{sy}^2}{2g} \tag{1-18}$$

式中　∇_{sy}——水电厂水库上游水位海拔高程；

　　　v_{sy}——上游水库水流的平均流速。

下游尾水单位重量水体的能量为

$$E_{xy} = \nabla_{xy} + \frac{p_{xy}}{\gamma} + \frac{\alpha_{xy} v_{xy}^2}{2g} \tag{1-19}$$

式中　∇_{xy}——水电厂水库下游尾水海拔高程；

　　　v_{xy}——下游尾水水流的平均流速。

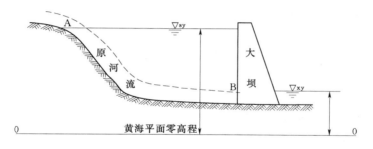

图 1−10 拦河大坝的作用

上游水库与下游尾水之间单位重量水体能量的差值称水电厂毛水头 H_m，即

$$H_m = E_{sy} - E_{xy} = \left(\nabla_{sy} + \frac{p_{sy}}{\gamma} + \frac{\alpha_{sy}v_{xy}^2}{2g}\right) - \left(\nabla_{xy} + \frac{p_{xy}}{\gamma} + \frac{\alpha_{xy}v_{xy}^2}{2g}\right) \qquad (1-20)$$

因为上下游水面作用的都是大气压力，所以水体的单位压能为

$$\frac{p_{sy}}{\gamma} = \frac{p_{xy}}{\gamma} = 0 \qquad (1-21)$$

因为上下游水流过水断面面积都较大，平均流速较低，所以水体的单位动能为

$$\frac{\alpha_{sy}v_{sy}^2}{2g} \approx \frac{\alpha_{xy}v_{xy}^2}{2g} \approx 0 \qquad (1-22)$$

因此水电厂毛水头为

$$H_m \approx \nabla_{sy} - \nabla_{xy} \qquad (1-23)$$

水电厂多年平均发电量为

$$W = \gamma \overline{Q} H_m \eta_z t$$
$$= 9.81 \overline{Q} H_m \eta_z t \quad (\text{kW} \cdot \text{h}) \qquad (1-24)$$

式中　$\overline{Q}$——水库的多年平均来水量，m^3/s；

　　　η_z——水电厂总效率，主要由引水管道水头损失、水轮机效率和发电机效率三部分组成。一般 η_z 在 $80\% \sim 85\%$ 之间；

　　　t——全年 365 天的小时数，$t = 8760\text{h}$。

三、水力发电的基本原理

为克服水流运动所产生的摩擦阻力，消耗在河流沿 A—B 河段上的单位重量水体能量 ΔE 又称 A—B 河段的水头损失 h_w，水头损失 h_w 的大小正比于水流流速 v 的平方。采用筑坝的方法形成水库，使水库中的水流流速迅速降低，则 h_w 大大减小，将本来分散消耗在自然河流中的水流能量集中储存在水库中，推动水电厂厂房内的水轮机转动，将水能转换成机械能，再由水轮机带动发电机将机械能转换成电能。水电厂水轮发电机组总装机容量为

$$\sum N_g = \frac{W}{T} \quad (\text{kW}) \qquad (1-25)$$

式中　T——水轮发电机组的年运行小时数，由水力资源条件、水库库容和投资情况决定，一般 $T = 2000 \sim 4000\text{h}$。

水轮发电机组单机容量为

$$N_g = \frac{\sum N_g}{Z} \quad (\text{kW}) \qquad (1-26)$$

式中 Z——水电厂机组台数，一般 $Z=2\sim4$。

第二节 水电站的类型

水电厂厂房内的机组发电还需要建造在厂房外工程浩大的大坝和引水工程等水工建筑物，因此在讨论包括厂外水工建筑物时，常将水电厂称为水电站。

一、水电站的分类

（1）中小型发电机的机端电压最常用的有 0.4、6.3kV 和 10.5kV 三种，其中机端电压为 6.3kV 的发电机用的最多。根据发电机端电压的等级分有高压机组电站和低压机组电站。发电机的端电压在 6.3kV 及以上称高压机组电站；发电机端电压为 0.4kV 称低压机组电站。单机容量在 500kW 及以下的机组一般都是低压机组。

（2）高压机组根据电站总装机容量的大小又分有大型、中型和小型水电站。总装机容量在 250MW 以上的为大型水电站，其中 1000MW 以上的称特大型水电站；总装机容量在 25～249MW 的为中型水电站；总装机容量在 24MW 以下的为小型水电站。本书讨论的内容主要以高压机组中的中小型水电站为主。

（3）根据形成上下游水位差的方法不同分有坝式、引水式和特殊水电站。

二、坝式水电站

这类水电站的特点是上、下游水位差主要靠大坝形成。坝式水电站又有坝后式水电站和河床式水电站两种形式。

（1）坝后式水电站。厂房位于大坝后面，在结构上与大坝无关，只能形成 300m 以下的水位差，见图 1-11，因为过高的大坝在建造和安全方面都存在难以解决问题。目前我国最高的大坝是四川省二滩水电站大坝，混凝土双曲拱坝的坝高 240m。世界上总装机容量最大的水电站，也是总装机容量最大的坝后式水电站是我国的三峡水电站，总装机为 18200MW。

（2）河床式水电站。厂房位于河床中作为挡水建筑物的一部分，与大坝布置在一条直线上，只能形成 50m 以下的水位差，见图 1-12。随着水位的增高，作为挡水建筑物一部分的厂房上游侧墙面厚度增加，使厂房的投资增大。我国目前总装机容量最大的河床式水电站是湖北省葛洲坝水电站，总装机容量为 2715MW。

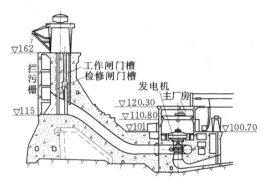

图 1-11　坝后式水电站

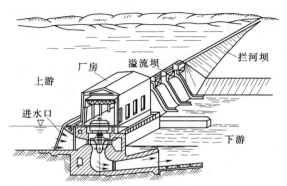

图 1-12　河床式水电站

三、引水式水电站

这类水电站的特点是上、下游水位差主要靠引水形成。引水式水电站又有无压引水式水电站和有压引水式水电站两种形式。

（1）无压引水式水电站。见图1-13，用引水明渠从上游水库长距离引水，与自然河床产生落差。渠首到渠末为有自由表面的无压水流，渠末压力前池接倾斜下降的压力管道进入位于下游河床段的水电站厂房，只能形成100m左右的水位差，使用水头过高的话，在机组紧急停机时，渠末压力前池的水位起伏较大，水流有可能溢出渠道，不利于安全。由于是用渠道引水，工作水头又不高，所以电站总装机容量不会很大，属于小型水电站。

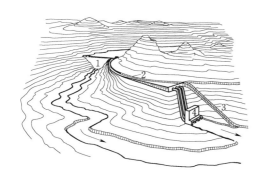

图1-13　无压引水式水电站布置示意图
1—拦河大坝；2—引水明渠；
3—溢水道；4—水电站厂房

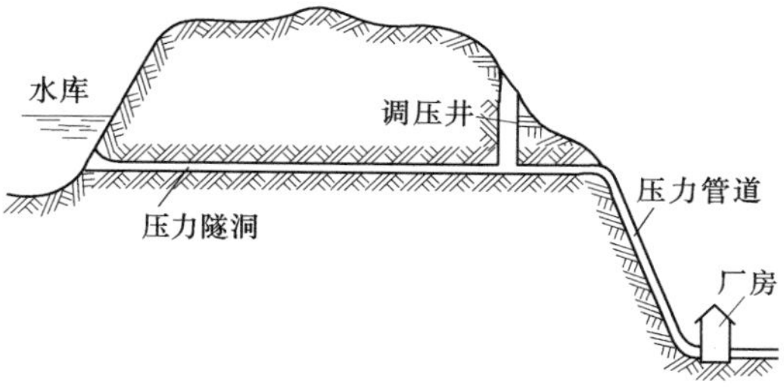

图1-14　有压引水式水电站布置示意图

（2）有压引水式水电站。用穿山压力隧洞从上游水库长距离引水，与自然河床产生水位差。洞首在水库水面以下有压进水，洞首到洞末为无自由表面的有压管流，洞末接倾斜下降的压力管道进入位于下游河床的厂房。能形成较高或超高的水位差，见图1-14。世界上最高水头的水电站，也是最高水头的有压引水式水电站是奥地利雷扎河水电站，其工作水头为1771m。我国引水隧洞最长的有压引水式水电站是四川省太平驿水电站，引水隧洞的长度为10497m。

四、特殊水电站

这类水电站的特点是上、下游水位差靠特殊方法形成。特殊水电站又分抽水蓄能水电站和潮汐水电站两种形式。

（1）抽水蓄能水电站。抽水蓄能发电是水能利用的另一种形式，它不是开发水力资源向电力系统提供电能，而是以水体作为能量储存和释放的介质，对电网的电能供给起到重新分配和调节作用。

电网中火电厂和核电厂的机组带满负荷运行时效率高、安全性好，例如大型火电厂机组出力不宜低于80%，核电厂机组出力不宜低于80%～90%，频繁地开机停机及增减负荷不利于火电厂和核电厂机组的经济性和安全性。因此在后半夜电网用电低谷时，由于火电厂和核电厂机组不宜停机或减负荷，电网上会出现电能供大于求，这时可启动抽水蓄能水电站中的可逆式机组接受电网的电能作为电动机——水泵运行，正方向旋转将下水库的水抽到上水库中，见图1-15，将电能以水能的形式储存起来；在白天电网用电高峰时，电网上会出现电能供不应求，这时可用上水库的水推动可逆式机组反方向旋转，可逆式机组作为发电机——水轮机运行，将上水库中的水能重新转为电能，这样可以大大改善电网的电能质量，有利于电网的稳定运行。提高了火电厂、核电厂设备的利用率和经济性、安全性及电网的经济效益。

可逆式机组有两个工况：正向抽水、反向发电。发电量与耗电量之比约为75%，即用1kW·h的电能将下水库的水抽到上水库，发电时由于各种损耗，使得发电量最多为0.75kW·h。但是峰电与谷电的上网电价之比大于1，国外一般为4：1，因此建造抽水蓄能电站还是有巨大的利润空间。目前我国广州抽水蓄能电站是世界上总装机容量最大的抽水蓄能水电站，总装机容量为2400MW。随着电网容量的不断扩大，人们生活水平的日益提高，电网一天中的峰谷电负荷差也日益增大，抽水蓄能电站在电网中已到了必不可少的地步。

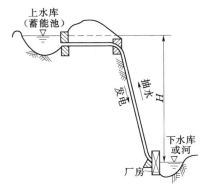

图1-15　抽水蓄能水电站示意图

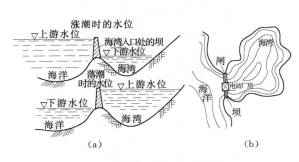

图1-16　潮汐电站示意图
(a) 剖面图；(b) 平面图

（2）潮汐水电站：在海湾与大海的狭窄处筑坝，隔离海湾与大海，可逆式机组利用潮水涨落产生的坝内外水位差发电，见图1-16。从理论上讲潮汐水电站有六个工况：正向发电、正向抽水、正向泄水、反向发电、反向抽水、反向泄水。世界上最大的潮汐电站为法国的朗斯潮汐电站，总装机容量为342MW（38×900kW）。

第三节　水轮发电机组的布置形式

根据机组轴线的布置形式不同，水轮发电机组有立式布置和卧式布置两大类。立式机组轴承受力好，机组占地面积小，运行平稳，但是厂房分发电机层和水轮机层，因此厂房高度尺寸大，上、下两层机组安装检修不方便，厂房投资大，适用发电机径向尺寸较大的大中型机组。卧式机组发电机和水轮机在同一厂房平面上，安装、检修和运行维护方便，厂房投资小，但是径向轴承受力不好，发电机径向尺寸不能太大，否则容易引起机组振动。机组占地面积较大，水轮机、发电机的噪音对运行人员干扰大，夏天室温高，适用发电机径向尺寸较小的机组。

一、立式机组的布置形式

见图1-17，立式机组布置的特点是有三个承受机组转动系统径向不平衡力的径向轴承，即上导轴承（2）、下导轴承（7）和水导轴承（10），一个承受机组转动系统自重和轴向水推力的推力轴承（3）。中小型水电站常见的立式机组有悬挂式机组和伞式机组两种布置形式。

（1）悬挂式机组。这类机组的结构特点是推力轴承布置在发电机转子上部的上机架中，与上导径向轴承布置在同一只油箱中。机组运行稳定性好，但机组高度尺寸较大。

（2）伞式机组。这类机组的结构特点是推力轴承布置在发电机转子下部的下机架中，与下导径向轴承布置在同一只油箱中。机组运行稳定性差，但机组高度尺寸较小。

图 1-18 为水电站立式机组的安装平面图，图 1-19 为水电站立式机组的厂房立体剖视图。

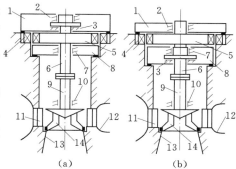

图 1-17　立式机组布置形式

（a）悬挂式机组；（b）伞式机组

1—上机架；2—上导轴承；3—推力轴承；4—发电机定子；5—发电机转子；6—发电机主轴；7—下导轴承；8—下机架；9—水轮机主轴；10—水导轴承；11—水轮机导水部件；12—水轮机引水部件；13—水轮机尾水管；14—水轮机转轮

二、卧式机组的布置形式

根据承受机组转动系统径向不平衡力和机组转动系统自重的径向轴承个数不同，卧式机组有四支点机组、三支点机组和二支点机组三种布置形式。每台机组承受机组转动系统轴向水推力的推力轴承只有一个。推力轴承一般与最靠近水轮机的径向轴承——水导轴承布置在同一油箱中。

（1）四支点机组。发电机主轴与水轮机主轴弹性连接，对机组安装技术要求较低。机组共有四个径向轴承，其中发电机主轴上两个径向轴承：前导轴承、后导轴承；水轮机主轴上两个轴承：水导轴承、中导轴承，水导轴承油箱中装有一个径向轴承和一个推力轴承。飞轮装在水轮机主轴上。弹性联轴器传递功率较小，适用 500kW 以下的机组。

图 1-20 为四支点机组的平面图，水轮机主轴上中导轴承（5）的结构为支座式径向滑动轴承，水导轴承（4）的结构为支座式径向推力滑动轴承；发电机主轴上两个轴承（7、8）都是端盖式径向滚柱轴承（形同电动机端盖轴承）。图 1-21 为四支点机组水轮机部分的立体图，机组的四个轴承全都是支座式滑动结构，发电机和后导轴承在图中未显示。

（2）三支点机组。发电机主轴与水轮机主轴刚性连接，对机组安装技术要求较高。机组有三个径向轴承，其中发电机主轴上两个径向轴承：前导轴承和后导轴承；水轮机主轴上一个轴承即水导轴承，它的油箱中装有一个径向轴承和一个推力轴承。飞轮装在水轮机主轴与发电机主轴的连轴法兰盘之间。刚性联轴器传递功率较大，适用 500kW 以上的机组。

图 1-22 为三支点机组的平面图，水轮机主轴上水导轴承（3）的结构为支座式径向推力滑动轴承；发电机主轴上两个轴承（5、7）都是支座式径向滑动轴承。图中的励磁机（8）在现代水电厂中已被可控硅励磁取代。

图 1-23 为三支点机组的立体图，机组的三个轴承全都是支座式滑动结构。

（3）二支点机组。图 1-24 为采用端盖式滚柱轴承的二支点机组平面图，没有水轮机

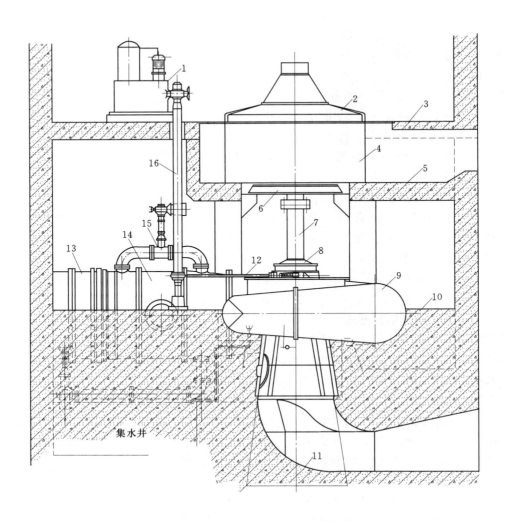

图 1-18　立式机组安装平面图

1—调速器；2—上机架；3—发电机层；4—发电机；5—发电机坑；6—下机架；7—水轮机主轴；
8—水轮机导轴承；9—水轮机金属蜗壳引水室；10—水轮机层；11—水轮机尾水管；
12—导水机构推拉杆；13—压力钢管；14—水轮机主阀；15—旁通阀；16—调速轴

主轴。在发电机主轴中间装有转子，主轴的一端装转轮（1），另一端装飞轮（3）。因为只有一根主轴，所以只需两个径向轴承即发电机前导轴承（4）和后导轴承（5）。由于两个径向滚柱轴承能承受少量的轴向水推力，所以不设推力轴承。主轴长度不宜过长和过细，否则刚度不够，容易发生振动，适用低水头、小容量（400kW 以下）机组或高水头、高转速（1000r/min 以上）机组。二支点机组是简化机组结构、降低机组投资和方便检修安装的好办法，现在在中小型水电站中逐步得到推广，最大单机容量已达 5500kW。

图 1-25 为采用支座式滑动轴承的二支点 4000kW 机组立体图，图中的励磁机（6）在现代水电厂中已被可控硅励磁取代，给调速器提供转速信号的永磁机（7）在采用微机调速器的水电厂中也被取消。

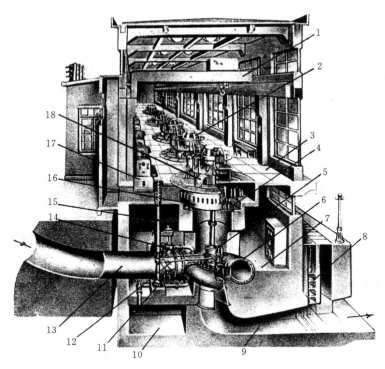

图 1-19　立式机组水电站的厂房立体剖视图

1—起重桥机；2—励磁机；3—发电机层；4—下机架；5—水导轴承；6—水轮机
金属蜗壳引水室；7—水轮机层；8—下游尾水闸门；9—水轮机尾水管；10—
厂房集水井；11—水轮机主阀；12—导水机构推拉杆；13—压力钢管；
14—旁通阀；15—调速轴；16—发电机；17—调速器；18—上机架

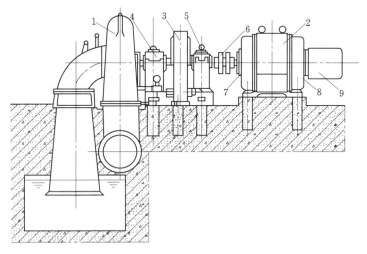

图 1-20　四支点机组平面图

1—水轮机；2—发电机；3—飞轮；4—水导轴承；5—中导轴承；6—弹性连
轴器；7—发电机前导轴承；8—发电机后导轴承；9—碳刷滑环罩

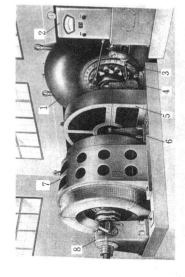

图 1－21 四支点机组水轮机部分立体图

1—水轮机；2—导水机构手动电动操作器；3—水导轴承（径向轴承）；4—飞轮；5—中导轴承（径向轴承）；6—弹性联轴承；7—发电机前导轴承（径向轴承）

图 1－23 三支点机组立体图

1—金属蜗壳引水室；2—调速器；3—推拉杆；4—水导轴承（径向轴承）；5—飞轮；6—发电机前导轴承（径向轴承）；7—发电机后导轴承（径向轴承）；8—发电机后导轴承

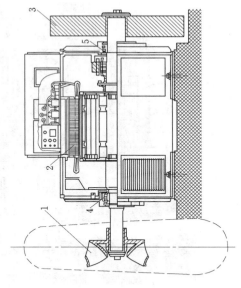

图 1－24 200kW 端盖式滚柱轴承两支点机组

1—转轮；2—发电机；3—飞轮；4—发电机前导轴承（端盖式滚柱轴承）；5—发电机后导轴承（端盖式滚柱轴承）

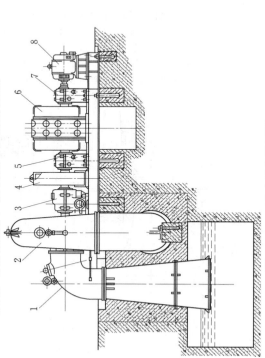

图 1－22 三支点机组平面图

1—水轮机尾水管；2—水轮机金属蜗壳引水室；3—水导轴承（径向轴承）；4—飞轮；5—发电机前导轴承（径向轴承）；6—发电机后导轴承（径向轴承）；7—发电机；8—励磁机

14

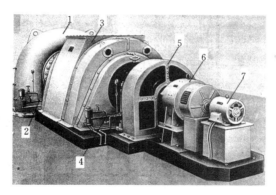

图 1 - 25　4000kW 支座式滑动
轴承两支点机组立体图
1—水轮机；2—发电机前导轴承（径向推力轴承）；
3—发电机；4—发电机后导轴承（径向轴承）；5—飞
轮；6—励磁机；7—永磁机

第二章 水 轮 机

水轮机是以水作为工作介质的流体机械，是水电厂带动发电机发电的原动机，水轮机运行的经济性和安全性直接影响水电厂的经济效益。来自压力管道的压力水经引水部件、导水部件进入工作部件，由工作部件将水能转化成转轮旋转的机械能，导水部件根据机组所带的负荷调节进入转轮的水流量，经能量转换后的低能水由泄水部件排入下游。本章主要介绍水轮机的主要工作参数和结构及水轮机的工作原理。

第一节　水轮机主要工作参数

一、水轮机工作水头

水轮机工作水头等于水轮机进口断面 $1-1$ 与出口断面 $2-2$ 之间单位重量水体的能量差值，见图 $2-1$，即

$$H = \left(z_1 + \frac{p_1}{\gamma} + \frac{\alpha_1 v_1^2}{2g} \right) - \left(z_2 + \frac{p_2}{\gamma} + \frac{\alpha_2 v_2^2}{2g} \right) \quad (\text{m}) \tag{2-1}$$

也就是水轮机对单位重量水体能量的利用值。

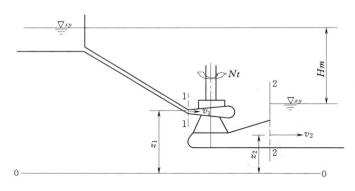

图 $2-1$　水轮机工作水头

水轮机实际工作水头与水电站的实际工作水头有关，从能量守恒的角度来看，水轮机工作水头约等于水电站毛水头 H_m 减去水电站引水管道的水头损失 h_{wy}，即

$$H \approx H_m - h_{wy} \approx \nabla_{sy} - \nabla_{xy} - h_{wy} \tag{2-2}$$

由此可见，水轮机实际工作水头随水电站上下游水位高程变化而变化。水轮机实际工作水头有三个特征水头：最大工作水头 H_{max}、设计工作水头 H_r、最小工作水头 H_{min}。

水轮机最大工作水头 H_{max} 约等于水电站上游正常蓄水位与在一台机组空载额定转速时的下游尾水位之差，再减去引水管道在空载额定转速时的水头损失。

水轮机设计工作水头 H_r 约等于水电站上游设计水位与在全厂机组 100% 出力时的下

游尾水位之差，再减去引水管道在全厂机组100％出力时的水头损失，水轮机的设计工作水头应该是水轮机效率较高、汽蚀较轻时的工作水头。也是发出额定出力的最低水头。

水轮机最低工作水头 H_{min} 约等于水电站上游最低水位与在全厂机组限制出力时的下游尾水位之差，再减去引水管道在全厂机组限制出力时的水头损失。

水轮机设计制造时有一个允许承受的最大工作水头，是由水轮机的效率性能与机械强度决定的，还有一个允许工作的最低工作水头，是由水轮机的汽蚀性能与稳定性决定的。每个型号水轮机允许工作水头范围可查水轮机转轮型谱参数表，水轮机实际工作水头范围应尽量在允许工作水头范围以内。

【例题 2-1】 介绍水电站机组额定出力时引水管道水头损失 h_{wy} 的简易测量方法：

某水电站有四台立式混流式机组，在四台机组同时停机时，蜗壳进口断面压力表的指示压力值 $p'_1 = 0.373$MPa，四台机组同时开机带额定出力时，蜗壳进口断面压力表的指示压力值 $p_1 = 0.267$MPa，每台水轮机的设计流量 $Q_r = 5.38\text{m}^3/\text{s}$，蜗壳进口断面直径 $d = 1.5$m。则水轮机额定工况时蜗壳进口断面水流的平均流速为

$$v_1 = \frac{Q_r}{A} = \frac{4Q_r}{\pi d^2} = 3 \quad (\text{m/s})$$

其中，A 为蜗壳进口断面面积，m^2。因为停机静水和开机动水的蜗壳进口断面水质点位置高度没变，即位能没变。根据能量守恒与转换原理，停机静水和开机动水的蜗壳进口断面水质点压力下降造成的压能下降 $\frac{p'_1 - p_1}{\gamma}$，一部分转换成水流的动能 $\frac{\alpha v_1^2}{2g}$，另一部分消耗在克服引水管道的水流阻力 h_{wy} 上，所以引水管道水头损失为

$$h_{wy} = \frac{p'_1 - p_1}{\gamma} - \frac{\alpha v_1^2}{2g} = 10.3 \quad (\text{m}) \qquad (\text{取 } \alpha = 1.05)$$

二、水轮机出力

水轮机出力为

$$N_t = \gamma Q H \eta_t \quad (\text{kg} \cdot \text{m/s})$$
$$= 9810 Q H \eta_t \quad (\text{N} \cdot \text{m/s})$$
$$= 9.81 Q H \eta_t \quad (\text{kW}) \qquad (2-3)$$

发电机出力（机组出力）为

$$N_g = N_t \eta_g = 9.81 Q H \eta_t \eta_g \quad (\text{kW}) \qquad (2-4)$$

式中　η_t——水轮机效率，％；

　　　　H——水轮机工作水头，m；

　　　　Q——单位时间流过水轮机的水流的体积，m^3/s；

　　　　η_g——发电机效率，中小型发电机效率为 $91\% \sim 95\%$。

设计水头 H_r、设计流量 Q_r 时的出力称发电机（或机组）额定出力。

【例题 2-2】 已知某水电站的发电机额定出力 $N_g = 1250$kW，发电机额定功率因数 $\cos\varphi = 0.8$（滞后），发电机效率 $\eta_g = 95\%$。计算发电机额定容量 S，额定无功功率 Q_L，水轮机出力 N_t。

解 因为　$N_g = S\cos\varphi$

所以发电机额定容量

$$S = 1250/0.8 = 1562.5 \quad (\text{kVA})$$

发电机额定无功功率

$$Q_L = S\sin\varphi = \sqrt{s^2 - N_g^2} = 937.5 \quad (\text{kvar})(\text{感性无功})$$

水轮机出力

$$N_t = \frac{N_g}{\eta_g} = \frac{1250}{0.95} = 1315.8 \quad (\text{kW})$$

三、水轮机效率

因为水轮机输出机械功率小于输入水轮机的水流功率，所以水轮机效率小于1，现代水轮机效率在 $90\% \sim 94\%$ 之间。引起水轮机效率下降的原因有三方面：

（1）由于水流阻力引起的水头损失 Δh_w 可用水力效率 η_s 表示。从水轮机进口断面到出口断面，单位重量水体为克服水流与水流、水流与流道表面的摩擦阻力而消耗的能量称水轮机的水头损失 Δh_w。水轮机的水力效率为

$$\eta_s = \frac{H - \Delta h_w}{H} \times 100\% = \frac{H_e}{H} \times 100\% \tag{2-5}$$

式中　H_e——水轮机有效工作水头。

（2）由于漏水引起的容积损失 Δq 可用容积效率 η_0 表示。水轮机转动部件与固定部件之间必定有间隙，在这些间隙处必定存在漏水，例如混流式水轮机转轮的上冠与顶盖之间、下环与底环之间的漏水，轴流式水轮机转轮叶片与转轮室之间的漏水。这些漏水量对转轮不做功，称水轮机的容积损失 Δq。水轮机的容积效率为

$$\eta_0 = \frac{Q - \Delta q}{Q} \times 100\% = \frac{Q_e}{Q} \times 100\% \tag{2-6}$$

式中　Q_e——水轮机有效工作流量。

（3）由于机械摩擦引起的机械功率损失 ΔN_j，可用机械效率 η_j 表示。真正转换成机械功率的水流有效功率有一部分需消耗在克服水轮机转动系统轴承的摩擦阻力上，这部分消耗的能量称水轮机机械功率损失 ΔN_j。水轮机机械效率为

$$\eta_j = \frac{N_e - \Delta N_j}{N_e} \times 100\% = \frac{N_t}{N_e} \times 100\% \tag{2-7}$$

式中　N_e——水流有效功率，$N_e = 9.81 Q_e H_e$。

根据水轮机出力公式可得水轮机效率为

$$\begin{aligned}
\eta_t &= \frac{N_t}{9.81 QH} = \frac{N_e - \Delta N_j}{9.81 QH} \frac{Q_e H_e}{Q_e H_e} \\
&= \frac{H_e}{H} \frac{Q_e}{Q} \frac{N_e - \Delta N_j}{9.81 Q_e H_e} = \eta_s \eta_0 \eta_j
\end{aligned} \tag{2-8}$$

现代水轮机的容积效率和机械效率都比较高，即

$$\eta_0 \approx 1; \quad \eta_j \approx 1 \tag{2-9}$$

因此有时近似取水轮机效率

$$\eta_t \approx \eta_s \tag{2-10}$$

保持水轮机流道、导叶和转轮叶片的流线形及表面光洁度；减小转动部件与固定部件的间隙，减小漏水量；提高机组轴承的润滑冷却性能，减小机械摩擦阻力，都可以提高水轮机的效率。

【例题 2-3】　根据［例题 2-2］参数，现又已知水轮机额定工况时设计流量 $Q_r = 5.38\text{m}^3/\text{s}$，设

计水头 $H_r=28m$，请计算水轮机效率 η_t，输入水轮机的水流功率 N_{sl} 和机组总效率 η_{jz}。

解 水轮机效率 $\qquad \eta_t=\dfrac{N_t}{9.81Q_rH_r}=\dfrac{1315.8}{9.81\times5.38\times28}=89\%$

输入水轮机的水流功率 $\quad N_{sl}=\gamma Q_rH_r=9.81\times5.38\times28=1477.8$（kW）

机组总效率 $\qquad \eta_{jz}=\dfrac{N_g}{N_{sl}}=\dfrac{1250}{1477.8}=\eta_t\eta_g=84.6\%$

四、水轮机转速

1. 额定转速 n_r

水轮机在正常运行时的稳定转速称水轮机额定转速，发电机额定转速必须是同步转速。同步转速 n 必须满足

$$n=\frac{3000}{P}\quad（r/min）\qquad（2-11）$$

式中 $\quad P$——发电机磁极对数。

水轮机与发电机直接连接时，水轮机转速等于发电机转速；水轮机与发电机间接连接时，水轮机转速低于发电机转速，发电机转速与水轮机转速之比就是增速装置的增速比。

【例题 2-4】 某水电站水轮机与发电机为直接连接，水轮机额定转速 $n_r=375r/min$，则发电机磁极对数 $P=3000/375=8$ 对。假如该电站水轮机与发电机改为间接连接，取发电机额定转速 $n_r=1500$ r/min，则增速装置的增速比 $K=1500/375=4:1$，电站发电机磁极对数 $P=3000/1500=2$ 对。

采用增速装置可使发电机磁极对数减少，径向尺寸减小，发电机投资节省，厂房面积减小，但增速器存在机械摩擦损失及增加设备投资。低水头小型水电站的机组转速往往比较低，为节省发电机投资，常采用间接连接。

2. 转速上升最大值 n_{max}

当机组断路器跳闸甩负荷时，导叶在调速器的操作下会以最快关闭时间 T_s 自动关闭。在导叶自动关闭过程中，水流仍在冲击水轮机，机组转速会继续上开到一个最大值，称转速上升最大值 n_{max}。显然，导叶最快关闭时间 T_s 愈短，转速上升最大值 n_{max} 愈小；导叶最快关闭时间 T_s 愈长，转速上升最大值 n_{max} 愈大。水轮机设计规程中规定机组甩负荷时的转速上升最大值

$$n_{max}\leqslant1.5n_r\quad（r/min）\qquad（2-12）$$

3. 飞逸转速 n_R

当发电机断路器跳闸甩负荷时，同时又遇导叶拒动，本来用来发电的水流功率全用来加速机组转动系统，机组转速迅速上升到一个极限值，称机组发生了飞逸，这时的机组转速称飞逸转速 n_R。机组在最大水头、额定出力时发生飞逸的转速称最大飞逸转速 n_{Rmax}。不同的机型、不同的工作水头，发生飞逸时的最大飞逸转速也不同，一般

$$n_{Rmax}=(1.6\sim2.7)n_r\quad（r/min）\qquad（2-13）$$

机组发生飞逸是很危险的，因为转动部件的离心力与转速平方成正比，也就是说，机组转速上升到原来的二倍，则转动部件的离心力增大到原来的四倍，强大的离心力对发电机转子的机械强度构成极大的威胁。水电站运行规程规定飞逸时间不得超过 90s，因此水电站都有防飞逸的后备保护。

水电站常用的防飞逸后备保护为：

（1）水轮机主阀。发生飞逸时在动水条件下紧急关闭主阀，切断水流。

（2）上游进水闸门。发生飞逸时在动水条件下紧急关闭上游闸门，切断水流（少数电站有采取关闭下游尾水闸门的方法）。

五、水库库水位的合理控制

由机组出力公式

$$N_g = N_t \eta_g = 9.81QH\eta_t\eta_g \tag{2-14}$$

可知，同样的耗水量 Q，库水位越高，则水轮机工作水头 H 越高，发电量越多。所以在枯水期应尽量使水库运行在高水位，这样可以用较少的水发较多的电。在丰水期，库水位应满足防洪要求。

设水轮机分别运行在最大工作水头 H_{max} 和设计工作水头 H_r，假定两个工况的水轮机效率 η_t 和发电机效率 η_g 相同，则同样的耗水量 Q，可以多发电，即

$$\Delta N = \frac{9.81QH_{max}\eta_t\eta_g - 9.81QH_r\eta_t\eta_g}{9.81QH_r\eta_t\eta_g} \times 100\%$$

$$= \frac{H_{max} - H_r}{H_r} \times 100\% \tag{2-15}$$

由此可见，在枯水期如果库水位很低，干脆停机放假，等到库水位上升后再发电，全年的发电量不但不会减少，反而由于单位重量水体的发电量增加，电站运行费用减少，全年产值反而会增加。

【例题 2-5】 某水电厂水轮机的最大工作水头 $H_{max}=41m$，设计工作水头 $H_r=28m$，则在最大工作水头时同样的水可以多发电：$\Delta N = \frac{41-28}{28} \times 100\% = 46.4\%$。

第二节 水 轮 机 结 构

一、水轮机分类

根据水轮机能量转换的特征不同可分为反击式水轮机和冲击式水轮机两大类，反击式水轮机的转轮能量转换是在有压管流中进行；冲击式水轮机的转轮能量转换是在无压大气中进行。反击式水轮机有四种机型：混流式、轴流式、斜流式、贯流式。冲击式水轮机有三种机型：水斗式、斜击式、双击式。

$$
水轮机分类
\begin{cases}
反击式
\begin{cases}
混流式 \\
轴流式
\begin{cases}
轴流转桨式 \\
轴流定桨式
\end{cases} \\
斜流式 \\
贯流式
\begin{cases}
贯流转桨式 \\
贯流定桨式
\end{cases}
\end{cases} \\
冲击式
\begin{cases}
水斗式 \\
斜击式 \\
双击式
\end{cases}
\end{cases}
$$

1. 混流式水轮机

混流式水轮机的水流进入转轮前是沿主轴半径方向，在转轮内转为斜向，最后沿主轴轴线方向流出转轮，见图 2-2。水流在转轮内在做旋转运动的同时，还进行径向运动和

轴向运动，所以称为"混流式"。它适用于 30～800m 水头的水电站，属于中等水头、中等流量机型。混流式水轮机运行稳定，效率高，目前转轮的最高效率已达 94％，是应用最广泛的水轮机。世界上单机出力最大的混流式水轮发电机组在三峡水电站，单机额定出力为 700MW，最大出力 852MW（转轮直径 9.832m 和 10.416m 两种，转轮重 407t 和 448t 两种，水轮机重 3200t 和 3323t 两种，设计流量 995.6m³/s 和 991.8m³/s 两种，设计工作水头 80.6m，工作水头范围 61～113m）。

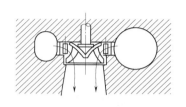

图 2-2　混流式水轮机

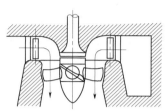

图 2-3　轴流式水轮机

2. 轴流式水轮机

轴流式水轮机的水流进入转轮前已经转过 90°弯角，水流沿主轴轴线方向进入转轮，又沿主轴轴线方向流出转轮，见图 2-3。水流在转轮内一边旋转运动，一边轴向运动，没有径向运动，所以称为"轴流式"。它适用 3～80m 水头的水电站，属于低水头、大流量机型。

轴流式水轮机又分轴流定桨式水轮机和轴流转桨式水轮机两种，轴流转桨式水轮机的转轮叶片在工作时，能根据水库库水位和导叶开度的变化自动调节叶片角度，使水流进入转轮时对叶片头部的冲角最小，使水轮机在很大出力变化范围内，水轮机的效率都比较高。但是，轴流转桨式水轮机和相应的调速器结构复杂，设备投资大，所以适用在大中型水电站中。世界上单机出力最大的轴流转桨式水轮发电机组在我国福建省水口水电站，单机出力为 200MW（转轮直径 8m，设计工作水头 47m，工作水头范围 30.9～57.8m，设计流量 467.7m³/s）。

世界上转轮直径最大、也是转轮直径最大的轴流转桨式水轮发电机组在我国长江葛洲坝水电站，转轮直径为 11.3m（单机出力 175MW，转轮重 468t，水轮机重 2150t，设计工作水头 18.6m，工作水头范围 8.3～27m）。

轴流定桨式水轮机由于在运行中转轮叶片角度不能根据水库库水位和导叶开度的变化自动调整，所以高效区很窄。但是由于结构简单，投资省，在小型水电站仍较多地被采用。

3. 斜流式水轮机

斜流式水轮机转轮内的水流运动与混流式转轮一样，但转轮叶片又与轴流转桨式转轮一样，见图 2-4。因此其性能吸取了上两种水轮机的优点。适用 40～200m 水头的水电站，属于中等水头、中等流量机型。斜流式水轮机由于叶片转动机构的结构和工艺比较复杂，造价较高，国内 20 世纪 60 年代在云南毛家村水电厂（8.33MW）采用后，以后很少采用。

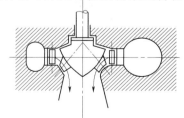

图 2-4　斜流式水轮机

4. 贯流式水轮机

贯流式水轮机的转轮结构及转轮内的水流运动与轴流

式转轮完全一样，也有贯流定桨式和贯流转桨式两种形式。与轴流式水轮机不同之处是贯流式水轮机的水流从进入水轮机到流出水轮机几乎始终与主轴线平行贯通，"贯流式"的名称由此而得。由于水流进出水轮机几乎贯流畅通，所以水轮机的过流能力很大，只要有0.3m的水位差就能发电。适用30m水头以下的大流量水电站，特别是潮汐电站。属于超低水头、超大流量机型。

贯流式水轮机的结构形式又分灯泡贯流式、轴伸贯流式、竖井贯流式和虹吸贯流式四种，其中灯泡贯流式水轮机，见图2-5和图2-6，它结构合理，效率较高，所以应用最多。世界上单机容量最大的灯泡贯流式水轮发电机组应用于日本的只见水电站，单机出力为65.8MW。世界上应用水头最高的灯泡贯流式水轮机在我国的洪江水电站，工作水头范围8.4～27.3m（单机出力46.4MW，转轮直径5.2m）。

图2-6　灯泡贯流式水轮发电机组立体剖视图

1—前进人孔；2—控制环；3—转轮室；4—活动导叶；5—转轮；
6—拐臂；7—固定导叶（筋板）；8—灯泡壳体；9—后
进人孔；10—空气冷却器；11—发电机转子

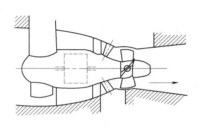

图2-5　贯流式水轮机（灯泡式）

5. 水斗式水轮机

水流由喷嘴形成高速运动的射流，射流沿着转轮旋转平面的切线方向冲击转轮斗叶，所以又称为"切击式"水轮机，见图2-7和图2-8。适用100～1700m水头的水电站，属于高水头、小流量机型。世界上应用水头最高的水斗式水轮发电机组在奥地利利雷扎河

图2-7　水斗式水轮机

图2-8　水斗式水轮机立体图

1—水轮机主轴；2—壳体；3—制动喷嘴；4—折向器
操作手柄；5—工作喷嘴；6—喷针操作手轮

水电站，工作水头为1771m。我国单机出力最大的水斗式水轮发电机组在云南以礼河三级水电站，单机出力为37.5MW。我国应用水头最高的水斗式水轮发电机组在天湖水电站，设计水头为1022.4m，转轮直径最大的水斗式水轮发电机组在草坡水电站，转轮直径为2.16m。

6. 斜击式水轮机

水流由喷嘴形成高速运动的射流，射流沿着转轮旋转平面的正面约22.5°的方向冲击转轮叶片，再从转轮旋转平面的背面流出转轮，见图2-9和图2-10。斜击式水轮机的效率较低，目前最高也只有85.7%。适用25～400m水头的小型水电站。

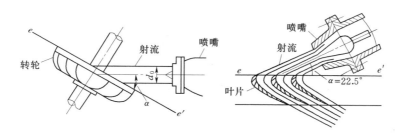

图2-9 斜击式水轮机射流与转轮的相对位置

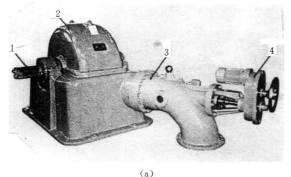

(a) (b)

图2-10 斜击式水轮机立体图

(a) 整体外形图；(b) 打开机盖后的转轮图

1—水轮机主轴；2—机盖；3—斜向喷嘴；4—喷针手动电动操作器；5—转轮出水边

7. 双击式水轮机

双击式水轮机的应用水头较低，没有水斗式和斜击式水轮机中的喷嘴，而是在压力管道末端接了一段与转轮宽度相等的矩形断面的喷管，见图2-11。它形成的水流流速比较小，水流流出喷管后，首先从转轮外圆柱面的顶部向心地进入转轮流过叶片，将大约70%～80%的水能转换成机械能，然后从转轮内腔下落绕过主轴从转轮的内圆柱面离心地第二次进入转轮流过叶片，将余下的20%～30%的水能转换成机械能，最后水流从叶片外缘离心地离开转轮，所谓的"双击"就表示水流两次流过转轮叶片。双击式水轮机

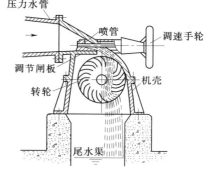

图2-11 采用闸板调节的双击式水轮机

的结构简单但效率最低，适用5～100m水头的乡村小水电站。

8. 可逆式水轮机

这是一种新型的水轮机，应用在抽水蓄能电站中的可逆式水轮机正转时可作水泵运行抽水蓄能，反转时可作水轮机运行放水发电；应用在潮汐电站中的可逆式水轮机正反转都可作水泵运行抽水蓄能，正反转都可作水轮机运行放水发电。可逆式水轮机的机型有可逆混流式、可逆斜流式、可逆轴流式和可逆贯流式4种。世界上单机出力最大的可逆式水轮发电机组在美国巴斯康蒂抽水蓄能电站，单机出力为380MW（设计工作水头393m）。抽水扬程最高的可逆式水轮机在我国西藏羊卓雍湖抽水蓄能电站，最高扬程为842m。

二、反击式水轮机主要结构

反击式水轮机结构主要由四大过流部件（引水部件、导水部件、工作部件和泄水部件）及四大非过流部件（主轴、轴承、密封和飞轮）组成，由于水流直接作用四大过流部件，其性能好坏直接影响水轮机的水力性能，因此我们只介绍四大过流部件。

1. 引水部件

引水部件就是引水室。其作用是以最小的水力损失将水流均匀、轴对称地引向工作部件，并形成水流一定的旋转量，可减小水流对转轮叶片头部的进口冲角。类型有金属蜗壳引水室、混凝土蜗壳引水室、明槽引水室和贯流式引水室四种形式。

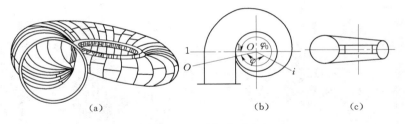

(a)　　　　　　　(b)　　　　(c)

图2-12　金属蜗壳引水室

（a）立式焊接结构立体图；（b）俯视单线图；（c）剖视单线图

（1）金属蜗壳引水室。蜗牛壳形状的结构使得加工制作难度大，工艺要求高，制作成本高，蜗形流道的包角达345°，进入转轮的水流流态较好，水力性能最佳。它广泛应用在混流式水轮机、斜流式水轮机和中高水头的轴流式水轮机中，见图2-12和图2-13。

从图2-13可以看出，卧式机组的蜗壳进口轴线垂直向下，使得来自压力钢管的水流进入蜗壳时必定要转90°弯，使水头损失增大。如果保持水轮机其他部分不动，只将卧式布置的蜗壳绕水轮机轴线转到蜗壳进口轴线成为水平方向，卧式水轮机的这一缺点就可以克服。国内外已经有这样的电站，将水轮机的蜗壳进口轴线按水平方向布置。

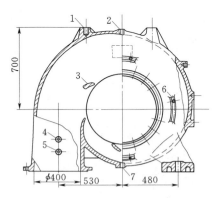

图2-13　卧式整铸结构金属蜗壳
引水室剖视图

1—起重吊耳孔；2—放气阀孔位；3—固定导叶；4—压力表孔位；5—轴承冷却水取水孔；6—控制环座；7—放水阀孔位

（2）混凝土蜗壳引水室。当水轮机的工作流量较大时，由于全部流量都需通过金属蜗壳引水室的进口断面，使得蜗壳进口断面直径增大，从而造成蜗壳的总宽度增大，机组间距增大，从而要求的厂房面积增大，投资增加。因此在工作水头较低的轴流式水轮机中，为了节省机组和厂房的投资，采用部分蜗形流道的混凝土蜗壳引水室，蜗形流道的包角在$180°\sim225°$，从非蜗形流道进入工作部件的水流流态较差，水头损失较大。混凝土蜗壳引水室的水力性能比金属蜗壳引水室差，但比明槽引水室好。应用在中低水头轴流式水轮机中，见图2-14～图2-16。

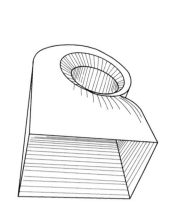

图2-14 混凝土蜗壳
引水室立体外形图

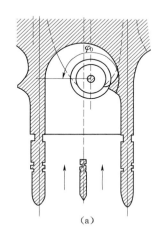

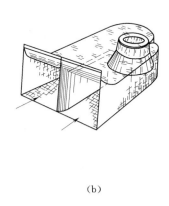

（a）   （b）

图2-15 混凝土蜗壳引水室
（a）水平剖视图；（b）立体透视图

（3）明槽引水室。为了减少投资，在500kW以下的低水头小容量轴流定桨式水轮机中常采用明槽引水室，见图2-17。明槽引水室就是引水渠道的末端渠道，结构简单，水流进入转轮前的水流流态较差，引水室的水头损失较大。

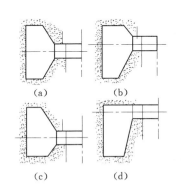

（a）   （b）

（c）   （d）

图2-16 混凝土蜗壳断面形状
（a）对称式；（b）下伸式；
（c）上伸式；（d）平顶式

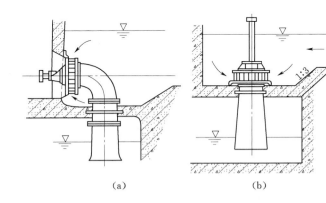

（a）   （b）

图2-17 明槽引水室
（a）卧式布置；（b）立式布置

（4）贯流式引水室。贯流式引水室只能应用在贯流式水轮机中。贯流式引水室又分灯泡式、轴伸式、竖井式和虹吸式四种形式，其中灯泡式引水室应用最广泛。

2. 导水部件

导水部件主要由导叶转动机构组成，所以又称导水机构。其作用是根据负荷调节进入转轮的水流量及开机、停机。类型有径向式、轴向式和斜向式三种形式，具体见图 2-18。

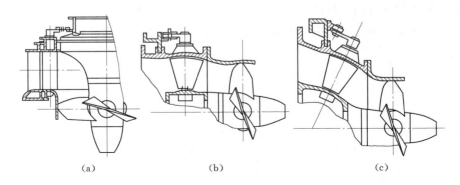

（a）　　　　　　　　　（b）　　　　　　　　　（c）

图 2-18　导水机构的三种形式

（a）径向式导水机构；（b）轴向式导水机构；（c）斜向式导水机构

（1）径向式导水机构。其特点是水流沿着与水轮机主轴垂直的径向流过导叶，导叶转轴线与水轮机主轴线平行，大部分反击式水轮机采用的是径向式导水机构，见图 2-18（a）。

图 2-19 为立式水轮机径向式导水机构，主要由推拉杆（11）、控制环（12）、连杆（10）、主、副拐臂（5、4）、活动导叶（15）、顶盖（1）、底环（14）、套筒（2）和剪断销

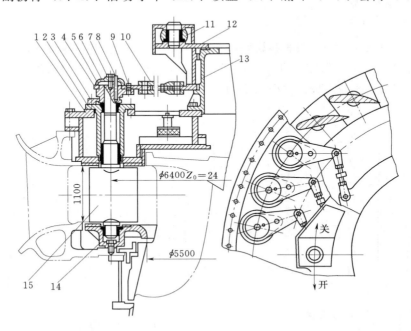

图 2-19　立式水轮机径向式导水机构平面图

1—顶盖；2—套筒；3—止推压板；4—副拐臂；5—主拐臂；6—端盖；7—调节螺钉；8—分半键；9—剪断销；10—连杆；11—推拉杆；12—控制环；13—控制环支座；14—底环；15—活动导叶

（9）10 个零件组成，其中推拉杆、控制环、连杆、拐臂构成导叶转动机构。调速器通过调速轴带动推拉杆来回移动，推拉杆带动控制环来回转动，控制环通过连杆、拐臂带动所有导叶同步来回转动，从而调节进入转轮的水流量，调节机组的转速或出力。由于控制环的转动平面与连杆的移动平面、拐臂的转动平面相互平行，三者之间可以方便地用销子进行铰连接，所以在传动的结构上最容易实现，结构性能最佳。图 2 - 20 为卧式水轮机径向式导水机构装配立体图。

图 2 - 20　卧式水轮机径向式导水机构装配立体图
1—控制环；2—连杆；3—剪断销；
4—拐臂；5—金属蜗壳引水室

剪断销一般装在连杆与拐臂的铰连接处或主付拐臂连接处。剪断销的作用是当导叶被异物卡住正遇导水部件做关闭操作时，使得被卡导叶的操作力急剧增大，当被卡导叶的操作力增大到正常操作力的 1.3～1.4 倍时，被卡导叶的剪断销被剪断，事故导叶退出导水机构，其他导叶继续关闭，从而防止事故扩大。

（2）轴向式导水机构。其特点是水流沿着与水轮机主轴平行的轴向流过导叶，导叶转轴线与水轮机主轴线垂直，由于控制环的转动平面与连杆的移动平面、拐臂的转动平面相互不平行，三者之间的连接结构较复杂。应用在轴伸贯流式水轮机中，见图 2 - 18（b）。

（3）斜向式导水机构。其特点是水流沿着与水轮机主轴倾斜的方向流过导叶，导叶转轴线与水轮机主轴线倾斜，同样由于控制环的转动平面与连杆的移动平面、拐臂的转动平面相互不平行，三者之间的连接结构较复杂。应用在斜流式水轮机和灯泡式、竖井式和虹吸式贯流式水轮机中，见图 2 - 18（c）。

3. 工作部件

工作部件就是转轮，其作用是将水能转换成转轮旋转的机械能，是水轮机的核心部件，水轮机的水力性能主要由转轮决定。转轮的类型有混流式转轮（见图 2 - 21）、轴流式（贯流式）转轮（见图 2 - 22）和斜流式转轮（见图 2 - 23）。由于轴流式水轮机的转轮与贯流式水轮机的转轮完全一样，所以反击式水轮机的机型有四种，转轮形式只有三种。

HL230

HL110

HL240

图 2 - 21　混流式转轮

新研制的转轮由于转轮叶片的设计理论日趋成熟，设计手段采用了成熟的计算机软件和计算机仿真技术，使得转轮效率提高了不少，目前，效率最高的转轮可达94％。

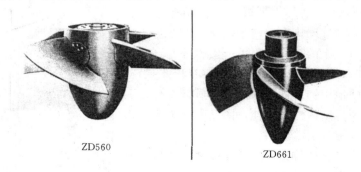

ZD560　　　　　　　　ZD661

图2-22　轴流式（贯流式）转轮

转桨式转轮在结构形状上基本与原来相同，而混流式转轮在结构上出现了变异。例如，有一种新型叶片的混流式转轮，叶片进水边与出水边不在同一个轴面上，两者成"×"状交叉的X形叶片，见图2-24，X形叶片转轮通过扭曲的出水边可以减少尾水管中心涡带，改善尾水管的压力脉动，机组运行振动减小。我国的鲁布革水电站、三峡水电站、大朝山水电站和浙江文成珊溪水电站的水轮机采用了X形叶片转轮。另外，还有带副叶片的混流式转轮，见图2-25，就是在两个常规叶片之间增加了一个较短的副叶片，副叶片的长度约为主叶片的2/3，主叶片的数量减少，但叶片的总数增加（15＋15），使转轮内压力和流场分布变好，效率提高，汽蚀减轻，运行稳定。我国云南鲁布革水电站采用的具有副叶片的X形叶片的转轮，运行十年转轮不大修，且汽蚀性能和稳定性能良好。新疆喀什三级水电站、浙江文成高岭头二级水电站、庆元大岩坑水电站采用的也是带副叶片的转轮。

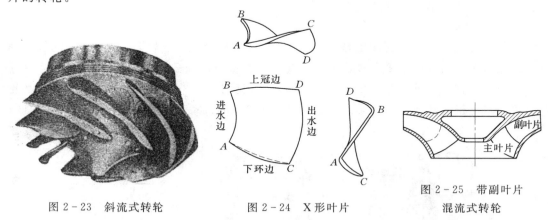

图2-23　斜流式转轮　　　图2-24　X形叶片　　　图2-25　带副叶片混流式转轮

4．泄水部件

泄水部件就是尾水管，其作用是：

（1）将水流平稳地引向下游。

（2）回收转轮出口处水流相对下游水位的位能，形成转轮出口处的静力真空H_s。

（3）部分回收转轮出口处水流的动能，形成转轮出口处的动力真空h_v。

28

尾水管回收位能的分析如下：

在同一静止水体中等高必定等压，在同一运动水体中由于水流运动需要消耗能量，所以等高肯定不等压。不装尾水管时转轮出口为大气压力，装了尾水管后（见图2-26），下游水面作用大气压力，虽然尾水管靠近出口的管内a点与下游水面等高，但a点与下游水面不等压，由于a点距离下游水面很近，a点到下游水面水流运动的水流损失很小，则可认为a点为近似大气压力。由于a点为近似大气压力，则位置高度比a点高H_s的转轮出口处的压力比大气压力低H_s mH$_2$O。比大气压力小的数值称真空度，由位置高度造成的压力下降值称静力真空H_s。H_s在数值上等于转轮出口到下游水位的垂直高度，因此又称吸出高度。由此可见，在转轮进口压力不变的条件下，装了尾水管后转轮出口压力下降，使转轮叶片正背面的压差增大，转轮输出功率增大，从能量守恒的角度来看，尾水管将转轮出口水流相对下游水位的位能转换成压能，再由转轮转换成转轮旋转的机械能，回收了转轮出口水流相对下游水位的位能。

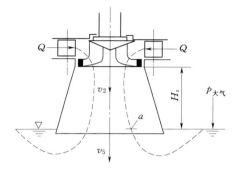

图2-26　尾水管进口处的真空度

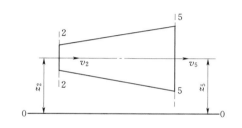

图2-27　水平放置的尾水管

尾水管部分回收动能的分析如下：

水流在运动中的位能、压能和动能三种能量形式可以相互转换，将尾水管按图2-27所示水平放置，由于断面2—2与断面5—5轴心点位置高度不变，两断面轴心线上的水质点位能沿程不变，即

$$z_2 = z_5 \tag{2-16}$$

根据能量守恒原理对过水断面2—2与5—5可建立能量方程

$$z_2 + \frac{p_2}{\gamma} + \frac{\alpha_2 v_2^2}{2g} = z_5 + \frac{p_5}{\gamma} + \frac{\alpha_5 v_5^2}{2g} + h_{w2-5} \tag{2-17}$$

式中$z_2 = z_5$，由于两断面距离较近，断面2—5之间的水头损失h_{w2-5}可以忽略不计，即

$$h_{w2-5} = 0 \tag{2-18}$$

则

$$\frac{p_2}{\gamma} + \frac{\alpha_2 v_2^2}{2g} = \frac{p_5}{\gamma} + \frac{\alpha_5 v_5^2}{2g} \tag{2-19}$$

因为水流在尾水管进口处的流速v_2大于出口处的流速v_5，所以在不考虑位能变化和水头损失h_{w2-5}的条件下，由于动能变化将造成尾水管进口压力p_2小于出口压力p_5。即同一管流中流速高的断面压力比流速低的断面压力要来得低，因此由于流速沿程减小造成尾水管进口压力低于出口压力。又因为尾水管出口为近似大气压力，所以流速沿程减小造

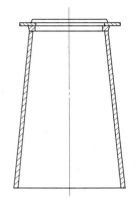

图 2-28 直锥形尾水管

成尾水管进口压力比大气压力低，由运动造成的压力下降值称动力真空 h_v，即

$$h_v = \frac{\alpha_2 v_2^2 - \alpha_5 v_5^2}{2g} - h_{w2-5} \qquad (2-20)$$

在转轮进口压力不变的条件下，装了尾水管后转轮出口压力进一步下降，使转轮输出功率进一步增大，尾水管将转轮出口处水流的部分动能转换成压能，再由转轮转换成转轮旋转的机械能。部分回收了转轮出口水流的动能。

尾水管有直锥形尾水管、曲膝形尾水管和弯肘形尾水管三种形式。

（1）直锥形尾水管，见图 2-28。结构最简单，制作最方便，水流在管内平稳减速回收动能，水力性能最佳，应用在小型立式水轮机中和灯泡式、竖井式和虹吸式贯流式水轮机中。

（2）曲膝形尾水管，见图 2-29。它的主要特点是水流一离开转轮，还来不及减速就经弯管段（2）转过 90°弯，主要的减速回收动能都在圆锥段（3）内完成，弯管段的水头损失较大，水力性能最差，应用在卧式混流式水轮机和轴伸式贯流式水轮机中。

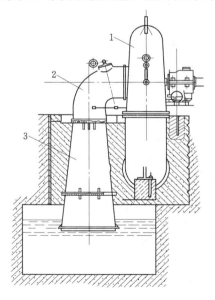

图 2-29 曲膝形尾水管
1—金属蜗壳；2—弯管段；3—圆锥段

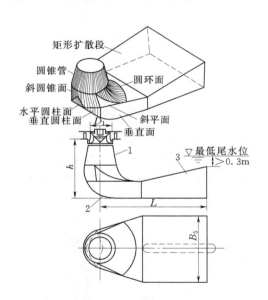

图 2-30 弯肘形尾水管
1—圆锥段；2—肘管段；3—矩形扩散段

（3）弯肘形尾水管。见图 2-30。弯肘形尾水管结构最复杂，制作不便。水流离开转轮时在圆锥段（1）中稍微减速马上转过 90°弯成水平运动，主要减速动能回收在水平段完成。肘管段（2）需要从垂直圆形断面转变为水平矩形断面，因此肘管段制造难度大，水流运动紊乱，水头损失较大，所以弯肘形尾水管的水力性能比直锥形尾水管差。但水平矩形扩散段（3）水流的动能回收充分，因此水力性能比曲膝型尾水管好。与直锥形尾水

管相比，弯肘形尾水管的扩散段水平布置，减小了厂房深度的开挖量，节省厂房投资，因此广泛应用在大中型立式水轮机中。

三、冲击式水轮机主要结构

1. 水斗式水轮机主要结构

水斗式水轮机主要由转轮、喷嘴、折向器和喷针——折向器协联操作机构组成。

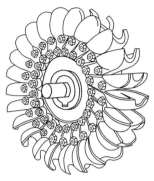

图 2-31 水斗式水轮机转轮

（1）转轮。转轮是水斗式水轮机的工作部件，其作用是将射流的动能转换成转轮旋转的机械能，水流的能量转换在大气中进行。

装配在主轴上的叶轮外圆上的均布斗叶与叶轮的连接方式有整体铸造结构、焊接结构和螺栓连接结构三种，图 2-31 为斗叶与叶轮用螺栓连接结构的水斗式转轮。现在采用整体铸造结构和焊接结构形式比较多。图 2-32 为焊接结构的斗叶，是采用焊接的方法将斗叶固定在叶轮上的。

（2）喷嘴。喷嘴是水斗式水轮机的导水部件（机构），其作用是将水流形成坚实的射流水柱，并根据负荷调节冲击转轮斗叶的射流流量及开机、停机。其结构见图 2-33，圆形管段末段为收缩段（1），水流在该段被不断加速流出喷嘴成为高速运动的射流。支撑筋板（4）中的导向管（5）内装有喷针（3），轴向移动喷针可改变喷嘴口（6）的过水面积，从而调节冲击转轮的射流流量及开机、停机。

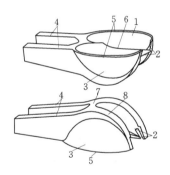

图 2-32 水斗式转轮斗叶
1—内表面；2—缺口；3—背面；
4—叶柄；5—出水边；6—分水
刃（进水边）；7、8—加强筋板

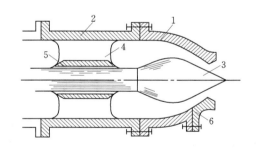

图 2-33 喷嘴
1—收缩段；2—连接段；3—喷针；4—支
撑筋板；5—导向管；6—喷嘴口

（3）折向器。其作用是当机组甩负荷时，在 2～4s 内切入射流，将射流偏引到下游尾水渠，使射流不再冲击转轮斗叶，机组转速不至于上升过高。其结构及工作原理见图2-34。

（4）喷针——折向器协联操作机构。有布置在流道内的内控式和布置在流道外的外控式两种形式，图 2-35 为中小型水斗式水轮机的外控式喷针——折向器协联操作机构的结构图。水轮机调速器通过调速轴（4）同时带动两根喷针折向器协联杠杆（5）和（12）动作，协联杠杆（12）直接操作折向器，使得折向器对调速轴的动作始终为同步响应；协联杠杆（5）通过喷针配压阀（1）、喷针接力器（2）操作喷针轴向移动。调节配压阀与接力

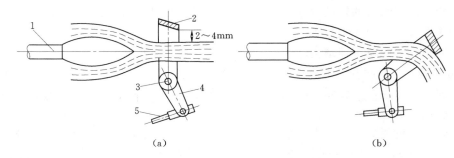

图 2-34 折向器工作原理

(a) 折向器在机组正常运行时的位置；(b) 折向器在机组甩负荷时的位置

1—喷针；2—折向器；3—转轴；4—拐臂；5—折向器操作杠杆

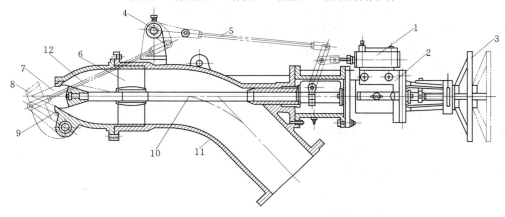

图 2-35 外控式喷针——折向器协联操作机构

1—喷针配压阀；2—喷针接力器；3—手动操作手轮；4—调速轴；5、12—喷针折向器协联杠杆；
6—支撑筋板；7—喷针；8—折向器；9—喷嘴口；10—喷针杆；11—喷管

器之间的节流孔开度，就能调节机组甩负荷时喷针对调速轴动作响应的滞后时间。

机组正常运行时，由于调速轴调节幅度较小，流过节流孔的油流速度较慢，节流孔几乎不起阻尼作用，调速轴通过协联杠杆（12）操作折向器（8）始终跟随射流直径的变化，保持折向器与射流表面2～4mm距离。同时，通过协联杠杆（5）、喷针配压阀、喷针接力器操作喷针根据机组负荷调节冲击转轮的射流流量，喷针对调速轴的动作几乎是同步响应。

当机组甩负荷时，调速轴大幅度向关闭方向转动，操作折向器在2～4s内切入射流，将射流偏引到下游尾水渠，使射流不再冲击转轮斗叶，机组转速不至于上升过高；由于流过节流孔的油流速度较快，节流孔对油流的阻尼作用明显，使得喷针只能在15～30s内将喷针从全开位置关到全关位置，达到缓慢关闭喷嘴的目的，使压力钢管的水击压力不至于上升过高。手动操作时可用操作手轮（3）手动操作喷针。有的水斗式水轮机的折向器与喷针没有协联关系，机组正常运行时，折向器在最远离射流的位置。机组甩负荷时，折向器在2～4s内切入射流。

2. 斜击式水轮机主要结构

斜击式水轮机的喷嘴与水斗式水轮机一样，只是射流冲击转轮的方向不同（见图2-

36），转轮结构见图 2-37，蘑菇伞状的转轮上径向均布叶片，由于叶片在半径方向很长，为防止叶片振动，用外环将所有叶片的头部联为一体，提高了叶片的刚度。水流的能量转换在大气中进行。斜击式水轮机也有折向器，但是与喷针没有协联关系，而是由电磁铁控制，在机组甩负荷时，迅速切入射流，将射流偏引到下游尾水渠。

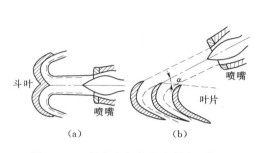

图 2-36 斜击式与水斗式射流比较图

（a）水斗式；（b）斜击式

图 2-37 斜击式转轮

（a）进口边外貌；（b）出口边外貌

3. 双击式水轮机主要结构

双击式水轮机的转轮见图 2-38，为一个均布圆弧状断面长叶片的滚筒，叶片的长度方向与水轮机主轴线平行，滚筒中心有一个圆柱体空间。图 2-39 为解体后的双击式水轮机结构立体图，双击式水轮机的喷嘴与水斗式水轮机及斜击式水轮机完全不同，其喷嘴就是压力钢管末段的一段矩形断面的管道，因此称喷管（1），喷管内布有一个单导叶（2）或闸板，调节单导叶或闸板可调节冲击转轮的流量。转轮（3）将水能转换成机械能的工作原理类似于混流式水轮机转轮，但是水流能量转换在大气中进行又类似于水斗式转轮。水流在喷管中由水平运动转为垂直向下运动，穿过转轮后，从尾水管（6）排入下游。

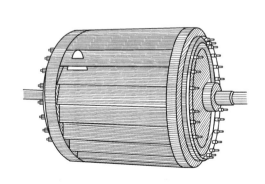

图 2-38 双击式转轮

图 2-39 采用单导叶调节的
双击式水轮机结构

1—喷管；2—单导叶；3—转轮；
4—补气阀；5—后罩；6—尾水管；
7—轴承；8—外壳

四、水轮机牌号

水轮机的牌号由三大部分组成，每一大部分之间用一条粗实线隔开。

第一大部分由两部分组成，前面部分是用汉语拼音字母表示的水轮机机型，后面部分是用数字表示的转轮型号或称比转速 n_s。

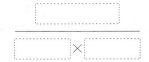

应该指出，现在许多科研单位和高校自己开发研究了不少效率高、抗汽蚀性能好的新转轮，出于技术保密的原因，对外不公开主要技术参数，也不申报国家系列定型产品，而是自己命名一个转轮型号，其含义只有研制单位自己清楚。例如：HLDT09 混流式转轮，JF2001A 混流式转轮，ZDJP502 轴流定桨式转轮等。

第二大部分由两部分组成，前面部分是用汉语拼音字母表示的水轮机主轴布置形式，后面部分是用汉语拼音字母表示的水轮机引水室特征，冲击式水轮机没有这部分内容。

第三大部分是由数字表示的水轮机转轮直径 D_1。

$$\frac{\boxed{}}{\boxed{} \times \boxed{}}$$

水斗式水轮机的第三大部分内容为一个分数式，其中分子表示水轮机转轮直径 D_1，分母表示作用每一个转轮的喷嘴数目和额定工况时的射流直径 d_0，两者用符号"×"隔开。对于混流式水轮机，转轮直径等于叶片进水边最远点所在圆的直径；对于轴流式水轮机，转轮直径等于叶片转轴线与转轮室交点所在圆的直径；对于水斗式水轮机，转轮直径等于射流中心线与转轮旋转平面相切圆的直径。

水轮机机型代号的说明见表 2－1；主轴布置代号说明见表 2－2；引水室特征代号说明见表 2－3。

表 2－1　　　　　　　　　　　水 轮 机 机 型 代 号

水轮机机型	代　　号	水轮机机型	代　　号
混流式	HL	双击式	SJ
轴流转桨式	ZZ	斜击式	XJ
轴流定桨式	ZD	贯流转桨式	GZ
斜流式	XL	贯流定桨式	GD
水斗式	CJ		

表 2－2　　主轴布置代号

主轴布置形式	代　　号
立式	L
卧式	W

表 2－3　　　　　　引水室特征代号

引水室特征	代　　号	引水室特征	代　　号
金属蜗壳	J	罐式	G
混凝土蜗壳	H	竖井式	S
灯泡式	P	虹吸式	X
明槽式	M	轴伸式	Z

例如：HL220—LJ—120，表示水轮机机型为混流式水轮机，转轮型号或比转速为220，主轴布置为立式，引水室为金属蜗壳引水室，转轮直径为120cm；ZZ560—LH—300，表示水轮机机型为轴流转桨式水轮机，转轮型号或比转速为560，主轴布置为立式，引水室为混凝土蜗壳引水室，转轮直径为300cm；XLN200—LJ—240，表示水轮机机型为可逆斜流式水轮机，转轮型号或比转速为200，主轴布置为立式，引水室为金属蜗壳引水室，转轮直径为240cm；2CJ26—W—$\dfrac{100}{2 \times 9}$，表示水轮机机型为水斗式水轮机，一根主

轴上装有两只转轮，转轮型号或比转速为 26，主轴布置为卧式，转轮直径为 100cm，作用每个转轮有两个喷嘴，额定工况时的射流直径为 9cm。

第三节　水轮机工作原理

一、动量矩定律

直线加速运动物体，可应用牛顿第二定律（见图 2 - 40）得动量方程为

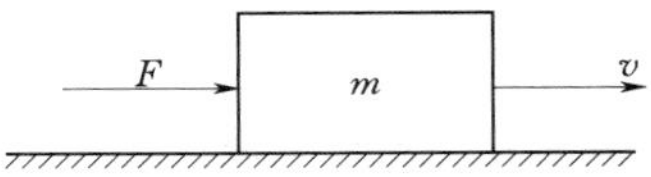

$$F = ma = m\frac{\mathrm{d}v}{\mathrm{d}t} = \frac{\mathrm{d}(mv)}{\mathrm{d}t} \qquad (2 - 21)$$

图 2 - 40　直线运动的动量定律

式中　F——作用物体的合外力；

$\quad\quad m$——物体的质量；

$\quad\quad a$——运动物体的加速度；

$\quad\quad v$——运动物体的速度；

$\quad\quad mv$——运动物体的动量。

根据式（2 - 21）可得动量定律：作用物体的合外力等于该物体单位时间内动量的变化值。

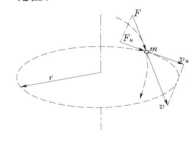

图 2 - 41　圆周运动的
动量矩定律

某一质量为 m 的运动物体相对某一定轴沿带箭头的虚线轨迹运动，在合外力 F 的作用下，其绝对速度 v 大小和方向都在变，相对定轴的运动半径 r 也在变，见图 2 - 41。从微观的角度观察带箭头的虚线所表示的曲线，可以认为曲线是由无数条无穷短的直线组成。因此，在极短的时间 $\mathrm{d}t$ 内，可以认为物体 m 在作直线运动，对运动物体 m 在 $\mathrm{d}t$ 时间内，可应用动量定律建立动量方程为

$$F = \frac{\mathrm{d}(mv)}{\mathrm{d}t} \qquad (2 - 22)$$

或对运动物体 m 在半径为 r 的圆周切线方向应用动量定律建立动量方程为

$$F_\mathrm{u} = \frac{\mathrm{d}(mv_\mathrm{u})}{\mathrm{d}t} \qquad (2 - 23)$$

式中　F_u——合外力 F 在半径为 r 的圆周切线方向的切向分力；

$\quad\quad v_\mathrm{u}$——绝对速度 v 在半径为 r 的圆周切线方向的切向分速度。

或

$$F_\mathrm{u}r = \frac{\mathrm{d}(mv_\mathrm{u}r)}{\mathrm{d}t} \qquad (2 - 24)$$

得动量矩方程

$$M_\mathrm{u} = \frac{\mathrm{d}(mv_\mathrm{u}r)}{\mathrm{d}t} \qquad (2 - 25)$$

式中　M_u——作用物体的合外力矩，$M_\mathrm{u} = F_\mathrm{u}r$；

$\quad\quad mv_\mathrm{u}r$——运动物体的动量矩。

根据式（2 - 25）可得动量矩定律：作用物体的合外力矩等于该物体单位时间内的动量矩的变化值。

二、转轮内的水流运动分析

设车厢沿着铁轨前进，见图 2-42，车厢内的乘客在车厢内走动，乘客相对车厢的运动称相对运动，其速度称相对速度，用"$\vec{w}$"表示；车厢相对大地的运动称牵连运动，其速度称牵连速度，用"$\vec{u}$"表示；则乘客相对大地的运动称绝对运动，其速度称绝对速度，用"$\vec{v}$"表示，根据运动学可知，绝对速度等于牵连速度与相对速度的矢量和，见图 2-43；α 称绝对速度方向角，β 称相对速度方向角。即

$$\vec{v} = \vec{w} + \vec{u}$$

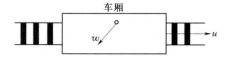

图 2-42　相对运动与牵连运动

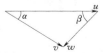

图 2-43　平行四边形法和三角形法矢量求和

转轮内的水质点同样也同时参与两种运动：第一种运动是水质点相对转轮叶片的运动称相对运动；第二种运动是转轮相对大地的运动称牵连运动或圆周运动，则水质点相对

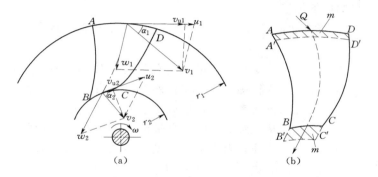

图 2-44　反击式转轮内的水流运动

（a）转轮进出口速度三角形；（b）流道内水体的动量矩变化

大地的运动称绝对运动。现以反击式水轮机转轮为例分析转轮内的水流运动，见图 2-44。在转轮进口处水质点的进口绝对速度，见图 2-45。图中，β_1 为水质点在转轮进口处相对叶片的相对速度方向角；α_1 为水质点在转轮进口处相对大地的绝对速度方向角，由导叶开度决定。其绝对速度为

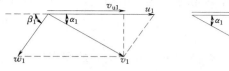

图 2-45　进口速度三角形

$$\vec{v}_1 = \vec{w}_1 + \vec{u}_1 \tag{2-26}$$

式中　$\vec{w}_1$——水质点在转轮进口处相对叶片的相对速度；

　　　$\vec{u}_1$——水质点在转轮进口处的圆周速度，$u_1 = \dfrac{2r_1\pi n_r}{60}$，$r_1$ 为转轮进口半径。

转轮进口处绝对速度在圆周切线方向的分速度——进口切向分速度 $\vec{v}_{u1}$ 的数值为 $v_{u1} = v_1 \cos\alpha_1$；$\vec{v}_{u1}$ 的方向为该点所在圆的切线方向。

在转轮出口处水质点的出口绝对速度，见图 2-46。图中 β_2 为水质点在转轮出口处相对叶片的相对速度方向角；α_2 为水质点在转轮出口处相对大地的绝对速度方向角。出口的绝对速度为

$$\vec{v}_2 = \vec{w}_2 + \vec{u}_2 \qquad (2-27)$$

式中　$\vec{w}_2$——水质点在转轮出口处相对叶片的相对速度；

$\vec{u}_2$——水质点在转轮出口处的圆周速度，$u_2 = \dfrac{2r_2\pi n_r}{60}$，$r_2$ 为转轮出口半径。

图 2-46　出口速度三角形

转轮出口处绝对速度在圆周切线方向的分速度——出口切向分速度 $\vec{v}_{u2}$ 的数值为 $v_{u2} = v_2\cos\alpha_2$；$\vec{v}_{u2}$ 的方向为该点所在圆的切线方向。

三、反击式水轮机基本方程式

由图 2-44 可知，水流从半径为 r_1 的转轮进口圆柱断面流进转轮，又从半径为 r_2 的转轮出口圆柱断面流出转轮，水流在叶片的作用下，运动速度 $\vec{v}$ 的大小、方向及运动半径 r 沿程都发生了变化，因此水流的动量矩发生了变化，根据动量矩定律可知，叶片作用水流的合外力矩为

$$M_u = \frac{\mathrm{d}(mv_u r)}{\mathrm{d}t} \qquad (2-28)$$

由于任意两个相邻叶片之间的水流状况是一样的，因此对整个转轮的水流动量矩变化进行分析时，只需分析其中一对两相邻叶片的水流运动即可，并假定进入转轮的所有水流流量 Q 都是从这两个叶片之间流过，如图 2-44（b）所示，这样使问题的分析大大简化，但又不影响问题分析的结果。

因为水流运动是连续的，所以在 $\mathrm{d}t$ 时间内流进转轮的水流质量等于流出转轮的水流质量。设在 $\mathrm{d}t$ 时间内水体从 $ABCD$ 流到 $A'B'C'D'$，由于在 $\mathrm{d}t$ 时间内水体 $A'BCD'$ 的动量矩没有发生变化，所以在效果上可以认为在 $\mathrm{d}t$ 时间内质量为 m 的水体从 $AA'D'D$ 运动到 $BB'C'C$。

由于 $\mathrm{d}t$ 时间极短，则水体 $AA'D'D$ 的径向厚度极薄，可认为在 $AA'D'D$ 内质量为 m 的水体中，每一个水质点的位置半径处处相等，等于转轮进口半径 r_1，每一个水质点的切向分速度也处处相等，等于转轮进口切向分速度 v_{u1}，则 $AA'D'D$ 水体在转轮进口处的动量矩为 $mv_{u1}r_1$。同样，由于 $\mathrm{d}t$ 时间极短，则水体 $BB'C'C$ 的径向厚度极薄，可认为在 $BB'C'C$ 内质量为 m 的水体中，每一个水质点的位置半径处处相等，等于转轮出口半径 r_2，每一个水质点的切向分速度也处处相等，等于转轮出口切向分速度 v_{u2}，则 $BB'C'C$ 水体在转轮出口处的动量矩为 $mv_{u2}r_2$。根据动量矩方程式 2-25 得叶片对水流作用的合外力矩为

$$M_u = \frac{\mathrm{d}(mv_u r)}{\mathrm{d}t} = \frac{mv_{u2}r_2 - mv_{u1}r_1}{\mathrm{d}t} \qquad (2-29)$$

在 $\mathrm{d}t$ 时间内流进转轮的水流质量为

$$m = \frac{\gamma Q \, \mathrm{d}t}{g} \qquad (2-30)$$

所以

$$M_u = \frac{\gamma Q}{g}(v_{u2} r_2 - v_{u1} r_1) \qquad (2-31)$$

根据牛顿第三定律，作用力与反作用力大小相等、方向相反。则水流对转轮叶片作用的水动力矩为

$$M_t = -M_u = \frac{\gamma Q}{g}(v_{u1} r_1 - v_{u2} r_2) \qquad (2-32)$$

式中表明，转轮水动力矩 M_t 的获得是通过改变进出转轮水流的切向分速度矩 $v_u r$ 来实现的，切向分速度矩简称速度矩。水轮机出力为

$$N_t = M_t \omega = \frac{\gamma Q \omega}{g}(v_{u1} r_1 - v_{u2} r_2) \qquad (2-33)$$

式中 ω——转轮旋转机械角速度，$\omega = \dfrac{2\pi n_r}{60}$。

根据式（2-3），从水能的角度计算水轮机出力为

$$N_t = \gamma Q H \eta_t \qquad (2-34)$$

上两种计算水轮机出力的方法虽然不一样，但是计算结果应该是一样的，所以

$$\gamma Q H \eta_t = \frac{\gamma Q \omega}{g}(v_{u1} r_1 - v_{u2} r_2) \qquad (2-35)$$

$$H \eta_t = \frac{\omega}{g}(v_{u1} r_1 - v_{u2} r_2) \qquad (2-36)$$

这就是反击式水轮机基本方程式，是水能与机械能的能量平衡方程式。等式左边表示的是水轮机对单位重量水体能量的有效利用值，等式右边表示的是水轮机的旋转机械运动能。

$$H \eta_t = \frac{\omega}{g} \frac{2\pi}{2\pi}(v_{u1} r_1 - v_{u2} r_2)$$

$$H \eta_t = \frac{\omega}{2\pi g}(v_{u1} 2\pi r_1 - v_{u2} 2\pi r_2) \qquad (2-37)$$

这是反击式水轮机基本方程式的另一种形式，在物理学中将圆周切向分速度 v_u 与该点所在圆的圆周长 $2\pi r$ 的乘积称为"环量"。因此，从水轮机基本方程式可得出四点重要结论：

（1）在转轮进口处，水流的进口环量不能为零，即 $v_{u1} \neq 0$。也就是说水流进入转轮前必须要有一定的旋转量（因此金属蜗壳引水室水力性能最佳）。

（2）在转轮进口与出口之间，水流的进口环量必须大于出口环量，即 $v_{u1} r_1 > v_{u2} r_2$。

（3）在转轮出口处，水流的出口环量为零时水轮机效率最高，即 $v_{u2} = 0$ 或 $\alpha_2 = 90°$（称法向出口）。

（4）转轮对水流的能量转换只与水流进出口的速度矩 $v_u r$ 变化有关，与进出口之间的水流运动状况无直接关系。

【例题 2-6】   某水电厂水轮机型号为 HL240—LJ—140，设计工作水头 $H_r = 30.5\mathrm{m}$，额定转速 $n_r = 300\mathrm{r/min}$，运行在最优工况，导叶出口方向角 $\alpha_0 = 60°$，水轮机最高效率 $\eta_t = 92.8\%$。请计算水轮机最优工况时，水质点在转轮进口处的圆周速度 u_1、绝对速度 v_1、相对速度 w_1 和圆周切向分速度 v_{u1} 的

大小和方向。（提示：近似认为 $\alpha_1 \approx \alpha_0$）

解 因为工作在最优工况，转轮出口环量为零，水轮机基本方程式变成

$$H\eta_t = \frac{\omega}{g} v_{u1} r_1$$

转轮旋转角速度 $\omega = \dfrac{2\pi n_r}{60} = \dfrac{3.14 \times 300}{30} = 31.4$（rad/s）

转轮进口半径 $r_1 = \dfrac{D_1}{2} = 0.7$（m）

圆周切向分速度的大小为 $v_{u1} = \dfrac{H\eta_t g}{\omega r_1} = \dfrac{30.5 \times 0.928 \times 9.81}{31.4 \times 0.7} = 12.63$（m/s），方向为进口圆周切线方向。

圆周速度的大小为 $u_1 = \dfrac{\pi D_1 n_r}{60} = \dfrac{3.14 \times 1.7 \times 300}{60} = 26.69$（m/s），方向为进口圆周切线方向。

因为 $v_{u1} = v_1 \cos\alpha_1$，所以绝对速度的大小为 $v_1 = \dfrac{v_{u1}}{\cos\alpha_1} = \dfrac{12.63}{\cos 60°} = 25.26$（m/s），方向为与进口圆周切线方向的夹角为 $60°$。

根据进口速度三角形（图 2-45）可知相对速度的大小为 $w_1 = \sqrt{(u_1 - v_{u1})^2 + (v_1 \sin\alpha_1)^2}$
$= \sqrt{(26.69 - 12.63)^2 + (25.26 \sin 60°)^2} = 26$（m/s），方向为 $\beta_1 = \arccos \dfrac{u_1 - v_{u1}}{w_1} = \arccos \dfrac{26.69 - 12.63}{26} = 57.26°$，即与 u_1 反方向的圆周切线方向的夹角为 $57.26°$。

四、水斗式水轮机基本方程式

在水斗式水轮机的转轮中，与射流中心线相切圆的直径就是水轮机转轮直径 D_1。射流冲击转轮斗叶时，认为射流水柱在转轮半径方向 $D_1/2$ 处水流运动上下对称，见图 2-47，因此可以用转轮半径所在圆的柱面上的水流运动来代表全部水流能量转换的整体过程。所以我们只对转轮半径所在圆的柱面上进行水流运动的分析，见图 2-48。

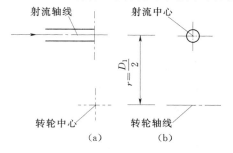

图 2-47 射流冲击斗叶时的径向位置
（a）射流轴线与转轮中心；
（b）射流中心与转轮轴线

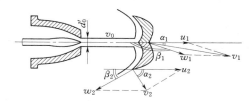

图 2-48 水斗式水轮机斗叶
进出口速度三角形

由于半径为 $D_1/2$ 的圆柱剖面上任何一个点所处的半径位置全相等，所以射流从进入斗叶到流出斗叶都在同一个圆柱面上运动，因此

$$r_1 = r_2 = r \quad (r = D_1/2) \tag{2-38}$$

$$u_1 = u_2 = u \quad (u = \pi D_1 n_r/60) \tag{2-39}$$

由于射流从进入斗叶到流出斗叶都处于大气中，流动过程中的边界条件始终没变，当忽略斗叶表面的水流阻力时，可近似认为水流进口相对速度 w_1 与水流出口相对速度 w_2 的大小相同（但方向不相同），即

$$w_1 = w_2 = w \tag{2-40}$$

由于斗叶进口处分水刃的夹角 $\theta = 10° \sim 18°$，比较小，则水流进口绝对速度方向角 $\alpha_1 = \theta/2$ 就更小，则根据转轮进口速度三角形近似可得

$$v_{u1} = v_1 \cos\alpha_1 \approx v_1 \approx w_1 + u_1 = w + u \tag{2-41}$$

根据转轮出口速度三角形可得

$$v_{u2} = u_2 - w_2 \cos\beta_2 = u - w\cos\beta_2 \tag{2-42}$$

由于斗叶进口水流阻力很小，可近似认为

$$v_1 \approx v_0 \tag{2-43}$$

则

$$w = v_0 - u$$

式中 v_0——射流额定工况时的流速。

$$v_0 = \frac{Q_r}{(\pi/4)d_0^2} \tag{2-44}$$

式中 Q_r——水轮机设计流量；

d_0——射流设计工况时的直径。

将上述公式代入反击式水轮机基本方程式（2-36），并整理

$$\begin{aligned} H\eta_t &= \frac{\omega}{g}(v_{u1}r_1 - v_{u2}r_2) = \frac{1}{g}(v_{u1}u_1 - v_{u2}u_2) \\ &= \frac{u}{g}(v_{u1} - v_{u2}) = \frac{u}{g}\left[(w+u) - (u - w\cos\beta_2)\right] \\ &= \frac{u}{g}w(1+\cos\beta_2) = \frac{u}{g}(v_0 - u)(1+\cos\beta_2) \end{aligned} \tag{2-45}$$

得水斗式水轮机基本方程式为

$$H\eta_t = \frac{u}{g}(v_0 - u)(1+\cos\beta_2) \tag{2-46}$$

从水斗式水轮机基本方程式可以看出，要使水轮机效率 η_t 最高，等式右边的两项 $u(v_0 - u)$ 和 $(1+\cos\beta_2)$ 应取最大值。采用导数求极限值的方法求水轮机基本方程式中的效率最大值。水轮机工作水头一定时，射流速度 v_0 为常数，令

$$\frac{d[u(v_0 - u)]}{du} = 0 \tag{2-47}$$

得 $u = v_0/2$ 时 $u(v_0 - u)$ 具有最大值；另外，$\beta_2 = 0$ 时 $(1+\cos\beta_2)$ 具有最大值。因此从水斗式水轮机基本方程式得到两点重要结论：

（1）水流出口相对速度方向角 β_2 不变时，$u/v_0 = 1/2$ 时水轮机效率最高，最佳速度比为 0.5。实际工作时，由于摩擦损失使得 $w_2 < w_1$ 及 $\alpha_1 = 5° \sim 9°$，所以当 $u = (0.42 \sim 0.48)v_0$ 时水轮机效率最高。

（2）转轮圆周速度 u 不变时，$\beta_2 = 0$ 时水轮机效率最高，实际中为避免从斗叶中反射出来的水流冲击相邻斗叶的背部增加转轮的阻力，取 $\beta_2 = 3° \sim 4°$。

【例题 2-7】　某水电厂水斗式水轮机，转轮直径 $D_1 = 1.7\text{m}$，额定转速 $n_r = 500\text{r/min}$。请计算射流流速 v_0 为何值时水轮机效率最高。

解　对于水斗式水轮机，转轮旋转平面与射流中心线相切圆的直径就是水轮机直径。所以转轮圆周

速度

$$u = \frac{\pi D_1 n_r}{60} = \frac{3.14 \times 1.7 \times 500}{60} = 44.48 \, (\text{m/s})$$

因为 $u = (0.42 \sim 0.48) \, v_0$ 时水轮机效率最高,所以水轮机效率最高的射流流速

$$v_0 = \frac{u}{0.42 \sim 0.48} = \frac{44.48}{0.42 \sim 0.48} = 92.67 \sim 105.91 \, (\text{m/s})$$

五、水轮机工况分析

1. 最优工况

水轮机最优工况的两个条件:切向进口和法向出口。以反击式水轮机为例进行分析,见图 2 - 49。

(1)切向进口。当水流在转轮进口处,水流进口相对速度方向角 β_1 等于叶片进口安放角 β_{1e} 时,水流沿着叶片骨线进口点的切线方向流进转轮,水流对叶片头部的冲角最小,进口水头损失最小,所以水轮机效率最高,切向进口又称作无撞击进口,即

$$\beta_1 = \beta_{1e} \qquad (2-48)$$

式中 β_1 —— 水流进口相对速度 w_1 的方向与该点所在圆的圆周切线方向的夹角;

β_{1e} —— 叶片骨线在进口点的切线方向与该点所在圆的圆周切线方向的夹角。

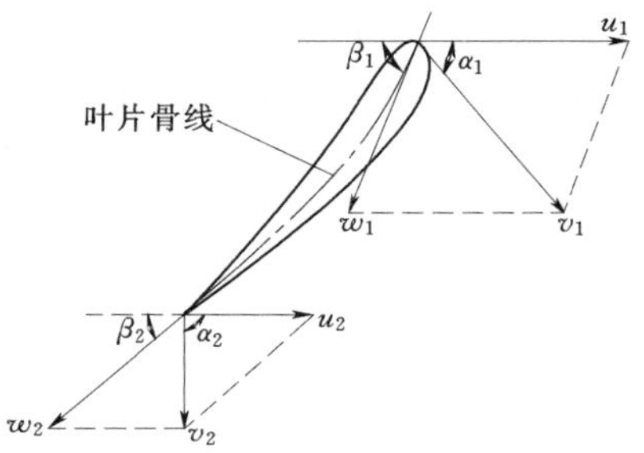

图 2 - 49 最优工况时的转轮水流进出口速度三角形

实验证明,β_{1e} 小于 β_1 在 8°之内更有利于改善整个转轮流道的水力性能,且可以减小叶片的弯曲程度。

(2)法向出口。由水轮机基本方程式可知,转轮对水流能量的转换是靠产生水流在转轮进出口的切向分速度矩差值 $v_{u1} r_1 - v_{u2} r_2$ 得到的,水流在转轮中流动时,只绝对速度 v 的切向分速度 v_u 才是真正作用转轮输出水动力矩 M_t 的动力。在相同的条件下,转轮出口切向分速度 $v_{u2} = 0$ 时,转轮进、出口切向分速度改变最大,则转轮输出水动力矩 M_t 最大,转轮对水流能量利用最彻底,所以水轮机效率最高。此时,水流出口绝对速度 v_2 与出口圆周速度 u_2 垂直,水流沿着叶片出口旋转平面的法向流出转轮,水流离开转轮时,没有旋转量,即出口绝对速度 v_2 的方向与出口点所在圆的圆周切线方向的夹角 $\alpha_2 = 90°$。

水轮机运行中出力变化时,转速仍为额定转速,即 $n_r = $ 常数,所以圆周速度 $u_1 = $ 常数,$u_2 = $ 常数,在较短时间内水库库水位可近似认为不变。水轮机出力的变化是通过调节进入水轮机的水流量来实现的,而流量的变化将引起转轮出口相对速度 w_2 的变化,见图 2 - 50。当水轮机出力小于最优出力时,水流量减小,转轮出口相对速度减小,w_2、u_2 和 v_2 构成的出口速度三角形,$\alpha_2 < 90°$,$v_{u2} \neq 0$ 且与 u_2 同向,即水流离开转轮时,具有与转轮同方向的旋转量;当水轮机出力大于最优出力时,水流量增大,转轮出口相对速度增大,w'_2、u_2 和 v'_2 构成的出口速度三角形,$\alpha'_2 > 90°$,$v'_{u2} \neq 0$ 且与 u_2 反向,即水流离开转轮时,具有与转轮反方向的旋转量。

尾水管只对绝对速度的轴向分量具有扩散减速回收动能的功能,而对绝对速度的切向分速度 v_u 没有动能回收的功能,因此 $v_{u2} \neq 0$ 时,不但离开转轮时的水流动能增大,转轮

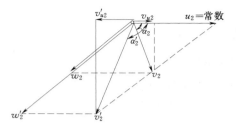

图 2-50 水轮机运行中转轮
出口速度三角形的变化

对水能利用不彻底，而且流出尾水管的水流动能也增大。所以水流法向出口时水轮机效率最高。但是实验证明，$80° < \alpha_2 < 90°$ 可以减小尾水管的脱流现象，从而减小尾水管的水头损失。

2. 非最优工况

水轮机在最优工况时，只要工作水头 H 或导叶开度 a_0（两相邻导叶能通过最大圆的直径）中有一个变化，水轮机就会从最优工况进入非最优工况。水轮机的工作水头 H 的变化是由库水位的变化引起的，水轮机的导叶开度 a_0 变化是由于用户负荷变化需要调节进入水轮机的水流量 Q 引起的。导叶开度 a_0 变化时，导叶出口方向角 α_0 跟着变化。下面对水轮机从最优工况进入非最优工况效率下降的原因进行分析。

（1）设库水位不变，导叶开度关小，见图 2-51（a）。

1）在转轮进口处，进口绝对速度的大小、方向都变小，从最优工况的 $\vec{v}_1$ 变成为 $\vec{v}'_1$，由于进口圆周速度 $\vec{u}_1$ 不变，则进口相对速度的大小、方向都变，从最优工况的 $\vec{w}_1$ 变成为 $\vec{w}'_1 = \vec{v}'_1 - \vec{u}_1$，水流在转轮进口处不再切向进口，水流进口水头损失增加，所以水轮机效率下降。

2）在转轮出口处，出口相对速度的大小变小但方向不变，从最优工况的 $\vec{w}_2$ 变成为 $\vec{w}'_2$，由于出口圆周速度 $\vec{u}_2$ 不变，则出口绝对速度的大小、方向都变，从最优工况的 $\vec{v}_2$ 变成为 $\vec{v}'_2 = \vec{w}'_2 + \vec{u}_2$，水流在转轮出口处不再法向出口，转轮没能利用的切向分速度 v_{u2} 的动能增加，所以水轮机效率下降。

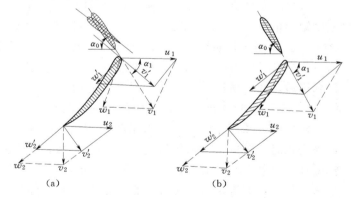

图 2-51 非最优工况时的转轮进出口速度三角形
（a）库水位不变、导叶开度变小；（b）导叶开度不变、库水位变低

（2）设库水位变低，导叶开度不变，见图 2-51（b）。

1）在转轮进口处，进口绝对速度变小但方向不变，从最优工况的 $\vec{v}_1$ 变成为 $\vec{v}'_1$，由于进口圆周速度 $\vec{u}_1$ 不变，则进口相对速度的大小、方向都变，从最优工况的 $\vec{w}_1$ 变成为 $\vec{w}'_1 = \vec{v}'_1 - \vec{u}_1$，水流在转轮进口处不再切向进口，水流进口水头损失增加，所以水轮机效率下降。

42

2）在转轮出口处，出口相对速度变小但方向不变，从最优工况的 $\vec{w}_2$ 变成为 $\vec{w}'_2$，由于出口圆周速度 $\vec{u}_2$ 不变，则出口绝对速度的大小、方向都变，从最优工况的 $\vec{v}_2$ 变成为 $\vec{v}'_2=\vec{w}'_2+\vec{u}_2$，水流在转轮出口处不再法向出口，转轮没能利用的切向分速度 v_{u2} 的动能增加，所以水轮机效率下降。

六、转桨式水轮机的特点

轴流转桨式水轮机、贯流转桨式水轮机和斜流式水轮机都属于转桨式水轮机。转桨式水轮机转轮的叶片能在工作中根据工作水头（库水位）H 和导叶开度 a_0（负荷）的变化及时调节叶片角度 φ，使得叶片进口安放角 β_{1e} 始终跟随水流进口相对速度方向角 β_1 的变化而变化，始终保持水流在转轮进口处切向进口或近似切向进口，使水轮机在很大的库水位变化和出力变化范围内效率都最高或较高，为此必须使叶片角度 φ 与工作水头 H、导叶开度 a_0 保持最佳协联关系，即

$$\varphi = f(H,a_0) \qquad (2-49)$$

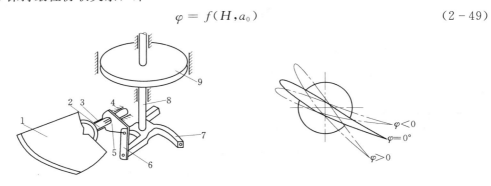

图 2-52　轴流转桨式转轮叶片操作原理图
1—叶片；2、4—轴承；3—枢轴；5—拐臂；6—连杆；7—操作架；
8—活塞杆；9—活塞

转桨式转轮在设计水头、额定出力时的叶片角度 $\varphi=0$，如果叶片转动使得过流量增加，叶片角度 $\varphi>0$；如果叶片转动使得过流量减少，叶片角度 $\varphi<0$。叶片角度 φ 能在 $-15°\sim+20°$ 之间可调，见图 2-52。

为了能够实现在工作中根据库水位 H 和导叶开度 a_0 的变化及时自动调节转轮叶片角度 φ，转桨式水轮机的转轮内设有一套液压操作的叶片转动操作机构，水轮机主轴和发电机主轴内设有粗、细操作油管各一根，发电机主轴头部装有一只受油器，以便将调速器油压调节信号送入到不断旋转的转轮内。调节转桨式水轮发电机组的调速器必须是双重调节调速器，既能根据负荷变化调节导叶开度 a_0，又能根据库水位 H 和导叶开度 a_0 的变化调节转轮叶片角度 φ，因此水轮机、发电机和调速器结构都较复杂，造价较高，由此带来的好处是水轮发电机组出力高效区的范围较宽。

对轴流转桨式轮叶操作时，将图 2-52 中的接力器活塞（9）上腔接压力油，下腔接排油，则活塞向下运动，通过活塞杆（8）带动操作架（7）、连杆（6）向下运动，连杆再带动拐臂（5）、叶片（1）顺钟向转动，从而调节叶片角度 φ 变大；反之则变小。

第三章 水电厂辅助设备

水电厂辅助设备属于机械设备，为机组正常运行提供技术服务，是保证主机正常运行必不可少的。水电厂辅助设备包括水轮机主阀、水电厂油系统、气系统和水系统。水电厂辅助设备种类较多，管路复杂，是日常运行维护的主要任务。卧式机组水电厂的水轮机和发电机在同一个厂房平面上，水电厂油、气、水系统的提供和保证比较容易实现，因此卧式机组水电厂的油、气、水系统比立式机组水电厂要简单得多。

第一节 水轮机主阀

位于压力钢管末端和蜗壳进口断面之间的阀门称水轮机主阀。主阀直径与压力钢管的直径相同，因此主阀的体积大、价格贵。除了低水头水电厂以外，在中高水头水电厂中，几乎每一台水轮机都设有主阀。

一、主阀的作用

（1）当由一根压力钢管同时向两台或两台以上机组供水时，每台水轮机进口必须设主阀，这样在一台机检修时，关闭该机组的主阀，其他机组能照常工作。

（2）导叶全关时的漏水是不可避免的，当较长时间停机时关闭主阀可减少导叶漏水量。有的水电厂，水轮机导叶漏水较大，每次停机都需要关闭主阀。

（3）水电厂由于起停快，在电网中经常作为备用机组。当压力管道较长时，尽管是一根压力管道向一台机组供水，也设置主阀，这样可以保持压力管道始终充满压力水，机组处于热备用状态，可减少机组开机准备时间。

（4）作为机组防飞逸的后备保护。当机组发生飞逸时，主阀必须在动水条件下90s内关闭主阀，防止事故扩大。但是如此大直径的阀门，机组飞逸时水流流速又比正常时快得多，因此动水关闭对主阀的撞击损伤是很大的。主阀动水关闭的次数很少，但每次动水关闭后都必须对主阀进行检查。

二、主阀的类型和结构

水电厂应用的主阀有蝴蝶阀、球阀和闸阀三种类型：

（1）蝴蝶阀，简称"蝶阀"。图3-1为蝶阀结构示意图，活门位于水流当中，可作80°~90°全开或全关的操作。全开时活门平面与压力钢管轴线平行，由于活门仍处于水流中，所以全开时水流阻力大；全关时活门平面与压力钢管轴线垂直或接近垂直，靠橡皮或较软的金属对间隙处接触止水密封，水头高时效果不好，所以全关时漏水大。但是，蝶阀结构简单，体积小重量轻，启闭方便。适用200m水头以下的水电站。

活门的转轴布置有立式和卧式两种，活门的结构也有两种形式，一种是铁饼形活门，适用水头较低场合；另一种是双平板框架式活门，全开时两平板之间也能通水，减小活门对水流的阻力。全关时，框架式结构能承受较高的水压。

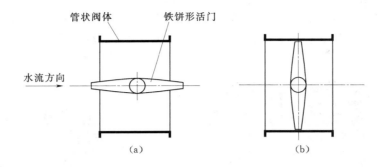

图 3-1 蝶阀活门开关位置示意图
（a）活门全开位置；（b）活门全关位置

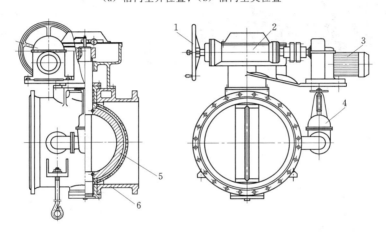

图 3-2 竖轴布置铁饼形活门蝶阀结构视图
1—手动操作手轮；2—蜗轮蜗杆传动机构；3—电动操作电动机；
4—旁通阀；5—铁饼形活门；6—阀体

图 3-2 为竖轴布置铁饼形活门蝶阀结构视图，无论什么形式的主阀，每次开阀前，必须先打开旁通阀（4），向活门下游侧充水，待活门两侧压力相近时才能打开活门。图 3-3 为横轴布置铁饼形活门蝶阀立体图，图 3-4 为横轴布置双平板框架式活门蝶阀立体图。

活门全关时的圆周密封有三种形式：第一种是在活门外圆周边上装"O"形橡皮条；第二种是在活门外圆周边上装橡皮板或软金属板，见图 3-5。这两种都属于压紧式活门圆周密封，活门全开与全关的转角为 80°～85°，靠活门关闭时橡皮条、板或软金属板对阀体内壁的压紧力来达到止水密封的目的。第三种是在与活门全关位置对应的阀体内壁圆周上，埋入橡胶空气围带，见图 3-6，活门全开与全关的转角为 90°，当活门转到全关位置后，布置在阀体内壁中的空气围带正好对准活门外圆柱面，然后对空气围带充压缩空气，空气围带在压缩空气的作用下，"凸"形部分弹出阀体内壁表面，紧紧抱住活门外圆柱面，止水密封效果最好。

（2）球阀。图 3-7 为球阀结构示意图。与压力钢管直径相同的短管状活门，可作 90°全开或全关的操作。全开时活门轴线与压力钢管轴线重合，水流畅通无阻地流过主阀，所以全开时水流阻力小；全关时活门轴线与压力钢管轴线垂直，靠球缺形止漏盖弹出，紧紧压住阀体管口处止水密封，水头越高效果越好，所以全关时漏水小。但是球阀结构复杂，体积大，重量重，启闭不方便。适用200m水头以上的水电站。

图3-3　横轴布置铁饼形
活门蝶阀立体图

图3-4　横轴布置双平板框
架式活门蝶阀立体图

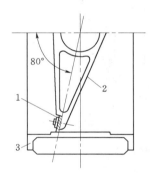

图3-5　压紧式活门圆周密封
1—橡皮板或软金属板；2—铁
饼形活门；3—阀体

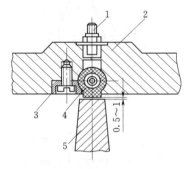

图3-6　围带式活门圆周密封
1—围带进气嘴；2—阀体；3—压板；
4—橡胶空气围带；5—铁饼形活门

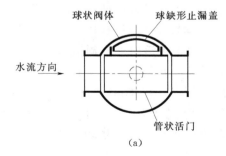

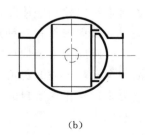

图3-7　球阀活门开关位置示意图
（a）活门全开位置；（b）活门全关位置

　　图3-8为全关状态的球阀结构视图。管状活门（2）在外部机构操作下，能在球状阀体（1）内作90°转动；当活门内孔的管轴线与压力钢管的管轴线垂直后，再关闭卸压阀，

球缺形止漏盖（3）在水压差的作用下会自动弹出，紧紧压在阀体下游侧孔口的止漏密封环（4）上，达到封水效果，球阀处于关闭状态。在开阀前必须先打开卸压阀，球缺形止漏盖内的压力水经卸压阀排走，止漏盖在弹簧的作用下会自动缩回，退出压紧密封状态，再在外部操作机构的操作下，活门逆钟向转90°。图3-9为全关状态的球阀结构立体图。

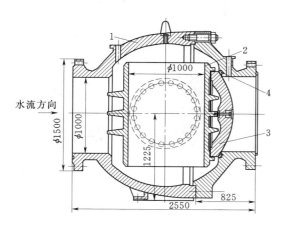 

图3-8　全关状态的球阀结构视图　　　　图3-9　全关状态的球阀结构立体剖视图
1—球状阀体；2—管状活门；3—球　　　　1—球状阀体；2—管状活门内孔；3—球缺
缺形止漏盖；4—阀体密封环　　　　　　　形止漏盖；4—管状活门外部

（3）闸阀。图3-10为闸阀结构示意图。圆盘状活门，可上下垂直移动作全开或全关的操作。全开时活门向上提起，躲进阀体的上部空腔，水流畅通无阻地流过主阀，所以全开时水流阻力小；全关时活门落下，进入流道切断水流，靠活门平面紧紧压住阀体中的阀座止水密封，封水效果较好，所以全关时漏水小。但是，闸阀高度尺寸大，启闭时间长。管径较大时，活门的升降所需操作力很大，因此适用0.5m管径以下的乡村小电站。

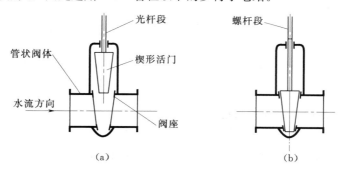

图3-10　闸阀活门开关位置示意图
（a）活门全开位置；（b）活门全关位置

图3-11为闸阀的结构视图，图3-12为闸阀结构立体图。活门有两种形式，一种是不等厚的楔形圆盘状活门，见图3-10中的活门，另一种是等厚的圆盘状活门，见图3-11中的活门（6），前者全关时封水效果较好。

三、主阀的开关条件

主阀只有两种工况，即全开或全关，不能部分开启用来调流量。

主阀一般只允许在静水条件下打开或关闭，即开阀时，先开主阀后开导叶；关阀时，先关导叶后关主阀。只有在机组发生飞逸事故时才允许主阀在动水条件下关闭。

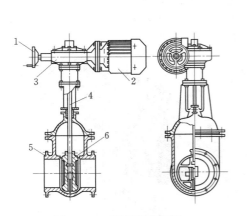

图 3-11　闸阀结构视图
1—操作手轮；2—电动机；3—蜗轮蜗杆减速箱；
4—螺杆；5—管状阀体；6—等厚圆盘状活门

图 3-12　闸阀结构立体图
1—操作手轮；2—电动机；
3—减速箱；4—阀体

机组检修后，蜗壳内为大气，或关阀时间较长时，由于导叶漏水蜗壳内也是大气，这时打开主阀前必须先打开旁通阀，见图 3-2 中 4，向蜗壳充水，待主阀前后压力一样时才能打开主阀。否则强行打开主阀，由于活门前后压差很大，有可能损坏主阀操作机构。

四、主阀的操作方法

主阀的操作方法有手动、电动和油压操作三种方法。对于闸阀，一般采用蜗轮蜗杆减速箱手动操作，操作力较大时采用电动机，见图 3-11，经减速箱（3）减速后电动操作，保留手动操作手轮（1）。对于蝶阀，一般采用电动机，见图 3-2 中 3，经减速箱（2）减速后电动操作，保留手动操作手轮（1），操作力较大时采用油压操作。对于球阀，由于转动体积较大的管状活门需要较大的操作力，因此一般采用油压操作。

第二节　水电厂油系统

一、水电厂油系统的组成和用途

水电厂油系统的主要组成设备有油泵、滤油机、储油桶、用油用户、连接管路和控制阀门等。正常运行中，油系统的操作比较少，只有当机组检修时才需进行排油和供油操作，所以中小型水电厂油系统的自动化程度一般都不高。油系统又分透平油系统和绝缘油系统。

1. 透平油系统的用途

透平油系统的用户有机组轴承用油和油压装置用油。透平油在机组轴承中起润滑和冷却作用，将摩擦面的热量带走，否则瓦温过高会发生烧瓦事故；油压装置包括调速器油压装置和主阀油压装置，透平油起传递压能作用。

2. 绝缘油系统的用途

现代水电厂的高压开关基本上都采用真空开关和六氟化硫开关，早期使用的油开关已被淘汰，因此现代水电厂绝缘油系统的用户只有主变压器一个。绝缘油在主变压器中起绝缘和冷却作用。绝缘油的绝缘强度远远大于空气，将主变压器的主副线圈泡在绝缘油中，可以使主副线圈之间及线圈与箱体之间的距离大大缩小，从而使主变压器的体积减小。同时，绝缘油还能将主变压器的铜损、铁损转换成的热量带走。否则线圈和铁芯温度过高会发生绝缘击穿事故。

二、水电厂油系统原理

中小型水电厂的主变压器只在几年一次的大修时才进行放油检修，一般的小修和维护不需要进行放油操作。因此中小型水电厂的绝缘油系统很简单，不设固定的供排油管，最多设一只存放绝缘油的油桶，可以在停机时对主变压器进行人工添加油。所以下面只介绍中小型水电厂的透平油系统。

1. 立式机组水电厂透平油系统

立式机组的透平油用户有位于发电机层上机架上的上导轴承、位于发电机机坑中下机架上的下导轴承、位于水轮机层水轮机顶盖上的水导轴承、位于发电机层的调速器油压装置、位于水轮机层的主阀油压装置和位于厂房顶部的添加油箱（又称重力加油箱）。用户较多，范围较广，用油量一般为几吨到十几吨，检修时的排油和供油工作量较大，所以用固定的连接管路将用油用户与供油设备连接起来构成油系统，只要切换相应的阀门和操作油泵、滤油机，就能方便地进行排油、供油和油的净化处理等操作，大大减轻劳动强度。

图 3-13 为某立式机组水电厂的透平油系统原理图，阀 40、42、43 和 44 为常开阀，其余为常闭阀。该水电厂的主阀采用电动操作，因此不设主阀油压装置。油库和油处理室位于同一水轮机层的两个相邻的工作间，万一油库发生火灾，可关闭油库的防火铁门进行喷水灭火，防止事故蔓延。透平油系统的各项操作流程如下：

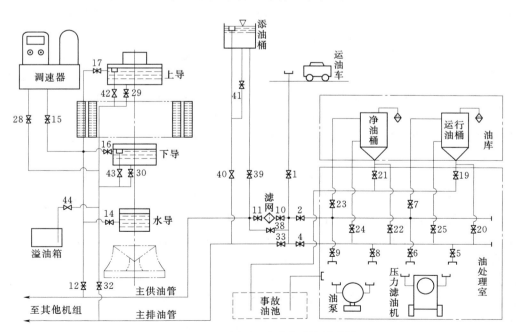

图 3-13 立式机组透平油系统原理图

（1）新油注入净油桶。运油车开进发电机层→将运油车的出油管与厂房地面上的活接头连接再开阀1、4→将压力滤油机与阀5、9的两个活接头连接再开阀5、9、23→打开运油车出油管的阀门，启动压力滤油机将运油车的新油经过过滤后送入净油桶。

如果新油不需要过滤，只需将阀5、9的两个活接头直接连接，开阀1、4、5、9、23，由于运油车的位置比净油桶的位置高，新油自流进入净油桶。

（2）净油桶的油注入用油用户。净油桶→开阀24→将油泵与阀8、9的两个活接头连接再开阀8、9、2、10→经过滤网→开阀11→启动油泵→开阀39将油送入添加油箱→开阀12→开阀14将油送入水导轴承油箱、开阀15将油送入调速器油压装置油箱、开阀16将油送入下导轴承油箱、开阀17将油送入上导轴承油箱。

（3）运行油桶的油注入用油用户。运行油桶→开阀25→将压力滤油机与阀5、6的两个活接头连接再开阀5、6、2、10→经过滤网→开阀11→启动压力滤油机→开阀39将油送入添加油箱→开阀12→开阀14将油送入水导轴承油箱、开阀15将油送入调速器油压装置油箱、开阀16将油送入下导轴承油箱、开阀17将油送入上导轴承油箱。

（4）运行油桶的油经过滤后注入净油桶。运行油桶→开阀20→将压力滤油机与阀5、6的两个活接头连接再开阀5、6、23→启动压力滤油机将运行油桶中的油过滤后送入净油桶。

（5）运行油桶的油自循环过滤。运行油桶→开阀20→将压力滤油机与阀5、6的两个活接头连接再开阀5、6、7→启动压力滤油机将运行油桶下部的油放出经过滤后重新送回到运行油桶上部，进行循环过滤。

（6）机组检修时的排油。运行油桶→开阀7→将油泵与阀6、5的两个活接头连接再开阀6、5、4、33、32→启动油泵开阀28将调速器油压装置油箱的油抽回到运行油桶、开阀29将上导轴承油箱的油抽回到运行油桶、开阀30将下导轴承油箱的油抽回到运行油桶、开阀41将添加油箱的油抽回到运行油桶。

由于上导轴承油箱、下导轴承油箱、调速器油压装置油箱和添加油箱的位置都比运行油桶的位置高，所以不使用油泵靠自流也能排油，但是排油速度太慢将延长机组检修时间。水导轴承由于位置较低，用油量较少，检修时靠人工用手提小油桶手工排油。

（7）无法再使用的污油排出厂外。运行油桶→开阀20→将油泵与阀8、9的两个活接头连接再开阀8、9、2、1→启动油泵将运行油桶中无法再使用的污油排出，用运油车拉走。

（8）添加油桶向用油用户添加油。在正常运行中，由于油的渗漏、蒸发会使用油用户中的油位下降，当油位下降到一定值时，必须向用油用户添加油。步骤如下：

添加油箱→开阀39、12→开阀14靠自重向水导轴承添加油、开阀15靠自重向调速器油压装置油箱添加油、开阀16靠自重向下导轴承油箱添加油、开阀17靠自重向上导轴承油箱添加油。

（9）事故排油。当油库发生火灾时，一方面关闭油库防火铁门，使油库与空气隔离，喷水灭火；另一方面迅速打开位于油库隔壁的油处理室中的阀19、21，将油桶中的油自流排入事故池。

（10）溢油箱排油。上导轴承油箱、下导轴承油箱和添加油箱中都有一个溢油口，对应的三只溢油阀42、43和40在正常运行时为常开阀。当油箱中的油位偏高时，油经溢油口自流流入到厂房最低位置的溢油箱中。当溢油箱中的油位达到上限时，需要进行溢油箱排油。步骤如下：

运行油桶→开阀7→将油泵与阀6、5的两个活接头连接再开阀6、5、4、33、32→启动油泵将溢油箱中的油抽回到运行油桶。

2. 卧式机组水电厂透平油系统

卧式机组水电厂的装机容量一般不大，所以透平油用油量不大。卧式机组水电厂的用油用户有机组轴承用油、调速器油压装置和主阀油压装置用油，所有用油用户都在同一厂房平面上，运行检修方便，一般不设固定的油系统管路，只设一只净油桶、一只运行油桶、一台移动式油泵和一台移动式压力滤油机，油系统的大部分操作是由人工完成。

三、油系统中的自动化元件

轴承油箱中一般都有接点式液位信号器，当油位偏高或偏低时，表明机组运行不正常，接点式液位信号器向计算机监控系统发送开关量信号，计算机监控系统会发出语音报警信号。添加油箱中有一只接点式液位信号器，当油位偏低时，接点式液位信号器向计算机监控系统发送开关量信号，计算机监控系统会发出语音信号提醒运行人员向添加油箱加油。溢油箱中有一只接点式液位信号器，当油位达到上限时，接点式液位信号器向计算机监控系统发送开关量信号，计算机监控系统会发出语音信号提醒运行人员进行溢油箱排油操作。

现代水电厂机组轴承一般都有测量轴瓦温度的数显式温度信号器（数字量显示，模拟量发信），当轴瓦温度高于60℃时，数显式温度信号器向计算机监控系统发送开关量信号，计算机监控系统会发出语音报警信号；当轴瓦温度高于70℃时，数显式温度信号器向计算机监控系统发送开关量信号，计算机监控系统会作用机组事故停机。数显式温度信号器不但表面数字显示温度，还向计算机监控系统发送供上位机显示温度用的0～5V或4～20mA的标准电模拟量信号，该模拟量信号在计算机输入端需要进行A/D转换。有的数显式温度信号器只有一路标准电模拟量信号输出，没有开关量信号输出，这时只需在计算机操作程序中设置响应的动作温度定值，同样可以起到开关量信号的作用。

第三节　水电厂气系统

一、水电厂气系统的组成和用途

水电厂气系统的主要组成设备有气泵（空气压缩机）、气水分离器、储气桶、用气用户、连接管路、控制阀门、电磁空气阀和压力信号器等。正常运行中，气系统的气泵启停比较频繁，压力容器的危险性较大，因此气系统的自动化程度一般较高。

气系统又分低压气系统和高压气系统两大部分。低压气系统的最高气压为0.7MPa，高压气系统的最高气压目前用得最多的为2.5MPa。

1. 低压气系统的用途

中小型水电厂低压气系统的用户主要有制动刹车用气、调相压水用气、空气围带用气和风动工具用气。

（1）制动刹车用气。机组停机导叶关闭后，由于转动系统的惯性使得机组转速在较长时间内缓慢下降，过低的转速将使轴瓦摩擦面的油膜遭到破坏成为干摩擦，造成烧瓦事故。因此在机组停机过程中，当转速下降到额定转速 25％～35％时，必须投入制动风闸刹车，使机组转速很快下降到零。现代水电厂机组制动刹车有机械制动、电气制动（将三相定子绕组短路）和机电混合制动三种方法，中小型水电厂普遍采用用压缩空气的风闸机械制动。

（2）调相压水用气。同步电机是可逆的，其运行工况为：

发电运行——发出有功功率、发出无功功率；

电动运行——消耗有功功率、吸收无功功率；

进相运行——发出有功功率、吸收无功功率（欠励）；

调相运行——消耗有功功率、发出无功功率（过励）。

同步电机在电网中作为同步电动机运行时，如果再将转子励磁电流调到大于正常励磁电流（过励），此时的同步电机在电网中消耗少量的有功功率，发出大量的无功功率，可以提高电网的功率因数，这种运行方式称调相运行。根据电网要求，水电厂有时需进行调相运行。调相运行时，尽管水轮机导叶全关，但是转轮仍泡在水中，转轮在同步电机的带动下旋转的阻力较大，消耗的有功功率较大，因此有必要用压缩空气从顶盖上向转轮室充气压水，使转轮脱离水面在空气中旋转，从而减小机组转动系统的阻力，减小有功功率的消耗（下降达 90％）。

（3）空气围带用气。蝶阀采用橡胶空气围带止水密封时，在蝶阀全关后需向空气围带充气，减小蝶阀关闭后的漏水量，当然在蝶阀打开前，还需先将空气围带中的压缩空气放掉，才允许打开碟阀。在吸出高度 H_S 负值较大的立式机组中，水轮机转轮安装在下游水位以下较深处。为了减小停机后主轴与顶盖之间的漏水，在主轴密封中增设一道橡胶空气围带止水密封，见图 3-14，橡胶空气围带（8）被密封座（7）和密封盖（6）上下压紧包围，惟一只有橡胶"凸"形部分沿主轴（10）的半径方向与主轴法兰盘保护罩（9）外圆柱面还有 1mm 间隙，当机组需要较长时间停机时，通过电磁空气阀（2）向主轴密封空气围带充气，空气围带的"凸"形部分弹出，紧紧抱住主轴法兰盘保护罩的外圆柱面，减小停机时的主轴密封漏水量。同样，在开机前需通过电磁空气阀先将空气围带中的压缩空气放掉，才允许开机。

（4）风动工具用气。水电厂常采用以压缩空气作为动力的风动砂轮、风铲等风动工具，使用安全方便。以压缩空气作为气源的吹扫头可以吹灰尘和反冲技术供水取水口的堵塞物。

2. 高压气系统的用途

水电厂高压气系统的用户有主阀油压装置的压力油箱补气和大中型调速器油压装置的压力油箱补气。为了保证机组安全可靠运行，压力油箱必须保持 1/3 容积的油、2/3 容积的气。如果压力油箱内全部是油没有气，由于油的压缩性极小，油泵在将压力油箱的压力打到压力上限停泵后，液压设备一用油，压力油箱的压力立刻从压力上限下降到压力下限，造成油泵不得不连续工作，此时压力油箱失去存在的意义，变成用油泵直接向液压设备供压力油。油泵直接向液压设备供压力油的可靠性是极差的，因为油泵及电动机一旦出现故障，液压系统就立即瘫痪，这对机组运行的安全性极为不利，特别对水轮机调节系统

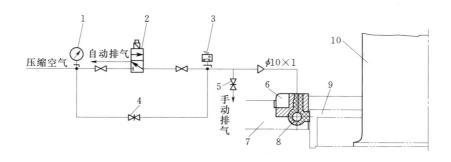

图 3-14 主轴橡胶空气围带密封及供气

1—压力表；2—电磁空气阀；3—接点式压力信号器；4—手动供气阀；5—手动放气阀；

6—密封盖；7—密封座；8—橡胶空气围带；9—主轴法兰盘保护罩；10—水轮机主轴

来讲，压力油作为调节控制水轮机运行的动力源，调节系统动力源的不可靠将引起机组运行的不可靠，所以压力油箱必须保持合适的油气比例。在液压设备用油时，随着压力油箱内的油位下降，弹性较大的空气膨胀，保持压力油箱的压力下降比较平稳，油泵可以间隔工作。如果油泵及电动机发生故障，压力油箱的压力下降到设计设定的事故低油压时，机组的保护装置会自动作用紧急停机，压力油箱中剩余的压力和油量还能保证机组停机操作的需要，从而保证了机组安全可靠运行。从操作能源的角度看，在同样的压力下，压缩空气所储存的压能要比压力油所储存的压能大得多。

由于压力油箱中的空气要不断溶解到油中，随压力油带出压力油箱，使得压力油箱内空气的容积不断减小，因此在运行中，经常要根据压力油箱的实际油气比例，及时对压力油箱进行补气。

小型调速器自带自动补气阀，能自动对压力油箱进行补气，保持合适的油气比例，不需要设置高压气系统。

现代大中型水电厂的压力油箱采用充氮气的储能橡胶气囊产生压缩空气的弹性作用，氮气与油不直接接触，从而取消了高压气系统。这类压力油箱的压力高达 16MPa。

二、水电厂气系统原理

1. 立式机组水电厂气系统

图 3-15 为某立式机组水电厂的气系统原理图。该水电厂有 5 台混流式水轮发电机组，工作水头较低，采用混凝土蜗壳引水室，所以不设主阀，水轮机检修时关闭上游进口闸门。位于水轮机层的空压机室内有两台高压空压机（1）、两台低压空压机（13）和 5 只储气罐。

两台高压空压机互为备用向高压储气罐 1QG 供气，高压气系统的用气用户为调速器压力油箱的首次充气和运行中的补气，由于该调速器为大中型调速器，所以压力油箱的补气采用由高压储气罐供气。

两台低压空压机互为备用向三只并联的低压储气罐 2QG、3QG、4QG 供气，低压气系统的用气用户有机组制动刹车用气、机组调相运行压水用气和水轮机层、发电机层的吹扫头用气，其中储气罐 2QG 为制动刹车专用储气罐。

立式机组停机时间较长时，在机组启动前必须顶转子，否则长时间静止负重的机组，

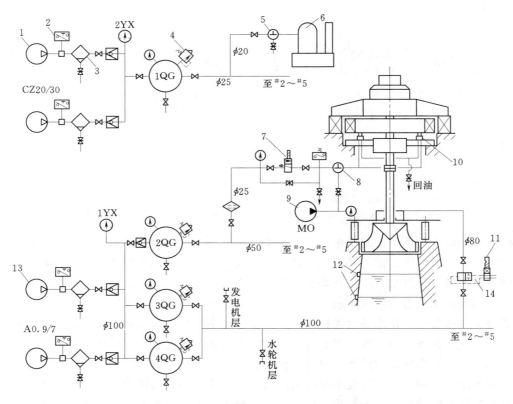

图 3-15 立式机组水电厂气系统原理图

1—高压空压机；2—接点式温度信号器；3—气水分离器；4—安全阀；5—三通补气阀；
6—调速器压力油箱；7—制动电磁空气阀；8—三通阀；9—手摇或电动油泵；10—制动风闸；
11—调相压水电磁配压阀；12—水位信号器；13—低压空压机；14—液动空气阀

推力轴承的推力瓦瓦面润滑油已被挤干，直接启动机组的话，推力瓦由于短时间的干摩擦容易烧瓦。顶转子时，将三通阀（8）顺时针方向转90°，利用气系统的气管和风闸（10）及电动或手摇油泵（9），将压力油注入风闸活塞的下腔（刹车时通压缩空气），在压力油的作用下4个风闸一起上移顶起整个机组转动系统，使推力瓦面充分接触润滑油，保持2min后放油风闸复归，再将三通阀向逆时针方向转回90°。

2. 卧式机组水电厂气系统

卧式机组水电厂的单机容量一般比较小，采用有自动补气阀的中小型调速器，因此不需要设置高压气系统。卧式机组一般不要求调相运行。如果要求调相运行，由于转轮位于下游水位以上，所以不需要压水充气。由于转轮位于下游水位以上，所以不需设置主轴空气围带密封，因此卧式机组的水电厂只有很简单的低压气系统，即两台低压空压机和一只低压储气罐。用气用户最多只有三个：机组制动刹车用气、碟阀空气围带用气和吹扫头用气。

三、气系统中的自动化元件

如图3-15所示，水电厂的空压机运行全是自动控制运行，现代水电厂高压储气罐和低压储气罐上一般各有一只数显式压力信号器YX。当储气罐压力下降到压力下限时，数显式压力信号器向计算机监控系统发送开关量信号，计算机监控系统再向工作空压机送出开关量信号，作用工作空压机启动；如果储气罐压力继续下降到故障低气压时，数显式压力信号器向计算机监控系统再发送开关量信号，则计算机监控系统向备用空压机送出开关量信号，作用备用空压机投入，同时语音报警。当储气罐压力上升到压力上限时，数显式压力信号器向计算机监控系统发送开关量信号，计算机监控系统向空压机送出开关量信号，作用空压机停止。如果空压机该停不停造成储气罐压力过高时，数显式压力信号器向计算机监控系统发送开关量信号，计算机监控系统语音报警。因为，储气罐属于易爆的危险压力容器，所以在每一只储气罐上还装有安全阀（4）作为最后一道机械后备保护，当储气罐压力高于整定值时，安全阀会自动打开放气。数显式压力信号器不但表面数字显示压力，还向计算机监控系统发送供上位机显示储气罐压力用的 0～5V 或 4～20mA 的标准电模拟量信号，该模拟量信号在计算机输入端需要进行 A/D 转换。有的数显式压力信号器只有一路标准电模拟量信号输出，没有开关量信号输出，这时只需在计算机操作程序中设置响应的动作压力定值，同样可以起到开关量信号的作用。

每一台空压机的出口设有监测空压机汽缸温度的电接点式温度信号器（2），当空压机汽缸温度过高时，向计算机监控系统发送开关量信号，计算机监控系统语音报警。

由高压储气罐向调速器压力油箱（6）供气的三通补气阀（5），在中小型水电厂中一般都由运行人员在巡检时手动补气。当压力油箱的空气太多时，将三通阀顺时针方向转 90°可以放气。

停机过程中，当机组转速下降到额定转速的 30％左右时，机组的数显式转速信号器向计算机监控系统发送开关量信号，计算机监控系统再向制动刹车电磁空气阀（7）送出开关量信号，作用电磁空气阀动作使风闸下腔接通压缩空气，操作制动风闸（10）投入刹车，5min 后电磁空气阀复归，风闸下腔重新接通排气，风闸下落复归。风闸位置行程接点向计算机监控系统发送反映风闸位置的开关量信号。有些气系统还设有强迫风闸复归的电磁空气阀，接风闸的上腔。

机组的数显式频率信号器不但表面数字显示机组频率，还向计算机监控系统发送供显示机组频率用的标准模拟量信号，以及 95％额定转速投入励磁的开关量信号、115％额定转速机组过速事故停机的开关量信号和 140％额定转速机组紧急停机的开关量信号。机组还设有与发电机主轴同轴转动的接点式机械转速信号器，作为机组防飞逸的最后一道后备保护，当机组转速过速到 150％额定转速时，机械转速信号器向计算机监控系统发送开关量信号，计算机监控系统操作机组紧急停机。

机组调相运行时，尾水管壁面上的两只水位信号器（12）向计算机监控系统发送反映水位的开关量信号，然后计算机监控系统再向调相压水电磁配压阀（11）送出开关量信号，电磁配压阀切换压力油和排油的回路，操作液动空气阀（14）动作，开

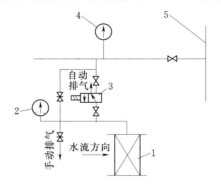

图 3-16　蝶阀橡胶空气围带供气
1—蝶阀；2—接点式压力信号器；3—电磁空气阀；4—压力表；5—低压供气干管

始充气压水或停止充气压水，保证转轮在空气中旋转。

图 3-16 为蝶阀橡胶空气围带供气原理图。在采用橡胶空气围带密封的蝶阀打开和关闭操作中，计算机监控系统根据蝶阀打开或关闭的操作程序向空气围带电磁空气阀（3）送出开关量信号，作用电磁空气阀充气投入密封或放气退出密封。图中接点式压力信号器（2）用来监视空气围带是否完成放气退出密封，如果空气围带仍有气压，表明没有完成围带放气，则接点式压力信号器向计算机监控系统发送开关量信号，要求不允许开蝶阀。

在图 3-14 中，采用橡胶空气围带密封作为水轮机主轴检修密封的机组停机后，计算机监控系统向电磁空气阀（2），送出开关量信号，作用电磁空气阀向橡胶空气围带（8）充气，开机前，计算机监控系统向电磁空气阀送出开关量信号，作用电磁空气阀将橡胶空气围带内的压缩空气排入大气。如果空气围带仍有气压，表明没有完成围带放气，则接点式压力信号器（3）向计算机监控系统发送开关量信号，要求不允许开机。

第四节　水 电 厂 水 系 统

一、水电厂水系统的组成和用途

水电厂水系统的主要组成设备有水泵、滤水器、用水用户、连接管路、控制阀门、电磁液压阀、压力信号器和示流信号器等。水系统又分供水系统和排水系统。供水系统又分技术供水、消防供水和生活供水三部分，但供水系统的主要任务是技术供水。排水系统又分渗漏排水和检修排水两部分。

1. 技术供水的用途

机组一旦启动，在正常运行中，技术供水的操作比较少，但是只要机组没有停止转动，就不允许中断供水，因此对技术供水的水压、水流监测比较重要。

中小型水电厂的技术供水系统的用户主要有机组轴承油冷却器用水、发电机空气冷却器用水、水冷式空压机用水和橡胶轴承冷却润滑用水。

（1）机组轴承油冷却器用水。机组在运行中，润滑油一面润滑轴承摩擦面，一面冷却轴承摩擦面将摩擦产生的热量带走，因此油温不断上升，造成润滑油对轴承摩擦面的冷却效果下降，严重时会发生烧瓦事故，所以在运行中有必要对润滑油进行冷却。最常用的冷却方法是用许多并列的铜管（管排）泡在轴承的油箱中，铜管内通冷却水，水冷却铜管，铜管冷却润滑油，润滑油再冷却轴承摩擦面。进入并列铜管管内的是冷水，流出并列铜管的是热水。有些功率较大的机组，轴承冷却水通入轴瓦体内，冷却水直接冷却轴瓦，冷却效果更好。

（2）发电机空气冷却器用水。发电机在运行中，由于线圈导线电阻产生的铜损和定子铁心在交变磁场中产生的铁损全都转换成热量，如果这些热量得不到及时排除，将造成发电机线圈温度上升，绝缘强度下降，严重时可能导致线圈绝缘击穿。有的发电机由于线圈温度过高，不得不限制机组出力。所以有必要对运行中的发电机进行冷却。

现代发电机的冷却方法有密闭循环空气冷却、双水内冷冷却（定子、转子线圈空心导线内通冷却水）、氟里昂蒸发冷却三种。在中小型发电机中，对容量较小的发电机采用开敞式自然空气冷却，对容量较大的发电机采用最普遍的是密闭循环空气冷却，即将发电机密闭在一个特定的空间中（例如立式发电机密闭在发电机层的机坑内），发电机转子上装有风叶，当转子转动时，风叶的电扇效应，强迫空气在密闭空间内沿特定路径循环流动，并穿过发电机定子铁心中的风沟，在空气循环流动的必经之路上布置若干个（卧式发电机2个、立式发电机4～6个）空气冷却器。空气冷却器由许多并列的铜管（管排）组成，铜管内通冷却水，水冷却铜管，铜管冷却空气，空气再冷却发电机线圈和铁心。进入并列铜管管内的是冷水，流出并列铜管的是热水。

（3）水冷式空压机用水。空压机在运行中由于空气的压缩和汽缸活塞的摩擦将产生上百度的温度，如果对汽缸不采取冷却措施将造成汽缸与活塞卡死事故。空压机的冷却方法有风冷和水冷两种，水电厂由于取水方便，常采用水冷式空压机，冷却水通入缸体内浇铸时形成的流道中，冷却水直接冷却缸体，冷却效果较好。

（4）橡胶轴承冷却润滑用水。立式轴流式水轮机的水导轴承位置比较低，如果水轮机主轴密封性能不好的话，水导轴承很容易进水，采用用水作为润滑剂和冷却剂的橡胶轴承能解决水导轴承怕进水的问题。水润滑的橡胶瓦轴承对供水的水质要求很高，如果使用含泥沙和油污的水，会使主轴表面划伤和橡胶老化。对供水的可靠性要求相当高，在机组没有停止转动之前，绝对不允许断水，否则橡胶会立即过热烧瓦。因此，必须设置两个相互独立的供水水源。与油润滑的金属瓦轴承比较，橡胶轴承存在受供水的外界因素影响较大和运行可靠性较差的缺点，随着现代水轮机制造技术的提高，采用橡胶轴承的机组越来越少。

所有技术供水用过的热水全都靠自流排入尾水或下游。

2. 渗漏排水的排水对象

渗漏排水的排水对象主要有机组主轴密封渗漏水、导叶轴渗漏水，主阀转轴渗漏水，厂房水下部分渗漏水，厂房内生活、生产污水等靠自流无法流到下游的低能水，全都自流汇入厂房最低处的集水井中，由两台渗漏排水泵轮流工作将集水井中的水排入下游。渗漏排水泵由计算机监控系统全自动控制。

3. 检修排水的对象

一般立式水轮机的流道有一部分淹没在下游水位以下，甚至主阀和部分压力钢管也位于下游水位以下。机组检修时，这部分靠自流无法排走的积水，需用检修排水泵排入下游。排水步骤为先关上游闸门，打开下游闸门、导叶和主阀，将能靠自流排走的水先自流排走。再关闭下游闸门，用检修排水泵将水轮机流道内靠自流无法排走的积水排入下游。检修排水的工作机会较少，因此检修排水泵一般由人工手动操作。

二、水电厂技术供水系统原理

1. 立式机组水电厂技术供水系统

图3-17为某立式机组水电厂的供水系统原理图。该水电厂有4台混流式水轮发电机组，技术供水的用户中没有发电机空气冷却器用水和橡胶轴承用水。技术供水的水源取自其中两台水轮机的压力钢管，两个取水口（1）互为备用保证供水的可靠性。从压力钢管取出的水经滤水器（3）过滤后送到全厂技术供水干管，从技术供水干管经每台机组的技术供水液动阀（4）向本机组提供技术供水。

技术供水液动阀的打开或关闭受电磁配压阀（5）输出的油压操作，经液动阀出来的技术供水一路送上导轴承油冷却器（9）冷却轴承后自流排入下游；另一路送水导轴承油冷却器（10）冷却轴承后自流排入下游。从技术供水干管上还取水送空压机室，供水冷式空压机的冷却用水，冷却空压机汽缸后的水自流排入下游。

该水电厂的消防供水专设了一台消防供水泵（15），再从技术供水干管上取水作为消防供水的后备水源，保证消防供水的供水可靠性。消防供水的用户有发电机消火环管（11）用水和发电机层若干个消火栓（7）用水。活接头（8）是用来需要灭火时接上用水用户的。消防供水的操作全部为手动操作。

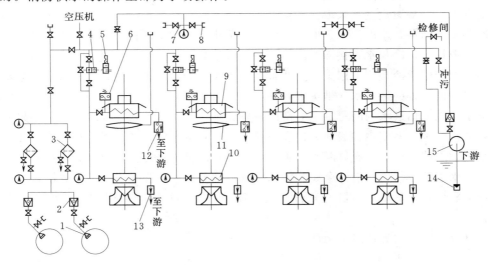

图 3-17　立式机组水电厂供水系统原理图

1—钢管取水口；2—逆止阀；3—滤水器；4—液动阀；5—电磁配压阀；6—接点式压力信号器；7—消火栓；8—活接头；9—上导轴承油冷却器；10—水导轴承油冷却器；11—发电机消火环管；12—接点式示流信号器；13—示流器；14—水泵吸水底阀；15—消防供水泵

2. 卧式机组水电厂技术供水系统

卧式机组水电厂的所有机电设备全在同一厂房平面上。因为厂房地面上布有若干个消火栓，所以卧式机组的发电机灭火不设消火环。取自蜗壳进口处的技术供水取水口与用水用户和排水口三者相距很近，使得技术供水系统管路又短又简单。

三、水系统中的自动化元件

如图 3-17 所示，机组开机前，计算机监控系统向技术供水电磁配压阀（5）发送开关量信号，电磁配压阀切换压力油和排油的回路，操作液动阀（4）打开，技术供水投入；机组停机后，计算机监控系统向技术供水电磁配压阀发送开关量信号，电磁配压阀切换压力油和排油的回路，操作液动阀关闭，技术供水退出。

一般每一只轴承油冷却器和发电机空气冷却器的进水口都设有接点式压力信号器（6），出水口设有接点式示流信号器（12），当供水水压消失或水流中断时，向计算机监控系统发送开关量信号，计算机监控系统语音报警。每一只空气冷却器的进风口和出风口设有数显式温度信号器，数显式温度信号器表面数字显示空气冷却器进出口风温，监视发电机冷却空气的温度。在相隔120°的发电机定子嵌线槽底部埋有三只铂金电阻式传感器，通过相应的数显温度信号器监视发电机铁心温度；在相隔120°的定子线圈绕组层间埋有三只铂金电阻式传感器，通过相应的数显式温度信号器监视发电机定子线圈温度。当供水水压消失或水流中断时，是否事故停机由轴承温度信号器或发电机温度信号器的整定值决定。

集水井中设有接点式水位信号器，当集水井水位上升到上限水位时，向计算机监控系统发送开关量信号，计算机监控系统再向工作排水泵发出开关量信号，工作排水泵启动将集水井中的水排入下游；当工作泵启动后集水井水位继续上升，则接点式水位信号器再向计算机监控系统发送开关量信号，计算机监控系统向备用排水泵发出开关量信号，备用水泵启动排水，同时计算机监控系统语音报警。当集水井水位下降到下限水位时，接点式水位信号器向计算机监控系统发送开关量信号，计算机监控系统向排水泵发出开关量信号，排水泵停止工作。现代水电厂集水井的水位信号器多采用压容传感数显式水位信号器，不但表面数字显示集水井水位，还向计算机监控系统发送供上位机显示集水井水位用的0～5V或4～20mA的标准电模拟量信号，该模拟量信号在计算机输入端需要进行A/D转换。有的数显式水位信号器只有一路标准电模拟量信号输出，没有开关量信号输出，这时只需在计算机操作程序中设置响应的动作水位定值，同样可以起到开关量信号的作用。

第四章　水轮机调节

发电机组的运行有单机运行和并网运行两种形式，无论以什么形式运行，都会出现在负荷的减小时，机组的转速上升；在负荷增加时，机组的转速下降。机组转速的变化将引起发电机输出交流电的频率变化，较大的频率波动将对用户产生不利影响，因此国家对正常运行的发电机频率波动有严格的规定。水轮发电机的频率是由水轮机的转速决定的，因此在运行中必须对水轮机转速进行调节。本章介绍水轮机调节的基本原理、方法和常见的水轮机调速器基本工作原理。

第一节　水轮机调节原理

一、水轮机调节任务

电能作为发电厂的一种产品，它的两项质量指标为频率和电压。国家对发电机供电频率有严格的要求，规定大电网的频率波动：$f = 50 \pm 0.2\text{Hz}$，小电网的频率波动：$f = 50 \pm 0.5\text{Hz}$。而发电机输出交流电的频率

$$f = \frac{nP}{60}(\text{Hz}) \tag{4-1}$$

式中　　P——磁极对数；

　　　　n——机组转速。

已投入运行的发电机磁极对数 P 为定值，因此只要保证了机组转速 n 不变，也就保证了发电机电频 f 不变。

水轮机调节的任务是根据机组所带的负荷及时调节进入水轮机的水流量，使输入水轮机的水流功率与发电机的输出电功率保持一致，保证机组的转速不变或在规定的范围内变化。

二、水轮机调节原理

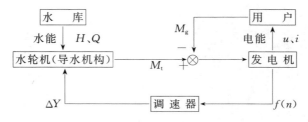

图 4-1　水轮机调节系统原理方框图

图 4-1 表示水轮机调节系统的原理方框图。水库通过压力管道以水头 H、流量 Q 的形式向水轮机提供水能，使水轮机产生水动力矩 M_t 作用机组转动系统，带动发电机转子

磁场以转速 n 旋转，切割定子线圈产生感应电动势。发电机定子以电压 u、电流 i 的形式向用户提供电能，用户在接受电能的同时，反过来负载电流 i 又在发电机定子中产生与转子磁场同步的定子旋转磁场，以电磁阻力矩 M_g 的形式作用机组转动系统，电磁阻力矩 M_g 的大小正比于负载电流 i。从能量守恒的角度来看，水轮机为维持机组转速 n 不变，保持发电机输出电频 f 恒定，水动力矩 M_t 必须克服电磁阻力矩 M_g 做功，从而将水能转换成电能。

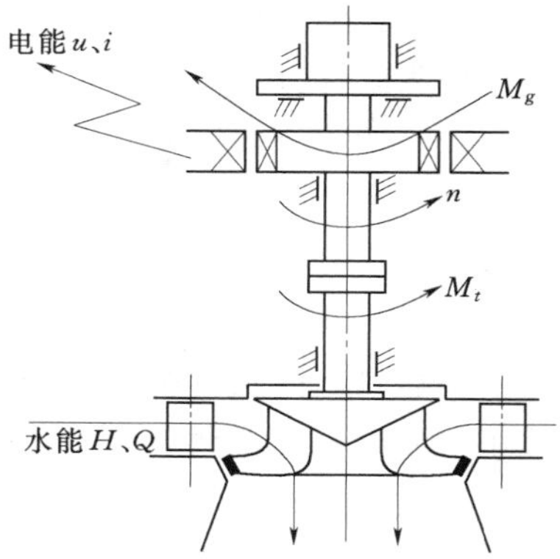

电磁阻力矩 M_g 的大小随用户用电量 i 的变化而随时变化，水动力矩 M_t 的大小正比于水流流量 Q，在忽略机组转动系统的摩擦阻力矩的条件下，由图 4-2 可知，机组转动系统的运动方程为

$$J \frac{\mathrm{d}\omega}{\mathrm{d}t} = M_t - M_g \tag{4-2}$$

式中　J——机组转动系统的转动惯量，$\mathrm{T \cdot m^2}$；

　　　ω——机组转动系统的旋转机械角速度，$\omega = n\pi/30\mathrm{rad/s}$。

$M_t > M_g$ 时，$\dfrac{\mathrm{d}\omega}{\mathrm{d}t} > 0$，机组转速上升，发电机电频上升；

$M_t < M_g$ 时，$\dfrac{\mathrm{d}\omega}{\mathrm{d}t} < 0$，机组转速下降，发电机电频下降；

$M_t = M_g$ 时，$\dfrac{\mathrm{d}\omega}{\mathrm{d}t} = 0$，机组转速不变，发电机电频不变。

水轮机调节的方法是调速器根据机组转速 n 或发电机频率 f 的变化，输出机械位移 ΔY 作用水轮机导水机构，及时调节进入水轮机的水流量 Q，使水动力矩 M_t 随电磁阻力矩 M_g 的变化而变化，从而使机组转速不变或在规定的范围内变化。

水轮机调节系统主要由水轮机、发电机和调速器组成。但是，压力管道的长度和管内水流的速度，发电机所带负荷的性质是电阻性的还是电感性的，都对水轮机的调节过程有影响。因此，水轮机调节系统的调节对象为水轮机、发电机、引水管道和用户，当然主要是水轮机和发电机。调节系统的调节装置为调速器，被调参数为机组转速或发电机频率。

三、水轮机调速器分类

水轮机调速器是实现水轮机调节和控制的自动装置，根据被控机组的机型不同、技术要求不同和电站投资不同，有不同形式的调速器供选择。

（1）按构成元件的结构分有机械液压型调速器、电气液压型调速器和微机液压型调速器三种。其中，电气液

图 4-2　机组转动系统的力矩平衡

图 4-3　机械液压型调速器外形图
1—指针式显示屏；2—开度限制调整旋钮；3—转速或出力调整旋钮；4—操作手轮；5—十字头滑块；6—自动补气阀；7—油泵电动机；8—回油箱

压型调速器作为调速器技术进步过程中的中间性产品，很快被微机液压型调速器取代。机械液压型调速器的外形见图 4-3。

（2）按调节规律分有比例规律调速器（P 规律）、比例—积分规律调速器（PI 规律）和比例—积分—微分规律调速器（PID 规律）三种。三种调节规律的调速器适用不同调节要求的场合，对机组转速的调整而言，PID 调节规律是最好的一种。

（3）按输出执行机构的数目分有单一调节调速器和双重调节调速器两种。单一调节调速器最后输出的执行机构只有一个，应用在混流式水轮机、轴流定桨式水轮机和贯流定桨式水轮机中；双重调节调速器最后输出的执行机构有两个，应用在轴流转桨式水轮机、贯流转桨式水轮机和斜流式水轮机中。

四、水轮机调速器的结构组成

无论是机械液压型调速器、电气液压型调速器还是微机液压型调速器，最后的机械功率放大都是由油压操作的液压放大器担任。在调速器的功能组成上都是由自动调节部分、操作部分和油压装置三部分组成，见图 4-4。

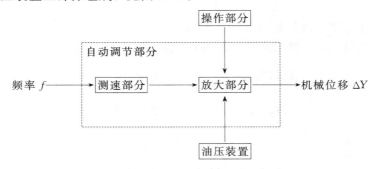

图 4-4　水轮机调速器结构原理框图

（1）自动调节部分。主要由测速部分和放大部分组成，完成对机组转速或发电机频率的测量和自动调节。放大部分的最后部分一般都采用放大倍数大、运行可靠平稳的液压放大器。

（2）操作部分。它是人机对话的窗口，运行人员就是通过这些窗口对机组运行进行干涉。主要有单机运行调转速的调整元件、并网运行调出力的调整元件和开停机操作元件，这是调速器必须具备的基本功能。

（3）油压装置。给液压放大器提供压力平稳、油量足够的压力油。主要由油泵、压力油箱、补气阀和回油箱组成。要求压力油箱保持容积的 1/3 为油、2/3 为气，保证机组在全厂失电、油泵故障等最不利条件下，仍能完成机组的停机操作，防止事故扩大。

第二节　机械液压型调速器

在机械液压型调速器中，转速的测量、调节的稳定和信号的反馈都采用机械的方法进行，对水轮机导水机构操作力的放大采用液压放大器。

一、离心摆的作用和原理

离心摆是机械液压型调速器用来测量转速的元件，其作用是将转速偏差信号转换成下支持块（转动套）的机械位移信号。

图 4-5 是离心摆结构原理图。柔性的菱形钢带（7）将上支持块（2）和下支持块（5）连为一体，上下支持块之间设有弹簧（4），下支持块下方吊装了一个转动套（6），菱形钢带两侧中部各装有一块重块（3）。当飞摆电动机转轴（1）带动上支持块旋转时，旋转的重块产生的离心力 F，通过菱形钢带克服弹簧力和下支持块、转动套的重力，向上提升下支持块和转动套；当弹簧的刚度较大时，下支持块和转动套在垂直方向的机械位移近似正比于离心摆的转速，从而将转速信号转换成转动套的机械位移。

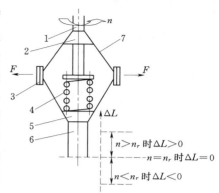

图 4-5　离心摆结构原理图
1—飞摆电动机转轴；2—上支持块；
3—重块；4—弹簧；5—下支持块；
6—转动套；7—菱形钢带

由于我们需要测量的是转速偏差信号 Δn，所以令转速等于额定转速 n_r 时的转动套位移 $\Delta L=0$，则转速 n 大于额定转速 n_r 时，转动套上移 $\Delta L>0$；转速 n 小于额定转速 n_r 时，转动套下移 $\Delta L<0$。当弹簧的刚度较大时，离心摆的运动方程近似可表示为

$$\Delta L = K_f \Delta n = K_f \Delta f \qquad (4-3)$$

式中　K_f——信号转换系数。

图 4-6 为离心摆静态特性曲线。

输出机械位移 ΔL 的大小反映了输入转速偏差 Δn（Δf）的大小，输出机械位移 ΔL 的方向反映了输入转速偏差 Δn（Δf）的方向。从而成功地将转速偏差信号转换成机械位移信号，输出信号 ΔL 正比于输入信号 Δn（Δf），因此离心摆属于比例特性的元件。

二、YT 机械液压型调速器离心摆主要参数

YT 机械液压型调速器是中小型水电厂应用最广泛的一种机械液压型调速器，离心摆的主要参数为：

最高转速 $n_{max}=1810\text{r/min}$ 时，$\Delta L=+7.5\text{mm}$；

额定转速 $n_r=1450\text{r/min}$ 时，$\Delta L=0$；

最低转速 $n_{min}=1090\text{r/min}$ 时，$\Delta L=-7.5\text{mm}$；

转动套最大位移 $\Delta L_{max}=\pm7.5\text{mm}$；

传递系数 $K_f=0.3\text{mm}/\%$。

离心摆输出机械位移 ΔL 的力很小，只有十几克，最大行程只有 15mm。力与行程的乘积为功，可见机械位移 ΔL 的功实在太小，不能用来直接操作水轮机导水机构，所以需对机械位移 ΔL 的力和行程进行放大。

三、液压放大器的作用和组成

液压放大器是一种由机械和液压装置组成的功率放大器，具有功率放大倍数大，运行平稳，无噪音和振动等优点。因为设有储能的压力油箱（或储能罐），在失电等最不利条件下还能将被控设备关闭停止运行，防止事故扩大。因此，在大功率的重要设备控制中，较多地采用液压放大器。

液压放大器的作用是对力和行程（功）进行放大，液压放大器的输入为机械位移信号，输出也是机械位移信号，所以又称液压随动装置。液压放大器由配压阀、接力器和反馈杠杆三部分组成。

（1）配压阀。它的作用是将机械位移信号转换成油压信号。配压阀有引导阀和主配压阀两种类型。

1）引导阀。图 4-7 为引导阀工作原理图。由（转动）套和针塞组成，根据图示工作原理分析，套工作时只作上下移动，但是在 YT 型调速器中，由于套与离心摆的下支持块是连接在一起的，所以套在工作时，一边旋转一边上下移动，因此称转动套。引导阀结构特点是一根压力油管、一根信号油管和一根排油管。

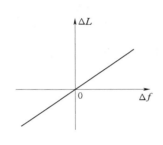

图 4-6　离心摆静态特性曲线

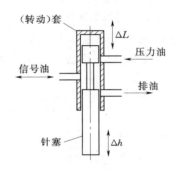

图 4-7　引导阀工作原理图

工作原理：转动套位移为 ΔL，针塞位移为 Δh，只有两者相对位移为零时，即 $\Delta L = \Delta h$ 时，信号油管才既不接压力油也不接排油，此时信号油管内的油压小于压力油，大于排油，定义此时的引导阀输出信号为零。转动套与针塞两者相对位移为零时，称转动套与针塞在相对中间位置。为分析方便，设针塞不动 $\Delta h = 0$，当输入机械位移 $\Delta L > 0$（上移）时，引导阀输出信号为排油信号；当输入机械位移 $\Delta L < 0$（下移）时，引导阀输出信号为压力油信号；当输入机械位移 $\Delta L = 0$ 时，引导阀输出信号为零。

输出油压信号的强弱（大小）反映了输入机械位移 ΔL 的大小，输出油压信号的极性（压力油或排油）反映了输入机械位 ΔL 的方向。从而成功地将机械位移信号转换成油压信号，输出信号正比于输入信号，因此引导阀属于比例特性的元件。

2）主配压阀。图 4-8 为主配压阀工作原理图。由活塞缸和活塞组成。活塞在缸内作上下移动，主配压阀的结构特点是一根压力油管、两根信号油管和两根排油管。

工作原理：活塞位移为 ΔS，只有活塞位移 ΔS 为零时，左右两根信号油管才同时既不接压力油也不接排油，此时信号油管内的油压小于压力油，大于排油，定

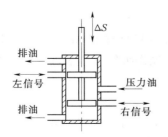

图 4-8　主配压阀工作原理图

义此时的主配压阀输出信号为零。活塞位移为零时，称主配压阀活塞在中间位置，当输入机械位移 $\Delta S>0$（上移）时，主配压阀输出信号为左信号油管压力油，右信号油管排油；当输入机械位移 $\Delta S<0$（下移）时，主配压阀输出信号为左信号油管排油，右信号油管压力油；当输入机械位移 $\Delta S=0$ 时，主配压阀输出信号为零。

输出油压信号的强弱（大小）反映了输入机械位移 ΔS 的大小，输出油压信号的极性（压力油或排油）反映了输入机械位 ΔS 的方向。从而成功地将机械位移信号转换成油压信号。输出信号正比于输入信号，因此主配压阀属于比例特性的元件。

（2）接力器。它的作用是将油压信号转换成机械位移。接力器有辅助接力器（单向作用接力器）和主接力器（双向作用接力器）两种类型。

1）辅助接力器。图 4-9 为辅助接力器工作原理图。由活塞缸和活塞组成，活塞在缸内作上下移动，活塞下腔作用一个向上的恒力 F。辅助接力器结构特点是一根信号油管，活塞单向作用油压。

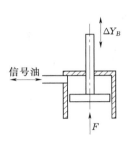

图 4-9　辅助接力器
工作原理图

工作原理：活塞位移为 ΔY_B，只有信号油管送来的油压信号为零时，即信号油管送来的既不是压力油也不是排油时，活塞才会停止不动，否则活塞不是上升到顶就是下降到底。设某时刻信号油管送来的既不是压力油也不是排油，活塞在某位置停止不动，定义此时的辅助接力器活塞位移 $\Delta Y_B=0$。当信号油管输入信号为排油信号时，辅助接力器输出活塞位移向上，$\Delta Y_B>0$；当信号油管输入信号为压力油信号时，辅助接力器输出活塞位移向下，$\Delta Y_B<0$。只要输入油压信号不消失，辅助接力器活塞一直在移动，什么时候油压信号消失，什么时候辅助接力器活塞就地停止不动。

输出机械位移 ΔY_B 的方向反映输入油压信号的极性，输出机械位移 ΔY_B 的大小不但与输入油压信号的强弱（大小）有关，还与输入油压信号作用的时间 t 成正比，即输出信号正比于输入信号对时间的积分，因此辅助接力器属于积分特性元件。

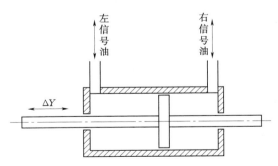

图 4-10　主接力器结构原理图

2）主接力器。图 4-10 为主接力器工作原理图。由活塞缸和活塞组成，活塞在缸内作左右移动，主接力器结构特点是两根信号油管，活塞双向作用油压。

工作原理：活塞位移为 ΔY，只有信号油管送来的油压信号为零时，即两根信号油管同时送来的既不是压力油也不是排油时，活塞才会停止不动，否则活塞不是左移到底就是右移到底。设某时刻两根信号油管同时送来的既不是压力油也不是排油，活塞在某位置停止不动，定义此时的主接力器活塞位移 $\Delta Y=0$。当左信号油管输入信号为排油信号，右信号油管输入信号为压力油信号时，主接力器输出活塞位移向左，$\Delta Y>0$；当左信号油管输入信号为压力油信号，右信号油管输入信号为排油信号时，主接力器输出活塞位移向右，$\Delta Y<0$。只要输入油压信号不消失，主接力器活塞一直在移动，什么

时候油压信号消失，什么时候主接力器活塞就地停止不动。

输出机械位移 ΔY 的方向反映输入油压信号的极性，输出机械位移 ΔY 的大小不但与输入油压信号的强弱（大小）有关，还与输入油压信号作用的时间 t 成正比，即输出信号正比于输入信号对时间的积分，因此主接力器属于积分特性元件。

（3）负反馈。负反馈的作用是将输出信号的一部分送回到输入端，抵消或削弱输入信号，使输出信号与输入信号之间具有一一对应的关系。负反馈的类型有利用杠杆产生负反馈和利用油压产生负反馈（应用在汽轮机机械液压型调速器中）两种。

图 4-11 为利用杠杆产生负反馈的原理图。假设在放大器输入端给引导阀输入一个调节信号 ΔL，其结果是使得输出端的主接力器位移 ΔY 发生了位移，负反馈杠杆的作用是将输出机械位移 ΔY 的一部分 Δh 送回到输入端引导阀的针塞，削弱并抵消输入调节信号 ΔL 所产生的影响，相当于将刚才送来的调节信号执行情况反馈到输入端。随着调节时间的进行，反馈信号 Δh 随输出信号 ΔY 的增大而增大，直到反馈信号 Δh 等于调节信号 ΔL，反馈信号完全抵消调节信号，主接力器活塞在新的位置重新稳定下来不再运动。由于 Δh 正比于 ΔY，所以 ΔY 正比于 ΔL，从而使得输出信号与输入信号之间具有一一对应的关系。调节信号从输入端传递到输出端，反馈信号从输出端传递到输入端。

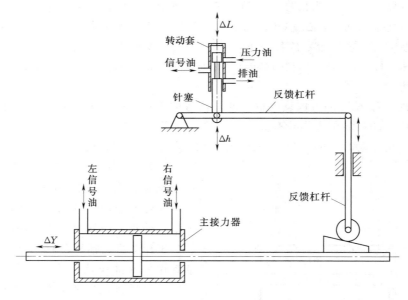

图 4-11　负反馈杠杆原理图

四、常见的两种液压放大器

1. 由引导阀、辅助接力器和反馈杠杆组成的液压放大器

图 4-12 为由引导阀、辅助接力器和反馈杠杆组成的液压放大器的工作原理图。设输入引导阀转动套的机械位移 ΔL_B 向上，引导阀输出排油信号，辅助接力器活塞上腔压力下降，活塞上移，输出机械位移 ΔY_B 向上。与此同时，反馈杠杆（2）～（4）将液压放大器输出信号 ΔY_B 的一部分送回液压放大器输入端的引导阀针塞，针塞跟随转动套上移

Δh_B，反馈信号 Δh_B 随输出信号 ΔY_B 的增大而增大，削弱并抵消输入调节信号 ΔL_B，直到 $\Delta h_B = \Delta L_B$，反馈信号完全抵消调节信号，辅助接力器活塞在新的位置重新稳定下来不再运动。如果输入引导阀转动套的机械位移 ΔL_B 向下，动作过程正好相反。图中带虚线的箭头表示负反馈信号。

辅助接力器活塞重新稳定的必备条件是 $\Delta h_B = \Delta L_B$，即转动套与针塞的相对位移 $\Delta L_B - \Delta h_B = 0$，否则辅助接力器将不是上升就是下降。而且每次都是调节信号 ΔL_B 先出现，反馈信号 Δh_B 后出现，经过这个过程，辅助接力器活塞到达了新的位置，ΔY_B 为新的值。负反馈使得液压放大器输出机械位移 ΔY_B 与液压放大器输入机械位移 ΔL_B 之间有一一对应关系。

令反馈系数 $\alpha_\lambda = \dfrac{\Delta h_B}{\Delta Y_B}$，则引导阀构成的液压放大器的运动方程为

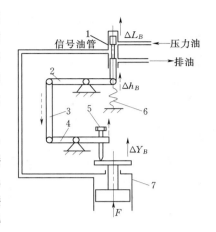

图 4-12　由引导阀构成的
液压放大器原理图
1—引导阀；2、3、4—负反馈杠杆；5—压紧
螺钉；6—拉紧弹簧；7—辅助接力器

$$\Delta Y_B = \frac{1}{\alpha_\lambda}\Delta h_B = \frac{1}{\alpha_\lambda}\Delta L_B = K_\lambda \Delta L_B \qquad (4-4)$$

式中　K_λ——液压放大器的行程放大倍数，数值上与反馈系数 α_λ 成反比。

力的放大与反馈杠杆毫无关系，仅与接力器活塞面积的大小及作用油压的高低成正比。输出 ΔY_B 对输入 ΔL_B 的响应为一阶滞后响应，但滞后时间很小。

2. 由主配压阀、主接力器和反馈杠杆组成的液压放大器

图 4-13 为由主配压阀、主接力器和反馈杠杆组成的液压放大器的工作原理图。设输入液压放大器的机械位移 ΔL_P 向上，则输入主配压阀活塞的有效机械位移 $\Delta L'_P$ 向上，主配压阀左信号油管输出压力油信号，右信号油管输出排油信号，主接力器活塞左腔压力上升，右腔压力下降，活塞右移，输出机械位移 ΔY。与此同时，反馈杠杆（4）和（5）将液压放大器输出信号 ΔY 的一部分送回液压放大器输入端的主配压阀活塞，活塞下移 Δh_P，反馈信号 Δh_P 随输出信号 ΔY 的增大而增大，削弱并抵消输入有效调节信号 $\Delta L'_P$，直到 $\Delta h_P = \Delta L'_P$，反馈信号完全抵消调节信号，主接力器活塞在新的位置重新稳定下来不再运动。如果输入液压放大器的机械位移 ΔL_P 向下，动作过程正好相反。图中带虚线的箭头表示负反馈信号。

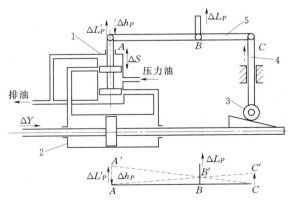

图 4-13　由主配压阀构成的液压放大器原理图
1—主配压阀；2—主接力器；3—滚轮；4、5—反馈杠杆

输入液压放大器的机械位移刚向上时，此时 C 点还没动，反馈杠杆（5）首

先绕 C 点顺时针方向转动，B 点上升 ΔL_P 到 B' 处，A 点上升 $\Delta L'_P$ 到 A' 处，主配压阀活塞向上位移 $\Delta S = \Delta L'_P$，随着主接力器的位移增大，反馈杠杆（4）作用 C 点上升到 C' 处，此时 B' 点不再移动，反馈杠杆（5）绕 B' 点逆时针方向转动，直到 A' 点下降 Δh_P 回到 A 处，将主配压阀活塞压回到中间位置，即主接力器重新稳定后主配压阀活塞位移 $\Delta S = \Delta L'_P - \Delta h_P = 0$。

主接力器活塞重新稳定的必备条件是 $\Delta h_P = \Delta L'_P$，否则主接力器将不是左移就是右移，而且每次都是调节信号 ΔL_P 先出现，反馈信号 Δh_P 后出现，经过这个过程，主接力器活塞到达了新的位置，ΔY 为新的值。负反馈使得液压放大器输出机械位移 ΔY 与液压放大器输入机械位移 ΔL_P 之间有一一对应关系。

根据反馈杠杆（5）的几何尺寸可得

$$\Delta L'_P = \Delta L_P \frac{AC}{BC} \qquad (4-5)$$

令反馈系数 $\alpha_P = \dfrac{\Delta h_P}{\Delta Y}$，则由主配压阀构成的液压放大器的运动方程为

$$\Delta Y = \frac{1}{\alpha_P} \Delta h_P = \frac{1}{\alpha_P} \Delta L'_P = \frac{1}{\alpha_P} \frac{AC}{BC} \Delta L_P = K_P \Delta L_P \qquad (4-6)$$

式中　　K_P——液压放大器的行程放大倍数，数值上与反馈系数 α_P 成反比。

力的放大与反馈杠杆毫无关系，仅与接力器活塞面积的大小及作用油压的高低成正比。输出 ΔY 对输入 ΔL_P 的响应为一阶滞后响应，但滞后时间很小。

五、YT 型机械液压型调速器采用的两级液压放大器

由于一级液压放大的功不够大，因此采用两级液压放大。图 4-14 为一个两级串联的液压放大器。主配压阀活塞（6）采用上活塞盘直径大、下活塞盘直径小的差动活塞，工作时两活塞盘之间接压力油，压力油对上活塞作用一个向上的总油压，对下活塞作用一个向下的总油压，由于上活塞盘面积比下活塞盘面积大，因此作用两活塞盘的总油压方向向上，使主配压阀活塞杆产生恒力 F（见图 4-9），紧紧顶住辅助接力器活塞盘（5）的下平面，始终有

$$\Delta S = \Delta Y_B \qquad (4-7)$$

由于主配压阀活塞永远紧紧顶住辅助接力器活塞，因此第二级液压放大器的负反馈信号无法直接送入第二级液压放大器的输入端——主配压阀活塞，不得不将第二级液压放大器的负反馈信号跨越送入第一级液压放大器的输入端——引导阀针塞。这种反馈称跨越负反馈。

一级液压放大的反馈系数（又称局部反馈系数）为

$$\alpha_\lambda = \Delta h_1 / \Delta Y_B \qquad (4-8)$$

二级液压放大的反馈系数（又称跨越反馈系数）

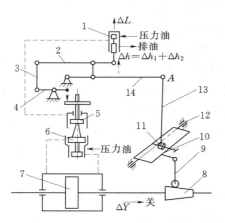

图 4-14　YT 型机械液压型调速器采用的两级液压放大器原理图

1—引导阀；2、3、4—第一级反馈杠杆；5—辅助接力器；6—主配压阀；7—主接力器；8—反馈锥体；9、13、14—第二级跨越反馈杠杆；10—反馈框架；11—第二级反馈系数调整螺母；12—反馈框架转动轴承

为

$$\alpha_P = \Delta h_2 / \Delta Y \qquad (4-9)$$

式中　Δh_1——从辅助接力器引回到针塞的第一级液压放大的负反馈；

Δh_2——从主接力器引回到针塞的第二级液压放大的跨越负反馈。

主接力器重新稳定的必备条件是 $\Delta S = 0$，则 $\Delta Y_B = \Delta S = 0$，$\Delta h_1 = 0$；辅助接力器重新稳定的必备条件是 $\Delta h = \Delta L$，则 $\Delta h = \Delta h_1 + \Delta h_2 = 0 + \Delta h_2 = \Delta h_2 = \Delta L$，得两级液压放大器的运动方程为

$$\Delta Y = \frac{1}{\alpha_P} \Delta h_2 = \frac{1}{\alpha_P} \Delta L = K_P \Delta L \qquad (4-10)$$

式中　K_P——两级液压放大器的行程放大倍数，数值上与跨越反馈系数 α_P 成反比。

力的放大与反馈杠杆毫无关系，仅与接力器活塞面积的大小及作用油压的高低成正比。输出 ΔY 对输入 ΔL 的响应为一阶滞后响应，但滞后时间很小。

从两级液压放大最后输出机械位移 ΔY 的表达式可以看出，ΔY 的大小与第一级液压放大无关，说明第一级液压放大只在调节过程中起作用，每次调节结束后，它的输出机械位移 ΔY_B 都等于零。

第三节　水轮机调速器的调节规律

一、硬反馈和软反馈

YT 型调速器中有两种不同形式的负反馈——硬反馈和软反馈。每次调节结束后，如果输出为新的值，而从输出端引回的负反馈信号不消失，称该反馈为硬反馈；每次调节结束后，如果输出为新的值，而从输出端引回的负反馈信号消失，称该反馈为软反馈。

二、采用硬反馈的 YT 型调速器自动调节部分

在 YT 型调速器每次调节结束后，辅助接力器活塞总是回到原来位置，辅助接力器活塞位移 ΔY_B 为零，造成从辅助接力器活塞引回的第一级液压放大的负反馈信号 Δh_1 也为零。如果辅助接力器活塞在新的位置，辅助接力器活塞位移 ΔY_B 不为零，则从辅助接力器活塞引回的第一级液压放大的负反馈信号 Δh_1 不消失，所以第一级液压放大的负反馈属于硬反馈。但每次调节结束后，Δh_1 消失为零，对调速器的静态特性不起作用。

每次调节结束后，主接力器都在新的位置，从主接力器引回的第二级液压放大的跨越负反馈 Δh_2 不消失。所以第二级液压放大的跨越负反馈属于硬反馈。对调速器的静态特性起作用。

1. 调速器的工作原理

图 4-15 为采用硬反馈的 YT 型调速器自动调节部分

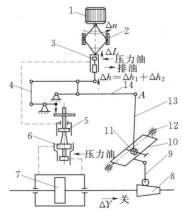

图 4-15　采用硬反馈的 YT 型调速器自动调节部分原理图

1—飞摆电动机；2—离心摆；3—引导阀；4—第一级反馈杠杆；5—辅助接力器；6—主配压阀；7—主接力器；8—反馈锥体；9、13、14—第二级跨越反馈杠杆；10—反馈框架；11—第二级反馈系数调整螺母；12—反馈框架转轴

69

原理图。

设人为使飞摆电动机转速上升→离心飞摆转速上升→引导阀转动套上移 $\Delta L>0$→引导阀信号油管与排油管接通，引导阀输出排油信号→辅助接力器活塞上移→一级局部硬反馈作用针塞上移，Δh_1 从零出现正值，当 $\Delta h_1=\Delta L$ 时，引导阀信号油管与排油管油路被切断，辅助接力器活塞在上部位置（$\Delta Y_B>0$）停下不动→主配压阀活塞跟着辅助接力器活塞上移，在上部位置（$\Delta S=\Delta Y_B>0$）停下不动→主配压阀左信号油管输出压力油信号、右信号油管输出排油信号→主接力器活塞右移 ΔY 关小→与此同时，二级跨越硬反馈作用针塞再次上移，Δh_2 从零出现正值，使引导阀信号油管反而接通压力油管，引导阀输出压力油信号→辅助接力器活塞下移，ΔY_B 正值减小，Δh_1 正值减小→主配压阀活塞下移，慢慢向零位靠近，$\Delta S=\Delta Y_B$ 正值减小，但是只要 $\Delta S=\Delta Y_B$ 没有回到零，主接力器一直在关小，所以 Δh_2 正值一直在增大→当 $\Delta S=0$ 时，$\Delta h_1=0$，$\Delta h=\Delta h_1+\Delta h_2=\Delta h_2=\Delta L$→主接力器活塞在新的位置重新稳定下来，辅助接力器活塞和主配压阀活塞回到原来位置，调节结束。如果飞摆电动机转速下降，动作过程与上面分析相反。

2. 调速器的运动方程

因为离心摆 $\Delta L=K_f\Delta f=K_f\Delta n$，两级液压放大器 $\Delta Y=\dfrac{1}{\alpha_P}\Delta L$，所以调速器运动方程为

$$\Delta Y=\frac{K_f}{\alpha_P}\Delta f=\frac{K_f}{\alpha_P}\Delta n \tag{4-11}$$

式中　α_P——跨越硬反馈系数。

在定性分析中习惯将所有参数用相对值表示，这样在分析中，所有的物理量全都没有单位，分析比较方便。令转速变化相对值为

$$x=\frac{\Delta f}{f_r}=\frac{\Delta n}{n_r} \tag{4-12}$$

式中　f_r——额定频率，$f_r=50\text{Hz}$；

　　　n_r——额定转速。

令主接力器位移相对值为

$$y=\frac{\Delta Y}{Y_M} \tag{4-13}$$

式中　Y_M——主接力器最大行程。

代入运动方程，经整理后得

$$y=\frac{K_f f_r}{\alpha_P Y_M}x \tag{4-14}$$

令 $b_P=\dfrac{\alpha_P}{K_f f_r/Y_M}$，则

$$\frac{K_f f_r}{\alpha_P Y_M}=\frac{1}{b_P} \tag{4-15}$$

运行中的调速器 K_f、f_r 和 Y_M 为常数，所以称 b_P 为硬反馈系数相对值，调了 α_P 也就改变了 b_P，b_P 在 $0\sim8\%$ 可调［调整图 4-14 中螺母（11）］。

运动方程的相对值表达式为

$$y = -\frac{1}{b_\mathrm{P}}x \qquad\qquad\qquad (4-16)$$

式中负号人为加入，表示调节方向，即转速上升（$x > 0$），主接力器关小（$y < 0$）。

3. 调速器的静态特性

运动方程表明，采用硬反馈的调速器输出 y 与输入 x 有一一对应关系，根据运动方程可画出调速器的静态特性曲线。图 4-16（a）是按运动方程描点得到的静态特性曲线，图 4-16（b）是定性分析时的习惯画法。静态特性曲线表明，如果用这种调速器来调节机组，则随着机组所带的负荷增加，机组的稳态转速越来越低。这种静态特性称为有差特性。

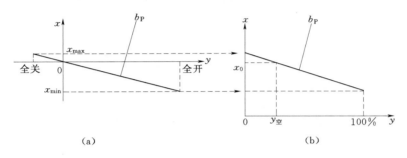

图 4-16　比例规律调速器静态特性曲线

（a）按运动方程作图；（b）按定性分析时的习惯作图

离心摆最高转速 n_{max} 时，$x = \dfrac{n_{max} - n_\mathrm{r}}{n_\mathrm{r}}$，用 x_{max} 表示；

离心摆额定转速 n_r 时，$x = \dfrac{n_\mathrm{r} - n_\mathrm{r}}{n_\mathrm{r}} = 0$，用 x_0 表示；

离心摆最低转速 n_{min} 时，$x = \dfrac{n_{min} - n_\mathrm{r}}{n_\mathrm{r}}$，用 x_{min} 表示。

显然，$x_{min} < x_0 < x_{max}$。

主接力器最大行程（全开）Y_M 时，$y = Y_\mathrm{M}/Y_\mathrm{M} = 100\%$；主接力器在机组空载运行时的行程 $Y_空$ 时，$y = Y_空/Y_\mathrm{M}$，用 $y_空$ 表示；主接力器最小行程（全关）时，$y = 0/Y_\mathrm{M} = 0$。显然，$0 < y_空 < 100\%$。

b_P 的几何意义是图 4-16 中显示出的静态特性曲线的斜率，即

$$b_\mathrm{P} = \frac{对边}{邻边} = \frac{x_{max} - x_{min}}{1} = \frac{n_{max} - n_{min}}{n_\mathrm{r}} \quad (\%) \qquad (4-17)$$

因此 b_P 在数值上等于主接力器走完全行程时（$y = 100\%$），对应的离心飞摆转速变化相对值。

由运动方程可知，每次主接力器在新的位置重新稳定后，离心摆转速不为原来值，即存在稳态（静态）转速偏差，见图 4-17。

$$x_1 - x_2 = -b_\mathrm{P}(y_1 - y_2) \qquad\qquad (4-18)$$

静态转速偏差 $x_1 - x_2$ 的大小与 b_P 成正比。由于 b_P（硬反馈）产生的静态转速偏差在调节结束后不消失，所以 b_P 又称为永态转差系数。

4. 调速器的动态特性

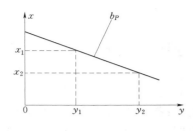

图 4-17　永态转差系数的几何意义

输入 x 为阶跃信号 x_1-x_2 时，动态输出响应 y 为一阶滞后响应，但滞后时间极小，可忽略不计，所以近似认为是输出为瞬间响应，输出响应 y_2-y_1 与输入 x_1-x_2 始终保持比例关系，见图 4-18，因此调节规律为比例规律（P 规律）。比例规律的产生是由于在反馈通道中加入了比例反馈元件 α_P（b_P），反馈对调速器调节规律产生的影响也是比例（$1/b_P$）关系，所以可认为反馈元件对调速器调节规律的影响与该元件特性相反。这个结论在后面分析比例—积分规律调速器运动方程时非常有用。

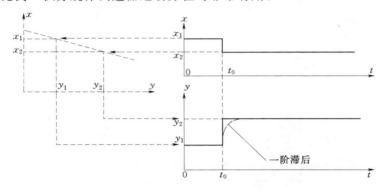

图 4-18　比例规律调速器动态阶跃响应曲线

三、采用软反馈的 YT 型调速器自动调节部分

1. 缓冲器

缓冲器是 YT 型机械液压型调速器中形成积分调节规律的负反馈元件，见图 4-19。由于节流孔口（3）部分开启，对上下通过节流孔的油流产生阻尼，当主动活塞（4）向下运动时，活塞下腔油压上升，从动活塞（2）首先上移，回复弹簧（1）受压，只要主动活塞不动，在回复弹簧的作用下，活塞下腔的油经节流孔由下向上流动，从动活塞按指数规律回到原来的零位；当主动塞向上运动时，活塞下腔油压下降，从动活塞首先下移，回复弹簧受拉，只要主动活塞不动，在回复弹簧的作用下，活塞上腔的油经节流孔由上向下流动，从动活塞按指数规律回到原来的零位。缓冲器在阶跃输入信号作用下的运动方程为

$$z_2 = z_{20} \mathrm{e}^{-\frac{t}{T_d}} = z_1 \frac{A_1}{A_2} \mathrm{e}^{\frac{t}{T_d}} \tag{4-19}$$

式中　A_1——主动活塞面积；

　　　A_2——从动活塞面积；

　　　T_d——缓冲时间常数；

　　　z_{20}——从动活塞在阶跃输入信号作用下的瞬间响应值。

缓冲器在阶跃输入信号作用下的动态阶跃响应曲线见图 4-20。由图中可见，每次调节结束后，无论主动活塞位移 z_1 在什么位置，只要主动活塞不动，从动活塞 z_2 都按指数规律回到零。所以从动活塞的输出 z_2 只反映主动活塞 z_1 的变化，不反映主动活塞 z_1 的

大小（位置），因此缓冲器属微分特性元件。

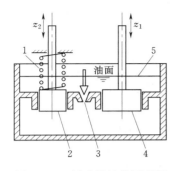

图 4 - 19　缓冲器结构原理图

1—回复弹簧；2—从动活塞；3—节
流孔；4—主动活塞；5—油面线

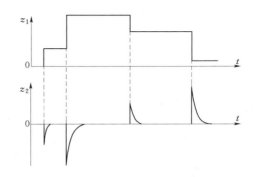

图 4 - 20　缓冲器动态阶跃响应特性曲线

图 4 - 21（a）表示在从动活塞同样的瞬间响应位移 z_{20} 时，节流孔口开度小，缓冲时间常数 T_{d2} 大，从动活塞回复时间长；节流孔口开度大，缓冲时间常数 T_{d1} 小，从动活塞回复时间短。图 4 - 21（b）表示同样的节流孔口开度，即缓冲时间常数 T_d 不变时，从动活塞瞬间响应位移 z_{20} 大，从动活塞回复时间长；从动活塞瞬间响应位移 z_{20} 小，从动活塞回复时间短。由此可见，从动活塞的回复时间与缓冲器的缓冲时间常数 T_d 有关系，但从动活塞的回复时间不等于缓冲器的缓冲时间常数 T_d。

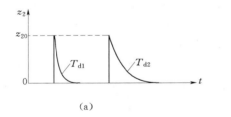

（a）

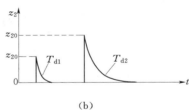

（b）

图 4 - 21　缓冲器的缓冲时间常数与从动活塞的回复时间

（a）$T_{d1} < T_{d2}$；（b）$T_{d1} = T_{d2}$

2. 采用软反馈的 YT 型调速器自动调节部分

由图 4 - 22 可见，主动活塞的位移 z_1 正比于主接力器的位移 ΔY，针塞的位移 $\Delta h_2'$ 正比于从动活塞的位移 z_2，所以每次调节结束后，无论主接力器活塞位移 ΔY 在什么位置，只要主接力器活塞不动，从主接力器引回到输入端的负反馈信号针塞的位移 $\Delta h_2'$ 都按指数规律回到零。针塞的位移 $\Delta h_2'$ 只反映主接力器活塞位移 ΔY 的变化，不反映主接力器活塞位移 ΔY 的大小（位置），这种反馈属于软反馈。第二级液压放大采用的是跨越软反馈。

（1）调速器的动作原理：图 4 - 22 为采用软反馈的 YT 型调速器自动调节部分原理图。下面分析动作原理：

设人为使飞摆电动机转速上升（$n > n_r$）→离心飞摆转速上升→引导阀转动套上移 ΔL >0→引导阀信号油管与排油管接通，引导阀输出排油信号→辅助接力器活塞上移→一级

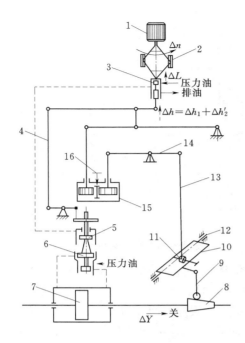

图 4-22 采用软反馈的 YT 型调速
器自动调节部分原理图

1—飞摆电动机；2—离心摆；3—引导阀；4—第一
级反馈杠杆；5—辅助接力器；6—主配压阀；7—主
接力器；8—反馈锥体；9、13、14—第二级跨越反
馈杠杆；10—反馈框架；11—第二级反馈系数调整
螺母；12—反馈框架转轴；15—缓冲器；16—缓冲
时间常数调整针塞

局部硬反馈作用针塞上移，Δh_1 从零出现正值，当 $\Delta h_1 = \Delta L$ 时，信号油管与排油管油路被切断，辅助接力器活塞在上部位置（$\Delta Y_B > 0$）停下不动→主配压阀活塞跟着辅助接力器活塞上移，在上部位置（$\Delta S = \Delta Y_B > 0$）停下不动→主配压阀左信号油管输出压力油信号、右信号油管输出排油信号→主接力器活塞右移 ΔY 关小→与此同时，二级跨越软反馈作用针塞再次上移，$\Delta h_2'$ 从零出现正值，使引导阀信号油管反而接通压力油管，引导阀输出压力油信号→辅助接力器活塞下移，ΔY_B 正值减小，Δh_1 正值减小→主配压阀活塞下移向零位靠近，ΔS 正值减小→主接力器右移运动速度减慢→只要主接力器右移运动速度减慢，缓冲器从动活塞 z_2 就开始按指数规律向零位回复→软反馈信号 $\Delta h_2'$ 也按指数规律减小→$\Delta h_2'$ 的减小使引导阀信号油管接通压力油管的程度减小，Δh_1 的减小使引导阀信号油管接通排油管的程度增大→当两者作用的程度达到动态平衡时，转动套与针塞在零位以上的位置恢复相对中间位置，引导阀信号油管既不接压力油也不接排油→辅助接力器活塞和主配压阀活塞位于零位上面停住不动，无法回到 $\Delta S = 0$ 处→主接力器活塞左腔一直接压力油，右腔一直接排油→主接力器匀速运动一直

关到底。如果飞摆电动机转速上升，动作过程与上面分析相反。

从另一个角度分析可以发现，如果主接力器要在新的位置重新稳定不动，就要求主配压阀活塞必须回到原来位置 $\Delta S = 0$（零位），那么辅助接力器活塞也跟着回到原来位置，即 $\Delta Y_B = \Delta S = 0$，从辅助接力器引回的一级局部反馈 $\Delta h_1 = 0$，另外，如果主接力器在新的位置重新稳定不动，从主接力器引回的跨越反馈 $\Delta h_2'$ 就按指数规律回到零，即 $\Delta h_2' = 0$。因此每次调节结束后，针塞都回到原来位置 $\Delta h = \Delta h_1 + \Delta h_2' = 0$，所以转动套必须回到原来位置 $\Delta L = 0$。否则，引导阀输出不是压力油信号就是排油信号，主接力器不是开到底就是关到底。也就是说，只要离心摆转速不等于额定转速（$n \neq n_r$），主接力器不是开大就是关小，直到离心摆转速等于额定转速，主接力器才停止不动。由此可见，主接力器位移 ΔY 的大小不但与离心摆转速偏差（$n - n_r$）有关，还与离心摆转速偏差存在的时间 t 成正比，即主接力器位移 ΔY 正比于离心摆转速偏差对时间的积分，此类调速器的输出对输入具有积分特性。

（2）调速器的运动方程。因为在反馈通道中加入了微分反馈元件——缓冲器，根据比例反馈元件 b_P 产生比例调节规律 $1/b_P$ 的反馈元件对调节规律的作用可知，微分反馈元件对调速器调节规律产生的影响与该反馈元件的特性相反，表现为积分特性。另外，因为在反馈通道中有杠杆传递比和缓冲器主从活塞面积比的比例特性作用，所以反馈对调速器调节规律产生的影响还包含比例特性。不过该比例特性的作用随着软反馈信号的消失而消失。所以运动方程的相对值表达式由比例加积分两部分组成（不作推导），即

$$y = -\left(\frac{1}{b_t}x + \frac{1}{b_t T_d}\int x\,\mathrm{d}t\right) \tag{4-20}$$

调节节流孔口的开度可以调整缓冲时间常数 T_d 的大小，在实际应用中 T_d 在 $0\sim20\mathrm{s}$ 可调。节流孔全开时，$T_d = 0$，软反馈被取消；节流孔全关时，$T_d = \infty$，此时的跨越反馈信号不再消失，软反馈变成了硬反馈。此时，运动方程的相对值表达式变成

$$y = -\frac{1}{b_t}x$$

与永态转差系数 b_P 相似，即

$$b_t = \frac{\alpha_t}{K_f f_r / Y_M} \tag{4-21}$$

式中　α_t——软反馈系数；

　　　b_t——软反馈系数相对值。

b_t 在数值上等于节流孔全关时主接力器走完全行程（$y = 100\%$），对应的离心飞摆转速变化相对值。由 b_t 产生的转速偏差是暂时存在的，随着软反馈信号的消失，转速偏差也消失，所以 b_t 又称暂态转差系数。调节 α_t 也就改变了 b_t，b_t 从 $0\sim100\%$ 可调〔调整图 4-22 中螺钉（11）〕。

（3）调速器的静态特性。运动方程表明，采用软反馈的调速器输出 y 与输入 x 不再是一一对应关系，当输入 $x \neq x_0$，输出 y 一直在变；当输入 $x = x_0$，输出 y 不变。根据运动方程所表示的意思，静态特性曲线是一条水平线，见图 4-23。静态特性曲线表明，如果用这种调速器来调节机组，则在机组的出力范围内无论机组带多少负荷，机组重新稳定后的稳态转速始终不变。这种静态特性称为无差特性。

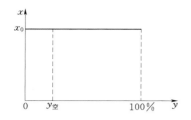

图 4-23　比例—积分规律调速器
静态特性曲线

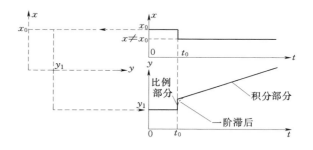

图 4-24　比例—积分规律调速器动态阶跃响应曲线

（4）调速器的动态特性。输入 x 为阶跃信号 $x - x_0$ 时，输出 y 对输入 $x - x_0$ 首先有一个比例响应，然后只要 x 不回到 x_0，输出 y 一直变化，见图 4-24，因此调节规律为比例—积分规律（PI 规律）。

动态特性曲线表明，如果用这种调速器来调节机组，只要机组转速不回到原来转速，接力器不是开大（转速上升）就是关小（转速下降），直到机组回到原来转速才停止。

四、YT 型调速器整机组成部分

1. 自动调节部分

自动调节及转速调整机构原理图见图 4 - 25，自动调节部分的调节原理方框图见图 4 - 26。

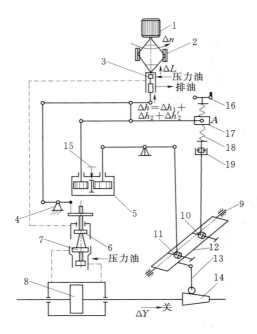

图 4 - 25　YT 型调速器自动调节及转速调整机构结构原理图

1—飞摆电动机；2—离心摆；3—引导阀；4—局部反馈系数调整支座；5—缓冲器；6—辅助接力器；7—主配压阀；8—主接力器；9—反馈框架转轴；10—跨越硬反馈系数调整螺母；11—跨越软反馈系数调整螺母；12—反馈框架；13—反馈杠杆；14—反馈锥体；15—缓冲时间常数调整针塞；16—转速调整旋钮；17—转速调整螺母；18—转速调整螺杆；19—径向滚珠轴承铰连接

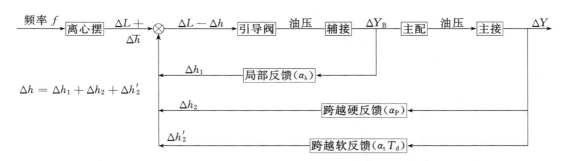

图 4 - 26　YT 型调速器自动调节部分调节原理方框图

调整图 4 - 25 中局部反馈系数调整支座（4）的水平位置，可以改变局部反馈系数 α_λ。调整支座远离辅助接力器时，反馈系数 α_λ 减小，最小可调到 $\alpha_\lambda = 1/8.2$，对应的第一级液压放大的行程放大倍数 $K_\lambda = 8.2$ 倍；调整支座靠近辅助接力器时，反馈系数 α_λ 增大，最大可调到 $\alpha_\lambda = 1/2$，对应的第一级液压放大的行程放大倍数 $K_\lambda = 2$ 倍。反馈系数 α_λ 只有

1/2、1/3.3、1/5.3 和 1/8.2 四挡可调。

调整图 4-25 中跨越硬反馈系数调整螺母（10）偏移反馈框架转轴（9）轴心线的偏心距，可改变第二级液压放大跨越硬反馈的反馈系数 α_P（或永态转差系数 b_P）。调整螺母远离转轴轴心线时，永态转差系数 b_P 增大，最大可调到 $b_P = 8\%$；调整螺母靠近转轴轴心线时，永态转差系数 b_P 减小，最小可调到 $b_P = 0$。

调整图 4-25 中跨越软反馈系数调整螺母（11）偏移反馈框架转轴轴心线的偏心距，可改变第二级液压放大跨越软反馈的反馈系数 α_t（或暂态转差系数 b_t）。调整螺母远离转轴轴心线时，暂态转差系数 b_t 增大，最大可调到 $b_t = 100\%$；调整螺母靠近转轴轴心线时，暂态转差系数 b_t 减小，最小可调到 $b_t = 0$。

当 $b_t = 0$ 时，相当于软反馈切除，每次重新稳定后，局部反馈信号 $\Delta h_1 = 0$，反馈作用引导阀针塞的位移 $\Delta h = \Delta h_1 + \Delta h_2 = \Delta h_2$。调速器静态为有差特性，动态为比例调节规律（P 规律）。

当 $b_P = 0$ 时，相当于硬反馈切除，每次重新稳定后，局部反馈信号 $\Delta h_1 = 0$，跨越软反馈信号 $\Delta h_2' = 0$，反馈作用引导阀针塞的位移 $\Delta h = \Delta h_1 + \Delta h_2' = 0$。调速器静态为无差特性，动态为比例—积分调节规律（PI 规律）。

当 $b_P \neq 0$、$b_t \neq 0$ 时，硬反馈和软反馈同时作用，每次重新稳定后，局部反馈信号 $\Delta h_1 = 0$，跨越软反馈信号 $\Delta h_2' = 0$，反馈作用引导阀针塞的位移 $\Delta h = \Delta h_1 + \Delta h_2 + \Delta h_2' = \Delta h_2$。调速器静态为有差特性，动态为比例—积分调节规律（PI 规律）。

2. 操作部分

YT 型调速器的操作部分有开度限制机构、油压手动装置、机械手动装置、紧急停机电磁阀和转速调整机构 5 个。

开度限制机构的作用是在运行中设定导叶的最大限制开度，既限制机组的最大出力，并用来开机和停机操作。

油压手动装置的作用是当调速器的自动调节部分出故障时，可用来转为油压手动操作。

机械手动装置的作用是当调速器的压力油消失时，可用来转为机械手动操作。

紧急停机电磁阀的作用是当机组发生电气或机械事故时，紧急停机电磁阀动作，将辅助接力器的上腔直接接通排油，作用导叶紧急关闭。

用转速调整机构可以人为改变导叶开度，因此 YT 型调速器的转速调整机构有两大功能：单机运行调转速；并网运行调出力。它的结构原理如下：

在图 4-15 中跨越硬反馈垂直杠杆（13）与水平杠杆（14）的铰连接点 A 点的上下位移只受跨越硬反馈机构的作用，而图 4-25 中在跨越硬反馈垂直杠杆与水平杠杆之间设置了转速调整机构，转速调整机构由转速调整螺母（17）和转速调整螺杆（18）组成，转速调整螺母外圆柱面两侧有两根水平销子，与跨越硬反馈水平杠杆铰连接。转速调整螺杆底部轴端装一个很小的径向滚珠轴承（19），轴承外圈装在跨越硬反馈垂直杠杆顶部轴端的内孔中，构成转速调整螺杆与跨越硬反馈垂直杠杆之间的径向滚珠轴承铰连接。当人为转动转速调整旋钮（16）时，转速调整螺杆来回转动，但上下不动，转速调整螺母上下移动，但不转动，跨越硬反馈垂直杠杆既不转动也不移动；当跨越硬反馈作用时，跨越硬反馈垂直杠杆、转速调整螺杆和转速调整螺母三者一起上下移动，但全不转动。由此可见，设置了转速调整机构后，铰连接 A 点的上下位移既受跨越硬反馈机构的作用又受转速调整机构的作用。

3. 油压装置

油压装置是调节系统的操作动力源，作用是向调速器自动调节部分提供压力平稳、油量足够的压力油。主要由油泵、压力油箱、回油箱和补气阀组成。现代微机调速器的油压装置已取消了补气阀，采用储能器作为压力油的存储装置。储能器下面部分是压力油，上面部分是充有氮气的橡皮气囊，由于气体与油不再直接接触，所以不需在运行中经常补气。

五、比例—积分—微分规律（PID规律）调速器

比例—积分—微分规律在机械液压型调速器中无法实现。在电气液压型调速器中很容易实现，只需在调节信号通过的正向通道中串入一个微分电路。在微机液压型调速器中更容易实现，只需在计算机软件的程序编制中增加对转速偏差进行微分运算。

1. 电路模型

电气液压型调速器中，往往在正向调节信号通道中串入一个微分电路，如图4-27所示。由于该环节串在正向通道中，所以该环节对调速器调节规律的影响就是该环节本身的特性——微分特性。

微分调节原理分析：电压调节信号 U_f 正比于转速偏差信号 x，主接力器活塞位移 ΔY 正比于电压有效调节信号 U_f'。正常调节时，机组转速变化比较缓慢，电压调节信号 U_f 变化也比较缓慢，微分电路中的电容器 C 对变化缓慢的信号相当于开路，此时的电压有效调节信号

$$U_f' = \frac{R_2}{R_1 + R_2} U_f \qquad (4-22)$$

显然 $U_f' < U_f$。

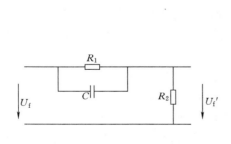

图4-27 微分电路模型

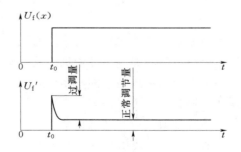

图4-28 微分电路动态阶跃响应特性曲线

当机组转速发生阶跃突变时，电压调节信号 U_f 也发生阶跃突变，见图4-28，微分电路中的电容器 C 对突变电信号瞬间相当于短路，此时的电压有效调节信号

$$U_f' = U_f \qquad (4-23)$$

即在机组转速发生突变瞬间的电压有效调节信号远远大于正常调节时的电压有效调节信

号，比正常调节量增加了一个尖峰脉冲量，尖峰脉冲量的大小正比于转速随时间的变化率$\dfrac{\mathrm{d}x}{\mathrm{d}t}$，转速在发生阶跃突变的条件下（实际转速突变不可能如此强烈），瞬间过量调节为

$$\Delta U'_{\mathrm{f}} = \left(1 - \frac{R_2}{R_1 + R_2}\right)U_{\mathrm{f}} \tag{4-24}$$

2. 调速器的运动方程

$$y = -\left(\frac{1}{b_{\mathrm{t}}}x + \frac{1}{b_{\mathrm{t}}T_{\mathrm{d}}}\int x\mathrm{d}t + T_{\mathrm{n}}\frac{\mathrm{d}x}{\mathrm{d}t}\right) \tag{4-25}$$

与比例—积分规律调速器运动方程比较，比例—积分—微分规律（PID）调速器运动方程中增加了一项微分调节规律 $T_{\mathrm{n}}\dfrac{\mathrm{d}x}{\mathrm{d}t}$，微分时间常数 T_{n} 在 $0\sim5\mathrm{s}$ 内可调。在电气液压型调速器和微机液压型调速器中，常将调速器运动方程写成

$$y = -\left(K_{\mathrm{P}}x + K_{\mathrm{I}}\int x\mathrm{d}t + K_{\mathrm{D}}\frac{\mathrm{d}x}{\mathrm{d}t}\right) \tag{4-26}$$

式中　K_{P}——比例系数；

$\quad\quad K_{\mathrm{I}}$——积分系数；

$\quad\quad K_{\mathrm{D}}$——微分系数。

3. 调速器的静态特性

静态特性就是当时间趋向于无穷大时，调速器的输出 y 与输入 x 之间的关系。时间趋向于无穷大时机组进入稳态，微分项$\dfrac{\mathrm{d}x}{\mathrm{d}t}=0$，PID 规律调速器的运动方程与 PI 规律调速器的运动方程完全一样，因此，PID 规律调速器的静态特性与 PI 规律调速器的静态特性完全一样，见图 4-29。这种调速器的静态特性也是无差特性。

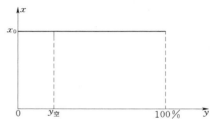

图 4-29　比例—积分—微分规律
调速器静态特性曲线

4. 调速器的动态特性

与 PI 调节规律的调速器相比，PID 调节规律的调速器在输入 x 为阶跃信号 $x-x_0$ 时，输出 y 增加了一个微分脉冲响应，使输出 y 在阶跃信号 $x-x_0$ 出现的瞬间有一个过量调节，见图 4-30，然后只要 x 不变或变化缓慢，无论 x 为何值，微分脉冲都按指数规律消失。

增加了微分规律，使调速器对转速突变信号有一个强烈的调节输出反应，这是非常有利于调节的，因为机组转速发生偏差时，往往在开始瞬间转速偏差 $\mathrm{d}x$ 很小，但此时转速偏差的速度 $\mathrm{d}x/\mathrm{d}t$（转速的加速度）却很大。如果用这种调速器来调节机组，调速器在机组转速偏差发生的瞬间，主接力器的输出机械位移中增加了一个调节位移量 $K_{\mathrm{D}}\,\mathrm{d}x/\mathrm{d}t$，主接力器在此瞬间比正常调节量多了一个过量调节，使机组在转速偏差还很小时，就受到调速器强烈的调节作用，这对减小机组转速上升最大值 $n_{\max}$，缩短调节时间都有好处，有利于提高调节系统的动态稳定性。调速器通过对机组转速的加速度 $\mathrm{d}x/\mathrm{d}t$ 的测量，对机组转速偏差的严重程度有一种超前的预见性，因此，PID 规律是最好的一种调节规律。

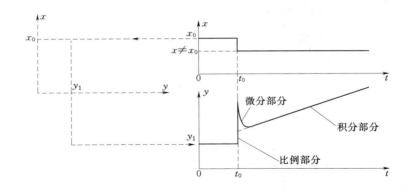

图 4-30 比例—积分—微分规律调速器动态阶跃响应曲线

第四节 水轮机调节系统的调节规律

一、比例调节规律的水轮机调节系统

采用比例规律调速器的水轮机调节系统称比例调节规律（P 规律）调节系统，调节系统的主体是水轮发电机组，因此也称比例调节规律的机组。

1. 机组的静态特性

令机组出力相对值为

$$N\% = \frac{N_g}{N_{gr}} \times 100\% \qquad (4-27)$$

式中　N_g——机组出力；

　　　N_{gr}——机组额定出力。

一个主接力器位移 y 就有一个导叶开度 a_0，一个导叶开度就有一个水轮机工作流量 Q，一个水轮机工作流量就有一个机组出力 N_g。近似认为机组出力 N_g 与主接力器位移 y 为一一对应的线性关系，由于 y 与 x 也为一一对应的线性关系，当调速器调节机组时，输入调速器的转速信号就是机组的转速，所以可以近似认为机组出力 N_g 与机组转速 x 之间也是一一对应的线性关系，两者之间的线性比例系数称机组调差率 e_P。由于 y 和 x 的线性比例系数与 N_g 和 y 的线性比例系数不可能完全相同，造成 N_g 与 x 的线性比例系数 e_P 不等于 y 与 x 的线性比例系数 b_P，但 $e_P \approx b_P$，调整了 b_P 也就改变了 e_P。

图 4-31 为比例调节规律机组的静态特性曲线，特性曲线表明随着机组出力的增加，机组的稳态转速逐步下降，因此机组的静态特性为有差特性。机组调差率 e_P 越大，机组出力变化前后的稳态转速偏差越大。

主接力器位移 $y < y_空$ 时，对机组来讲是开机或停机过程；主接力器位移 $y = y_空$ 时，机组出力 $N_g = 0$，机组运行在空载额定转速；主接

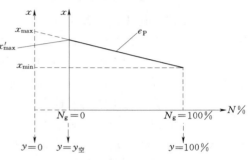

图 4-31 比例调节规律机组的静态特性

力器位移 $y=100\%$ 时，机组出力为最大 $N_g=100\%$。

2. YT 型调速器转速调整原理

设有差特性单机带负荷稳定运行，人为转动转速调整旋钮使转速调整螺母上移，见图 4-25 中的（17），则水平杠杆带动引导阀针塞上移，引导阀输出压力油信号，作用导叶开大，由于用户负荷没有变，所以机组转速上升。随着机组转速的上升，引导阀转动套上移，同时跨越硬反馈作用垂直杠杆、转速调整螺杆和转速调整螺母三者一起下移，引导阀针塞在硬反馈作用下也下移，当下移的针塞与上移的转动套在比原来高的位置恢复中间位置时，引导阀信号油管既不接压力油也不接排油，机组重新稳定，重新稳定后的转速比原来高。人为转动转速调整旋钮使转速调整螺母下移，动作过程与前述相反。

转速调整螺母的上下位移对机组静态特性的斜率 e_P 没有任何影响，只是上下平移了机组的静态特性。图 4-32 为转速调整螺母的上下位移后，机组工况点的变化，例如转速调整螺母下移，则导叶关小，转速从 n_1 下降到 n_2。由于用户负荷 N_{g1} 没有变，所以工况点从点 1 下降到点 2。由于机组静态特性的斜率没有变，所以相当于机组的静态特性平行下移。

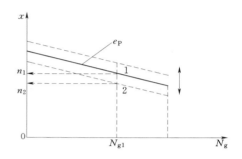

图 4-32 转速调整螺母对机组
静态特性的影响

无差特性单机带负荷运行时的转速调整原理与有差特性单机带负荷运行完全一样，只不过图 4-32 中的机组静态特性是水平线。

在电气液压型调速器和微机液压型调速器中，是通过改变频率给定值，人为改变导叶的开度，来调整机组转速。改变频率给定值对调速器静态特性的影响与图 4-32 完全一样。

3. 机组的动态特性

设机组负荷从 N_{g1} 突减到 N_{g2}，根据机组的有差静态特性曲线可以看出，重新稳定后的机组稳态转速肯定比原来的转速高，即机组稳态转速从负荷突变前的 x_1 上升到重新稳定后的 x_2，见图 4-33。机组出力发生变化后，机组转速响应在时间上有一个滞后，所以水轮机调节系统属于二阶滞后惯性系统。

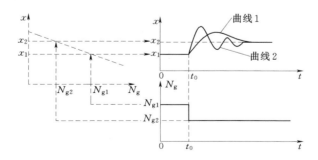

图 4-33 比例调节规律机组的动态特性

机组从一个稳态工况变化到另一个稳态工况的动态过渡过程有两种：动态过渡过程曲线 1 表示稳定性好但速动性差，适用于机组并网之前或电网中的骨干机组；动态过渡过程曲线 2 表示速动性好但稳定性差，适用于电网中的非骨干机组。

二、比例—积分调节规律的水轮机调节系统

采用比例—积分规律调速器的水轮机调节系统称比例—积分调节规律（PI 规律）调节系统，其机组称比例—积分调节规律的机组。

1. 机组的静态特性

图 4-34 为比例—积分调节规律机组的静态特性曲线，特性曲线表明随着机组出力的增加，机组的稳态转速始终不变，因此机组的静态特性为无差特性。

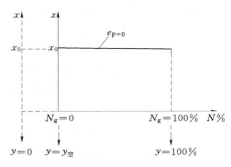

图 4-34　比例—积分调节规律机组的静态特性

2. 机组的动态特性

设机组负荷从 N_{g1} 突增到 N_{g2}，根据机组的无差静态特性曲线可以看出，重新稳定后的机组稳态转速肯定与原来的转速相同，即机组稳态转速从负荷突变前的 x_0 经调节重新稳定后仍回到原来转速 x_0，见图 4-35。机组出力发生变化后，机组转速响应在时间上有一个滞后。

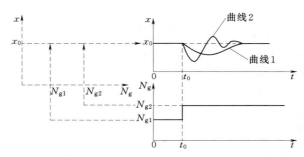

图 4-35　比例—积分调节规律机组的动态特性

机组从一个稳态工况变化到另一个稳态工况的动态过渡过程有两种：动态过渡过程曲线 1 表示稳定性好但速动性差，适用于机组并网之前或电网中的骨干机组；动态过渡过程曲线 2 表示速动性好但稳定性差，适用于电网中的非骨干机组。

三、比例—积分—微分调节规律的水轮机调节系统

采用比例—积分—微分规律调速器的水轮机调节系统称比例—积分—微分调节规律（PID 规律）调节系统，其机组称比例—积分—微分调节规律的机组。

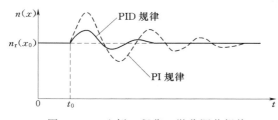

图 4-36　比例—积分—微分调节规律机组的动态过渡过程

1. 机组的静态特性

因为 PID 规律调速器的静态特性与 PI 规律调速器的静态特性完全一样，所以 PID 规律调节的机组静态特性与 PI 规律调节的机组静态特性完全一样，也是无差特性。

2. 机组的动态特性

PID 规律调节机组的动态特性与 PI 规律调节机组的动态特性基本相同，不同之处是在相同的负荷变化下，PID 规律调节机组的转速过调量较小，波动次数较少，调节时间较短，见图 4 - 36。因此，机组的动态特性较好。

第五节　电网的频率调整

电网中的负荷在一天 24h 内变化幅度很大，图 4 - 37 为某电力系统在 24h 内电力负荷的变化图，称日负荷图。从图中可以看出，每天夜间是负荷的低谷时段，上午负荷急速上升，到午后达到顶点，到晚上又逐渐下降，又回到低谷。该图表明当天最低点负荷约为最高点负荷的 44%。

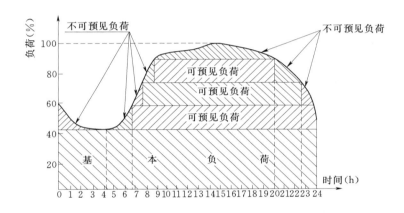

图 4 - 37　电力系统的日负荷图

电力生产最困难之处是电力供应的电能不能提前生产、储存，电能生产必须生产与使用同时进行，而且必须严格保持电网中每时每刻所有发电机组输出的功率等于所有的用户用电负荷，否则，将造成电网频率的波动。

虽然用户的用电负荷在一天 24h 内变化的趋势是可预见的，但是在每时每刻用户的用电负荷是不可预见的。用户用电进出电网完全是根据自己的实际用电需要，用户不会考虑电网中总的负荷高低，电网中在运行的发电机组的多少。因此，作为电网，为了保证电网运行的稳定，有必要对电网的负荷性质进行分类，用不同的机组来承担不同性质的负荷，保证每时每刻电网所有发电机组的输出功率等于所有的用户用电负荷，使电网频率保持不变或在规定的范围内波动。

一、电网中负荷的性质及机组的分类

（1）基本负荷。电网在一天 24h 内的用户负荷变化中，有一个最低负荷，尽管这部分最低负荷的用户对象组成是不确定的，是不断在变换的，既甲用户退出电网时，也许正好乙用户进入电网，或者甲用户进入电网时，也许正好乙用户退出电网。但是，对电网中的发电机组来讲，用户负荷没有变，这部分负荷称电网的基本负荷。电网的基本负荷最好由发固定出力的核电厂机组和调节性能较差的火电厂机组承担，这些机组称为基荷机组。

（2）可预见负荷。电网一天 24h 内的负荷变化中，不同时段负荷的变化趋势是可以预见的，如图 4-37 所示，早晨 6:40 的负荷肯定比清晨 4:15 的负荷高，晚上 22:40 的负荷肯定比 20:00 的负荷低，同样这部分可预见负荷的用户对象组成是不确定的，是不断在变化的，只不过负荷变化的趋势可预见，这部分负荷称电网的可预见负荷。电网调度可以在早上有计划地命令一批一批机组投入电网，晚上又可以有计划地命令一批一批机组退出电网。电网中的可预见负荷最好由调节性能较好，进出电网方便灵活的中小型水电厂机组承担，这些机组称为调峰机组。

（3）不可预见负荷。在前一批调峰机组投入到后一批调峰机组投入之间的时段，如图 4-37 所示，清晨 4:15～6:40 时段，或在前一批调峰机组退出到后一批调峰机组退出之间的时段，如图 4-37 所示晚上 20:00～22:40 时段，在两批调峰机组进出电网期间，尽管这一时段负荷的变化趋势是可预见的，但是在这一时段内，对某一个瞬间，该瞬间以后的负荷变化是不可预见的。同样这部分不可预见负荷的用户对象组成是不确定的，是不断在变化的，这部分负荷称电网的不可预见负荷。电网的不可预见负荷最好由调节性能较好，装机容量较大的大型水电厂机组承担，这些机组称为调频机组。

二、有差特性机组的应用

设由三台有差特性机组组成的一个小电网，见图 4-38，$^\sharp$1 机组调差率 e_{P1} 最大，$^\sharp$2 机组调差率 e_{P2} 最小，$^\sharp$3 机组调差率 e_{P3} 介于两者之间。由于有差特性机组的静态特性是一个

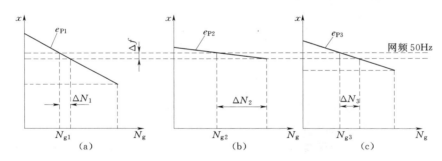

图 4-38　有差特性机组并列运行时机组间的负荷分配

(a) $^\sharp$1 机组；(b) $^\sharp$2 机组；(c) $^\sharp$3 机组

发电机频率对应有一个机组出力，频率与出力有一一对应的明确关系，因此当电网频率在 50Hz 稳定运行时，$^\sharp$1 机的出力为 N_{g1}，$^\sharp$2 机的出力为 N_{g2}，$^\sharp$3 机的出力为 N_{g3}，三台机组在电网中的负荷承担量非常明确，这一点对电网稳定运行是非常重要的。当电网用户负荷波动时，三台机组都会对出力进行调节，假设电网用户负荷增大 ΔN，三台机组同时作出调节机组增加出力，由于三台机组都是有差特性，根据有差特性机组的特点，电网重新稳定后的网频肯定比原来低 Δf，根据有差特性机组频率与出力有一一对应的明确关系，$^\sharp$1 机的增加出力为 ΔN_1，$^\sharp$2 机的增加出力为 ΔN_2，$^\sharp$3 机的增加出力为 ΔN_3，每台机组对变化负荷的承担量也非常明确，而且有 $\Delta N = \Delta N_1 + \Delta N_2 + \Delta N_3$。这一点对电网稳定运行也是非常重要的。根据正弦三角形边角关系可得每一台机组对变化负荷承担量的出力调整为

$$\left.\begin{array}{l} \Delta N_1 = \dfrac{\Delta f}{e_{P1}} \\[2mm] \Delta N_2 = \dfrac{\Delta f}{e_{P2}} \\[2mm] \Delta N_3 = \dfrac{\Delta f}{e_{P3}} \end{array}\right\} \qquad (4-28)$$

1. 有差特性机组的优点

(1) 在电网中对负荷的承担量明确。

(2) 在电网中对变化负荷的承担量明确,承担量与 e_P 成反比。

2. 有差特性机组的缺点

只要机组参与了调节,机组重新稳定后的转速肯定不是原来转速。

3. 有差特性机组的应用

由于有差特性机组的出力变化后,存在静态转速偏差,当 $b_P = 8\%$ 时,意味着机组出力从零增大到 100%,机组转速下降将近达 8%,这显然远远超出国家规定的频率波动范围,因此不能单机运行。

有差特性机组的两个优点对电网的稳定运行是非常重要的,因此电网中绝大部分机组按有差特性运行,在电网中作为调峰机运行,按调度命令进入或退出电网,承担电网中的可预见负荷。b_P (e_P) 由调度指令性给定。

三、无差特性机组的应用

设由三台无差特性机组组成的一个小电网,见图 4-39,三台机组的机组调差率 $e_{P1} = e_{P2} = e_{P3} = 0$。

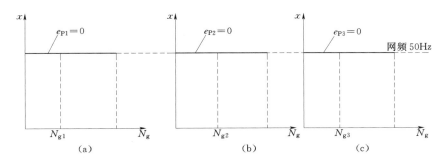

图 4-39 无差特性机组并列运行时机组间的负荷分配

(a) #1机组;(b) #2机组;(c) #3机组

1. 无差特性机组的优点

在机组的出力范围内,无论带多少负荷,机组重新稳定后的转速肯定是原来转速。

2. 无差特性机组的缺点

(1) 在一个电网中如果有两台或两台以上无差特性机组并列运行,则机组对负荷的承担量不明确。由于每一台机组在电网中的负荷承担量可多可少,机组之间会出现负荷来回转移,造成电网频率不稳定。

(2) 在一个电网中如果有两台或两台以上无差特性机组并列运行,则机组对变化负荷的承担量不明确。

设电网频率在 50Hz 稳定运行时，♯1 机的出力为 N_{g1}，♯2 机的出力为 N_{g2}，♯3 机的出力为 N_{g3}。当电网负荷波动时，假设电网负荷增大 ΔN，则首先电网频率下降 Δf，三台机组同时作出调节，增加出力，♯1 机增加的出力为 ΔN_1，♯2 机增加的出力为 ΔN_2，♯3 机增加的出力为 ΔN_3。由于三台机组都是无差特性（$e_P=0$），因此根据式（4-28），机组对变化负荷承担量的出力调整为

$$
\left.
\begin{aligned}
\Delta N_1 &= \frac{\Delta f}{e_{P1}} = \infty \\
\Delta N_2 &= \frac{\Delta f}{e_{P2}} = \infty \\
\Delta N_3 &= \frac{\Delta f}{e_{P3}} = \infty
\end{aligned}
\right\}
\qquad (4-29)
$$

这表明无差特性机组之间对变化负荷承担量职责不明，机组间出现抢负荷或推负荷，造成电网运行不稳定。

3. 无差特性机组的应用

由于无差特性机组的出力变化后，不存在静态转速偏差，意味着机组出力从零增大到 100%，机组稳态转速不变，因此能单机运行。

无差特性机组在电网中在机组的出力范围内，无论带多少负荷，机组重新稳定后的转速肯定是原来转速，这个优点对电网的频率稳定是非常重要的，因此在电网中作为调频机运行，承担电网中的不可预见负荷。

无差特性机组在电网中对负荷的承担量不明确和对变化负荷的承担量不明确，这两个缺点对电网的稳定运行是非常不利的，因此一个电网只能有一台 $e_P=0$ 的调频机。

四、电网的二次调频原理

设由两台有差特性机组和一台无差特性机组组成的一个小电网，见图 4-40，♯1 机的机组调差率 $e_{P1} \neq 0$，♯2 机的机组调差率 $e_{P2}=0$，♯3 机的机组调差率 $e_{P3} \neq 0$。当电网频率在 50Hz 稳定运行时，♯1 机的出力为 N_{g1}，♯2 机的出力为 N_{g2}，♯3 机的出力为 N_{g3}。三台机组在电网中的负荷承担量明确。当电网负荷波动时，假设负荷增大（或减小）ΔN，而且变化负荷 ΔN 小于调频机组的调节容量，三台机组中只有♯2 机是无差特性，因此♯2 机作出调节，在力所能及的范围内承担全部变化负荷，电网重新稳定后♯2 机出力增大（或减小），♯1 机和♯3 机的出力不变，所以电网重新稳定后的网频不变。如果变化负荷 ΔN 大于调频机组的调节容量，则调频机组无法承担的部分负荷，所有的调峰机组都会积极参与调节，增加或减少出力，但是电网重新稳定后的网频不再是原来频率。

1. 二次调频原理

当变化负荷小于调频机组的调节容量时，变化负荷全由调频机组承担，调节结束后网频不变。当变化负荷大于调频机组的调节容量时，调频机组无法承担的部分负荷，电网中所有调峰机组都会自动积极参与调节（积极性与 e_P 成反比），进行一次调频。一次调频调节结束后的网频肯定变，再由调度命令调峰机组进入或退出电网，将网频拉回到原来值，进行二次调频。

2. 调频机组的调节容量

调频机组的装机容量为定值，但调节容量不断在变。

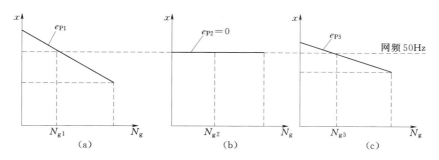

图 4-40　电网的二次调频原理

(a) ♯1 机组；(b) ♯2 机组；(c) ♯3 机组

（1）调频机组带同样的负荷，不同的时段调节容量是不同的。例如，一台装机容量为 100 万 kW 的调频机组带了 80 万 kW 的负荷。在早上 8：00，由于 8：00 以后电网中的不可预见负荷是增加的趋势，因此对调频机组来讲，此时带了 80 万 kW 负荷后的调节容量只有 20 万 kW；在晚上 20：00，由于 20：00 以后电网中的不可预见负荷是减少的趋势，因此对调频机组来讲，此时带了 80 万 kW 负荷后的调节容量为 80 万 kW。

（2）随着不可预见负荷的不断出现，调频机组的调节容量总是在不断地减小。因此电网调度必须根据电网实际负荷的变化趋势，有计划地命令调峰机组进入或退出电网。不断将调频机组的负荷转移给调峰机组或将调峰机组的负荷转移给调频机组，使调频机组始终有足够的调节容量，这就需要调度的调度水平。从理论上讲，只要电网调度得当，负荷变化后网频不会变。

从理论上讲，电网调度是不希望调峰机组自动参与电网频率调节。

调频机组的容量相对电网的容量必须足够大，否则调频能力不够。随着现代大电网的容量不断增大，调频机组的容量相对减小，当调频机组的容量不够大时，一个电网中可以采用两台及两台以上的机组作为调频机组，这时这些调频机的机组调差率 e_P 不能为零，一般取 $e_P = 0.8\% \sim 1.5\%$。

电网中担任调频的电厂称为调频电厂（例如华东电网的新安江水电厂），厂内所有的机组为成组控制，机组间的负荷自动最优分配。从电网的角度来看，该调频电厂相当于是一台大容量的调频机组。

3. YT 型调速器出力调整原理

设有差特性并网带负荷稳定运行，人为转动转速调整旋钮使转速调整螺母上移，见图 4-25，则水平杠杆带动引导阀针塞上移，引导阀输出压力油信号，作用导叶开大，由于每一个电网都有一台无差特性的调频机组，当有差特性机组导叶开大所带的负荷增加时，调频机组所带的负荷自动减小，所以重新稳定后网频不变，则机组调速器的引导阀转动套高程不变。与此同时跨越硬反馈作用垂直杠杆、转速调整螺杆和转速调整螺母三者一起下移，引导阀针塞在硬反馈作用下也下移，直到针塞下移到原来高程的位置时，与转动套恢复相对中间位置，引导阀信号油管既不接压力油也不接排油，机组重新稳定，重新稳定后的转速不变，但出力增加。

在转速调整原理中已知移动转速调整螺母相当于上下平移机组的静态特性曲线。图

4-41表示机组并入电网后，带负荷时的机组静态特性曲线的移动情况。当机组刚并入电网时，转速调整螺母在比较低的位置，机组的静态特性曲线在位置 C，由于机组频率和网频相等，出力为零，所以机组工况点为点1，机组出力 $N_g=0$（称空载）；操作转速调整机构使转速调整螺母上移，机组静态特性曲线上移到位置 B，则机组出力增大（电网中的调频机组出力减小），但网频不变，所以机组工况点为点2，机组出力 $N_g=70\%$；当机组静态特性曲线上移到位置 A

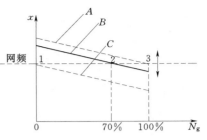

图 4-41　静态特性曲线平移表示的机组出力调整

时，则机组出力增大到 $N_g=100\%$（满载）（调频机组出力继续减小），网频不变，所以机组工况点为点3。

无差特性机组在电网中并列运行时，机组的出力是由用户的负荷大小及有差特性机组所带负荷多少决定的，不能人为调整。

在电气液压型调速器和微机液压型调速器中，是通过改变功率给定值，人为改变导叶的开度，来调整机组出力。改变功率给定值对调速器静态特性的影响与图 4-41 完全一样。

第六节　微机液压型调速器

微机调速器在结构上都是由微机调节器加电液随动系统组成，在功能上仍由自动调节部分、操作部分和油压装置三部分组成。

一、微机调节器的结构种类

1. 计算机的种类

构成微机调节器的计算机主要有以下几种：

（1）Intel 公司的 iSBC88/25 单板机。

（2）STD 总线工业控制机。

（3）可编程控制器。

（4）工业 PC 机（IPC）。

（5）用单片机组成的专用计算机。

2. 调节器的结构

在结构上主要有单机、双机和三机冗余结构三种。其中采用可编程控制器和工业 PC 机的微机调节器，大多为单机结构；采用 STD 总线工业控制机和 iSBC88/25 单板机的微机调节器，大多为双机冗余结构；三机冗余结构在国内尚未采用。

一般将机组转速测量、开机停机操作、参数测量和显示、PID 运算、故障诊断、与上机位通信等功能均集中在微机调节器中，因此微机调节器其功能远大于"调节"，所以往往将微机调节器称为微机控制器或微机调速器的电气部分。

二、双微机调节器的硬件软件配置及原理

我国研制和生产的微机调速器大多数采用双机冗余结构，设备投资虽然增加，但机组

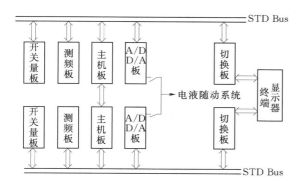

图 4-42 双微机调节器硬件结构图

运行的可靠性增强了，一般应用在大中型水电站。以 WDT—A 型双微机调速器的微机调节器为例，分析微机调节器的工作原理，见图 4-42。

双机冗余结构的微机调节器硬件配置由完全相同的 A 机、B 机组成，分别由功能专一的 5 块模块构成，它们是开关量板、测频与鉴相板、主机板（CPU）、A/D 与 D/A 板、切换板。它们插入总线（STD Bus）母板上，通过与主机板交换信息，完成整个调节、控制任务。A 机、B 机工作于主从方式，由切换板控制担任主机的 CPU 输出信号，驱动后面的电液随动系统。两机共享电液随动系统和终端显示器，终端显示器只与主机交换信息，进行状态、参数显示，或键入参数，选择显示某个参数。而主机通过通信与处于备用状态的从机交换信息。

1. 测频与鉴相模块

（1）数字测频。数字测频的作用是对发电机频率或电网频率进行测量。发电机频率测量工作原理：从发电机机端电压互感器送来的交流电压信号反映发电机电压的频率 f_J，见图 4-43，经降压滤波后送到整形电路整形为同频率的正负交变的矩形波 f_J'（周期 $T = 1/f_J$），再经过二分频后，得到频率比被测频率低一倍、宽度等于被测电压信号周期 T 的矩形脉冲波 f_J''。也就是说，在被测电压信号的前一个周期，二分频电路输出端高电平，

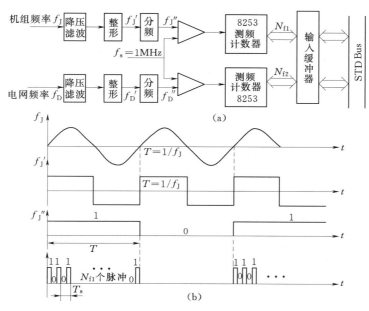

图 4-43 数字测频原理图

（a）电气原理方框图；（b）波形图

用"1"表示，在被测电压信号的后一个周期，二分频电路输出端低电平，用"0"表示。这一矩形脉冲与频率 $f_s=1\text{MHz}$（周期 $T_s=1/f_s$）的计算机时钟脉冲一起送入与门电路，通过与门电路的时钟脉冲的个数

$$N_{fl}=T/T_s=f_s/f_J \qquad (4-30)$$

式中　f_s——时钟脉冲的频率，$f_s=1\text{MHz}$。

经与门电路输出的时钟脉冲 N_{fl} 再送入 8253 可编程测频计数器进行计数，显然

$$f_J=50\text{Hz 时，} N_{fl}=20000$$
$$f_J<50\text{Hz 时，} N_{fl}>20000$$
$$f_J>50\text{Hz 时，} N_{fl}<20000$$

CPU 通过数据总线（STD Bus）每隔一个周期 T 从测频计数器 8253 读取计数器内的计数值，经运算求得发电机频率为

$$f_J=f_s/N_{fl} \qquad (4-31)$$

如果采用两路数字测频，分别输入发电机机端电压互感器和线路母线电压互感器送来的交流电压信号 f_J、f_D，则微机调速器能在机组并网前自动跟踪电网频率。

数字测频的最小频率分辨率为，当 $N_f=20000\pm1$ 时，能检测到的最小频率偏差

$$f=\frac{f_s}{N_f}=\frac{1000000}{20000\pm1}=50\pm0.0025 \text{（Hz）}$$

（2）数字鉴相。机组并网前不但要求频率与电网相同，而且还要求相位相同，即机组与电网两交流电压的相位差 ϕ 等于零，或小于一定数值（如小于 $20°$）。

图 4-44 为数字鉴相原理图，由机组、电网送来的两路交流电压信号 U_J 和 U_D 经降压滤波后送到整形脉冲电路，转换成两路同频率的矩形脉冲信号 U_J' 和 U_D'，一个周期内出现一个矩形脉冲的上升沿表示被测电压信号的相位。两路矩形脉冲信号一起送入鉴相逻辑电路进行相位逻辑鉴别，鉴相电路是一个由与门电路组成的组合逻辑电路，鉴相逻辑电路的输出 J 和 D 的脉冲宽度反映了输入的两路正弦交流电压相互之间的相位差。

当机组与电网同相位时，鉴相逻辑电路输出 J 和 D 两个端子同为高电平，用"1"表示，经非门电路 G1 和 G2 后输出 J' 和 D' 两个端子同为低电平，用"0"表示。

当机组相位超前电网时，鉴相逻辑电路 D 端输出仍是高电平"1"，经非门电路 G2 后 D' 端子输出为低电平"0"；J 端输出是脉冲宽度为 $T-T_{x1}$ 的高电平"1"，经非门电路 G1 后，J' 端子输出脉冲宽度为 T_{x1} 的高电平"1"，T_{x1} 的宽度与两被测交流电压信号的相位差成正比。

当机组相位滞后电网时，鉴相逻辑电路 J 端输出仍是高电平"1"，经非门电路 G1 后 J' 端子输出为低电平"0"；D 端输出是脉冲宽度为 $T-T_{x2}$ 的高电平"1"，经非门电路 G2 后，D' 端子输出脉冲宽度为 T_{x2} 的高电平"1"，T_{x2} 的宽度与两被测交流电压信号的相位差成正比。

脉冲信号 J' 和 D' 分别与频率 $f_s=1\text{MHz}$（周期 $T_s=1/f_s$）的计算机时钟脉冲一起送入各自的与门电路 G3 和 G4，通过与门电路的时钟脉冲的个数，见图 4-45，即

$$N_x=T_x/T_s \qquad (4-32)$$
$$T_s=1/f_s \qquad (4-33)$$

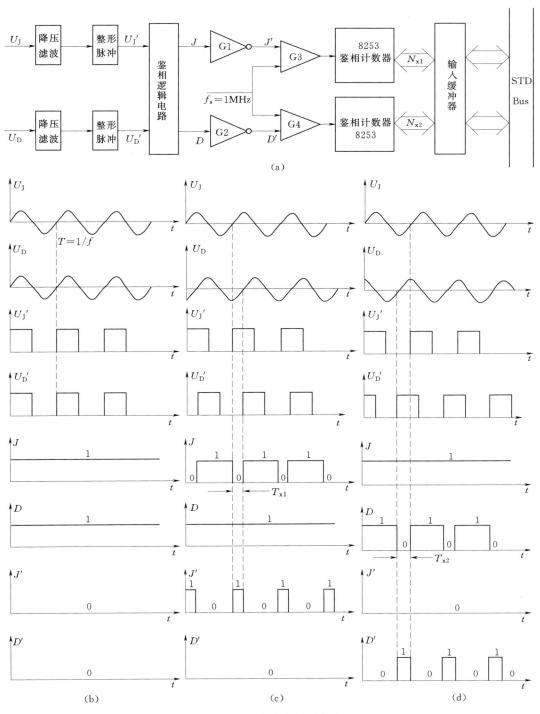

图 4-44　数字鉴相原理图

（a）电气原理方框图；（b）机组与电网同相位；（c）机组相位超前电网相位；（d）机组相位滞后电网相位

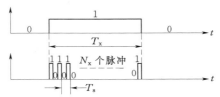

图 4-45 时钟脉冲计数原理

式中　T_s——时钟脉冲的周期；

$\quad\quad\quad f_s$——时钟脉冲的频率，$f_s=1\text{MHz}$。

经与门电路 G3 和 G4 输出的时钟脉冲分别送入两个 8253 可编程鉴相计数器进行计数，因为两同频交流电相位差的最大值为 180°，所以 J'、D' 出现"0"的最短时间和 G3、G4 最短关闭时间为被测电压信号周期的 1/2，两个计数器至少有半个周期时间停止计数，等待 CPU 读数。CPU 通过数据总线（STD Bus）每隔半个周期从鉴相计数器 8253 读取前半个周期内的计数值 N_{x1} 和 N_{x2}，根据 N_{x1} 和 N_{x2} 的数值 CPU 能判断出两被测交流电压信号相位的超前或滞后关系及计算出两者的相位差。如果两被测交流电压信号的频率 $f=50\text{Hz}$，最大相位差为 $\phi=180°$，则 T_x 最大值为

$$T_x=T/2=1/2f=1/(2\times50)=0.01\ (\text{s})$$

通过与门电路的时钟脉冲个数 N_x 的最大值为

$$N_x=T_x/T_s=0.01/0.000001=10000$$

因为脉冲宽度 T_x 的与两被测交流电压信号的相位差成正比，所以鉴相计数器中的脉冲个数 N_x 也与两被测交流电压信号的相位差成正比，因此两被测交流电压信号的相位差可以用下式表示为

$$\phi=\frac{N_x\times180°}{10000}\qquad\qquad(4-34)$$

当两被测交流电的相位差 $\phi=0$ 时，$J'=0$，$D'=0$，与门电路 G3 和 G4 关闭，时钟脉冲不能通过，$N_{x1}=N_{x2}=0$；当机组相位超前电网 ϕ 时，$D'=0$，J' 为一组宽度 T_x 的脉冲，与门电路 G4 关闭，时钟脉冲不能通过，$N_{x2}=0$。G3 开启时间为 T_x，时钟脉冲通过的个数

$$N_{x1}=\frac{10000\phi}{180°}\qquad\qquad(4-35)$$

当机组相位滞后电网 ϕ 时，$J'=0$，D' 为一组宽度 T_x 的脉冲，与门电路 G3 关闭，时钟脉冲不能通过，$N_{x1}=0$。G4 开启时间为 T_x，时钟脉冲通过的个数

$$N_{x2}=\frac{10000\phi}{180°}\qquad\qquad(4-36)$$

例如，CPU 从鉴相计数器 8253 读取前半个周期内的计数值 $N_{x1}=1000$，$N_{x2}=0$，表示机组相位超前电网，两者相位差

$$\phi=\frac{N_{x1}\times180°}{10000}=\frac{1000\times180°}{10000}=18°$$

例如，CPU 从鉴相计数器 8253 读取前半个周期内的计数值 $N_{x1}=0$，$N_{x2}=400$，表示机组相位滞后电网，两者相位差

$$\phi=\frac{N_{x2}\times180°}{10000}=\frac{400\times180°}{10000}=7.2°$$

当数字鉴相器读取的 $N_x=1$ 时，能检测到的最小相位差

$$\phi = \frac{N_x \times 180°}{10000} = \frac{1 \times 180°}{10000} = 0.018°$$

有了数字鉴相，微机调速器在机组并网前能自动跟踪电网相位。

2. 中央处理器 CPU 的输入和输出接口

输入和输出接口是中央处理器 CPU 与外部的信息交换的窗口，按信息传递的方向分输入信号和输出信号，按信息存在的状态分开关量信号和模拟量信号。

（1）信号的输入。从二次操作回路输入给 CPU 的开关量输入信号有开关量位置信号、信号继电器的开关量接点动作信号和操作指令信号等。例如，断路器在断开或合闸的位置信号、风闸在投入或退出位置信号、温度信号器的动作接点信号、电压继电器的动作接点信号、运行人员手动给出的操作指令信号等。这些开关量输入信号的采集所处的现场环境较差，机械振动较强，为了防止开关量输入信号抖动造成的干扰，在开关量输入信号送入 CPU 之前必须先进行光电隔离。图 4-46 所示为开关量输入光电耦合原理图，当在现场的开关量输入接点 S 在闭合位置时，光电耦合器中的发光二极管有电流通过，发光二极管将开关量闭合信号转换成光信号，光敏三极管饱和导通，集电极为低电平，经非门电路转换成高电平"1"；当在现场的开关量接点 S 在断开位置时，发光二极管不发光，光敏三极管截止，集电极为高电平，经非门电路转换成低电平"0"，从而将现场接点"闭合"和"断开"的开关量输入信号转换成 CPU 能读懂的"1"和"0"逻辑信号。然后经输入缓冲器、总线（STD Bus）与 CPU 交换信息。

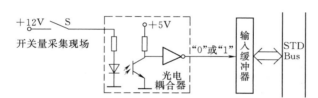

图 4-46　开关量输入光电耦合原理图

对反映被控对象状态的压力、温度、流量、转速、导叶开度、水头等非电模拟量和电压、电流、功率等电模拟量，用传感器或变送器一律转换成 $0 \sim 5V$ 或 $4 \sim 20mA$ 的标准电模拟量信号，再由模/数（A/D）转换器转换成数字量信号，然后经输入缓冲器、总线（STD Bus）与 CPU 交换信息，见图 4-47。

（2）信号的输出。从 CPU 输出的信号分开关量信号和数字量信号两类。操作控制断路器跳闸或合闸的信号、操作主阀打开或关闭的信号等，都属于开关量输出信号，所有的开关量输出信号都由 CPU 经总线（STD Bus）、输出锁存器以高电平"1"和低电平"0"两种逻辑信号输出，见图 4-48，再由输出三极管 VT 和中间继电器 K 转换成中间继电器的辅助接点 S 的闭合和断开。接点 S 在被控对象的控制回路中，从而使微机系统的弱电与被控对象的强电进行电气隔离，保证微机调节器的安全。

由 CPU 经总线（STD Bus）、输出锁存器输出供调节控制用的数字量信号（例如调节导叶开度的调节控制信号）一律由数/模（D/A）转换器转换成 $0 \sim 10V$ 的标准电模拟信号，见图 4-47。

3. 主从机故障检测硬件电路原理和切换板

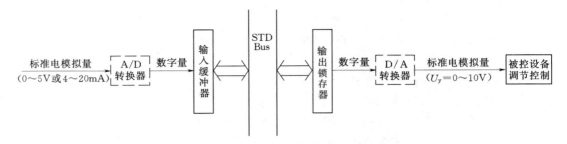

图 4-47　A/D、D/A 转换板原理框图

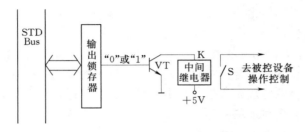

图 4-48　开关量输出原理图

主从机各自有一套独立的故障检测及切换板电路,每一套电路由单稳态触发器 a 和 b、非门 G、三极管 VT 和继电器 K 组成,见图 4-49。单稳态触发器 a 和 b 对输入触发脉冲的正跳变作用有效（⎍）。

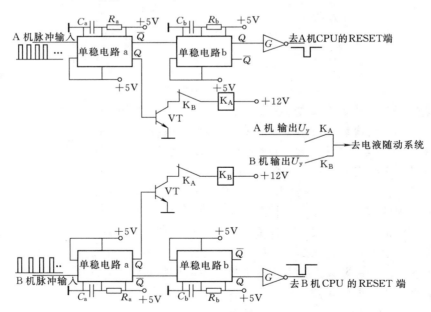

图 4-49　故障检测及主从机切换原理图

单稳电路 a 的输出 $\overline{Q}$ 稳态为高电平,暂态为低电平,单稳电路 b 的输出 Q 稳态为低电平,暂态为高电平。每输入给单稳电路 a 一个脉冲,见图 4-50（a）,脉冲上升前沿的正

跳变作用单稳电路 a 的输出 $\overline{Q}$ 从稳态高电平翻转成暂态为低电平，经延时时间 τ（τ 由外接元件 C_a、R_a 整定）后自动翻回到稳态高电平，见图 4-50（b）；在单稳电路 a 的输出 $\overline{Q}$ 从暂态低电平翻回到稳态高电平瞬间，$\overline{Q}$ 上升前沿的正跳变作用单稳电路 b 的输出 Q 从稳态低电平翻转成暂态为高电平，经延时时间 τ'（τ' 由外接元件 C_b、R_b 整定）后自动翻回到稳态低电平，见图 4-50（c）。

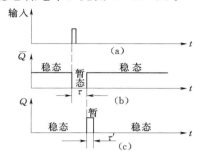

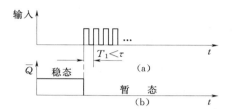

图 4-50　输入单脉冲时单稳
电路 a、b 的翻转
（a）单稳电路 a 的输入；（b）单稳电路 a
的输出；（c）单稳电路 b 的输出

图 4-51　输入串脉冲时
单稳电路 a 的输出
（a）CPU 发送的脉冲；
（b）单稳电路 a 的输出

采用双机冗余的微机调节器，如果 CPU 工作正常，CPU 会不停地向单稳电路 a 发送周期为 T_1 的脉冲，因为 $T_1 < \tau$，见图 4-51（a），所以单稳电路 a 的输出 $\overline{Q}$ 来不及翻回到稳态高电平而总是处于暂态低电平，见图 4-51（b），则单稳电路 b 的输出 Q 始终处于稳态低电平，非门 G 输出始终为高电平。

一旦检测到错误或程序发生混乱，则 CPU 停止向单稳电路 a 发送脉冲。单稳电路 a 的输出 $\overline{Q}$ 经延时时间 τ 后翻回到稳态高电平，此时 $\overline{Q}$ 上升前沿的正跳变触发单稳电路 b，使单稳电路 b 的输出 Q 翻转为暂态高电平，经延时时间 τ' 后恢复为稳态低电平。单稳电路 b 的输出端 Q 两次翻转产生的正脉冲经与非门 G 反相后，成为负脉冲，送至 CPU 的 RESET 端子，给 CPU 一个复位脉冲，重新启动、执行程序。与此同时，单稳电路 a 的输出 Q 也发生翻转，从而驱动切换板中的三极管 VT 和继电器 K，进行主从机的切换。例如，当 B 机作为主机发生不正常，A 机作为从机正常时，B 机的单稳电路 a 输出 Q 从暂态高电平翻转成稳态低电平，B 机的三极管 VT 从导通转为截止。由于 A 机的单稳电路 a 输出 Q 始终为暂态高电平，A 机的三极管 VT 的基极回路始终处于导通状态，所以 B 机继电器 K_B 一失电，K_B 在 A 机三极管集电极回路中的常闭接点闭合，A 机三极管集电极回路导通，A 机继电器 K_A 立刻动作。K_A 的常开接点闭合，将 A 机微机调节器 CPU 经 A/D 的输出 U_y 送至电液随动系统，A 机由从机转为主机；K_B 的常开接点断开，将 B 机微机调节器 CPU 经 A/D 的输出与电液随动系统的连接断开，B 机由主机转为从机并语音报警。当 A 机作为主机不正常，B 机作为从机正常时，情况与上面相似。由于从机始终处于热备用工作状态，所以这种主从机的切换不会引起对机组运行的扰动，称无扰动切换。

A 机作为主机正常，B 机作为从机也正常时，A 和 B 两机的单稳电路 a 输出 Q 都为暂态高电平，但 A 机作为正在工作的主机，A 机继电器 K_A 处于通电状态，K_A 在 B 机三极管集电极回路中的常闭接点断开，所以 B 机继电器 K_B 不会动作，从而保证了 A 机作为主机工作，B 机作为从机热备用。同样，当 B 机作为主机正常，A 机作为从机也正常时，情况与上面相似。两只继电器 K_A 和 K_B 分别在对方三极管集电极回路中的常闭接点起电气闭锁作用，保证始终只有一路微机调节器在工作。

如果主从机均发生故障，A 和 B 两机的单稳电路 a 输出 Q 都从暂态高电平翻转为稳态低电平，两只三极管同时截止，两只继电器 K_A 和 K_B 同时失磁，则两机同时退出运行，微机调速器自动转为油压手动操作并语音报警。

如果两机均正常，调速器通电瞬间，两机竞争上岗，反应稍快的作为主机，反映稍慢的自动转为从机。

4. 终端显示

（1）键盘和数码管显示终端。早期的微机调速器显示采用键盘和数码管显示，由通用的智能式可编程键盘/显示接口芯片 8279 进行管理，见图 4-52，实现人机对话、参数修改和机组状态显示。8279 的数据和控制总线同时引至 A 机和 B 机，双机共享显示器，由主机通过切换板进行切换控制。键盘显示采用 6 支数码管和 6 个工况指示发光二极管，见图 4-53，左边两只数码管显示的 00～14 共 15 个序号，分别表示右边四个数码数字所代表的意思，例如

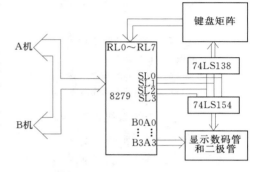

图 4-52　键盘和数码管显示原理框图

序号	右边参数数字所代表的意思
00	机组频率（Hz）
01	电网频率（Hz）

键盘上有 28 个键。操作相应的功能键，可对调速器进行操作。例如，通过操作参数键可显示微机调节器 PID 参数整定值（K_P、K_I、K_D）、永态转差系数 b_p、人工失灵区 E_f 整定值等。通过操作功能键、参数键及数字键，然后再操作有效键可对功率给定值、频率给定值、调速器参数等进行修改。

（2）可编程智能触摸屏终端。现在最流行的终端显示是采用可编程智能终端（NT600S），可编程智能终端是一个拥有触摸键的触摸显示屏，在微机调速器中作为操作显示平台，替代以往调速器上的所有仪表、指示灯、操作按钮等，人机界面友好，易于操作。

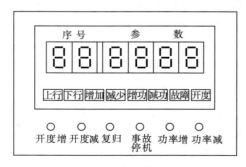

图 4-53　数码管显示屏

图 4-54　操作主菜单

96

图4-54是显示屏显示的操作主菜单，屏幕显示了5个选项的触摸方块，任意按下其中一个触摸方块，屏幕就切换到对应的下级菜单。

例如，用手触摸主菜单上的"机旁操作"方块，屏幕就切换到图4-55所示图像，"停机等待"、"开机"、"空载"、"负载"、"调相"和"停机"五个方框中，用绿色表示当前工况，还显示频率给定、机组频率、电气开度限制、功率给定、导叶

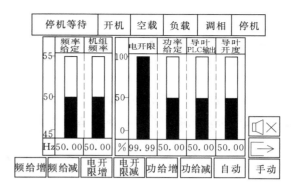

图4-55 机旁操作菜单

PLC输出和导叶开度6个参数，并有"频率给定增"、"频率给定减"、"电气开度限制增"、"电气开度限制减"、"功率给定增"、"功率给定减"、"自动"、"手动"6个选项的触摸方块，可以在机旁方便地对机组进行操作。用手触摸屏幕右下方的" "方块，返回主菜单。

5．常用的软件配置

（1）基本软件配置有：①实时变结构、变参数适应式调节程序；②实时诊断程序；③监控程序。

（2）功能增强型软件配置有：①上位机功率控制软件；②按水位优化参数软件；③按水头选择启动开度、空载开度和不良工况限制区软件；④按水头控制调节软件。

6．调试和维护诊断的硬、软件配置

（1）硬件配置有：①显示终端计算机；②MX-80打印机；③专用EPROM写入器。

（2）软件配置有：①智能化调试软件包；②维护诊断软件包。

三、微机调速器的基本功能

（1）频率测量与调节功能。微机调速器可测量机组和电网的频率，并实现机组频率的自动调节和控制。

（2）频率跟踪功能。当频率跟踪功能投入时，微机调速器能自动调整机组频率跟踪电网频率的变化，能实现快速自动准同期并网。

（3）自动调整与分配负荷的功能。机组并入电网后，微机调速器将按整定的永态转差系数 b_p 值自动调整机组的出力，并分配机组间的负荷。

（4）负荷调整功能。接受上位机的控制指令，调整机组出力。

（5）开停机操作功能。接受上位机控制指令，实现机组的自动开停机操作。

（6）紧急停机功能。遇到电气和水机故障时，上位机发出紧急停机指令，实现紧急停机。

（7）主要技术参数的采集和显示功能。自动采集机组和调速器的主要技术参数，如机组频率、电网频率、导叶开度、微机调速器的调节参数，并有实时显示功能。

（8）手动操作功能。当电气部分故障时，微机调速器仍具有手动操作功能，一般微机调速器都设有油压手动操作机构。

（9）自动运行工况到手动运行工况的无条件和无扰动切换功能。微机调速器一般均设

97

有在线故障自诊断功能。调速器自动运行时，当系统级的故障被检测出来以后，能及时将调速器由自动工况切换到手动工况运行。这种切换应是无条件的切换，切换过程中不应对负荷产生冲击和摆动，这一功能对具有在线诊断功能的调速器特别重要。同样手动工况也能无条件和无扰动地切换到自动。

四、微机调速器的特殊功能

这些特殊功能在机械液压调速器和电气液压调速器中是无法实现的。

1. 在线故障诊断及处理功能

（1）机组频率信号和电网频率信号消失故障在线诊断及处理功能。

（2）导叶和轮叶位置反馈信号消失在线诊断及处理功能。

（3）水头信号消失在线诊断及处理功能。

（4）微机功能模块故障检测功能（包括主机模块、D/A 和 A/D 模块、CPU）。

诊断出上述一些故障以后，设置在微机调速器中相应的部件和软件会作出处理措施。对双微机来说，一般是将主机切换到从机，没有从机时则采取将机组负荷固定或切换到油压手动，以避免事故进一步扩大。

2. 离线诊断功能

采用工业化生产的工业控制机的微机调速器，生产厂家已经设计了功能模块的诊断程序，以供生产时检验和维护修理时使用。

3. 容错控制功能

微机调速器的容错设计主要采用了冗余技术，它包括静态冗余、动态冗余和混合冗余三种结构。

（1）静态冗余中应用最广泛的是三模冗余表决结构，即用三个相同功能的模块执行同一处理任务，在输出点进行表决。其特点是不依赖于故障诊断，不用切换电路，也没有延时，但要设一个"硬核电路"承担表决功能。

（2）动态冗余是在故障诊断的基础上进行的。一旦检测出故障，故障模块立即被切除，并用备用模块进行结构重组和系统恢复，从而达到消除故障确保系统能继续运行的目的，大大提高了故障间隔时间的指标。双微机调速器主要采用动态冗余技术，如果采用可修复的双模冗余系统，则微机调速器的可靠性更高。所谓的可修复双模冗余系统是指在运行时，可对被切除的计算机进行维护和检修。

（3）混合冗余结构是前两种冗余技术的综合，技术上比较复杂，应用较少。

4. 计算机辅助试验功能（CAT）

微机调速器在调试和试验时，试验信号的发送、试验数据的记录、试验曲线的绘制、数据的处理、试验结果的分析均用计算机来实现，这种功能为计算机辅助试验功能。一般有两种形式：

（1）计算机辅助试验的功能由微机调速器中的微机及其专门软件实现。例如，ST—721A 型微机调速器中设置了辅助试验的软件。

（2）计算机辅助试验的功能由另外一台微机及相应软件实现，即与微机调速器配套独立的 CAT 装置，该装置通过 RS232 串行通信口与微机调速器交换信息，实现辅助试验功能。这种 CAT 装置只能与相应的微机调速器配套使用，是该型号微机调速器的附属部件或专用仪器，没有通用性。例如，WDT系列双微机调速器就配置了这种专用的CAT装置。

5. 事故记录功能

微机调速器在运行中，不断记录和刷新水轮机调速系统的数据。当机组因事故而甩负荷或停机时，微机系统可以追忆事故前一段时间内的有关数据，供用户作事故分析。

6. 与上位计算机通信功能

微机调速器能方便地通过串行口与上位控制机实现通信、交换数据和信息，接受上位机的控制指令和对调速器某些参数进行调整。也可以根据上位机的召唤向上位机发送数据和信息。

五、微机调速器的系统结构

根据将微机调节器输出的电压调节信号 U_y 转换成机械位移调节信号或油压调节信号的方式不同，目前我国生产的微机调速器的系统结构可分为三大类。

1. 采用电液伺服阀的系统结构

电液伺服阀又称电液转换器，有两种形式，一种是将电流调节信号 ΔI 转换成机械位移调节信号，另一种是将电流调节信号 ΔI 转换成油压调节信号。因此有两种系统结构。

（1）微机调节器加电液随动装置的系统结构。这类微机调速器由微机调节器和电液随动系统两大部分组成，见图4-56。电液伺服阀输出的是机械位移调节信号。

微机调节器完成对机组频率和电网频率的测量，对频率偏差进行 PID 运算，并进行信号综合、故障诊断参数测量和显示以及与上位机通信等任务。

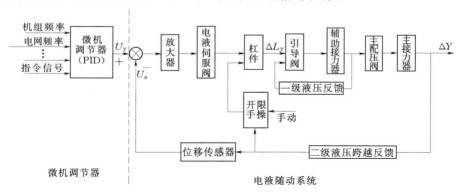

图4-56　微机调节器加电液随动系统的调速器原理框图

电液随动系统由放大电路、电液伺服阀和机械液压随动系统组成。从微机调节器 PID运算输出的数字量调节信号经 D/A 转换器转换成模拟电压调节信号 U_y 后，送入电液随动系统的放大电路进行电功率放大，输出为电流调节信号 ΔI，然后由电液伺服阀转换成机械位移调节信号 ΔL_y，最后由两级液压放大器对机械位移调节信号 ΔL_y 进行力和行程的放大。第一级液压放大由引导阀、辅助接力器和一级液压负反馈组成；第二级液压放大由主配压阀、主接力器和二级跨越负反馈（位移传感器）组成。

（2）微机调节器加电液伺服装置的系统结构。这类微机调速器由微机调节器、电液伺服装置和机械液压随动系统组成。电液伺服装置和机械液压随动系统组成电液随动系统，电液伺服阀输出的是油压调节信号。

电液伺服装置由放大电路、电液伺服阀和中间接力器组成。由于这里的电液伺服阀输出的是油压调节信号而不是机械位移，所以在电液伺服阀后面必须接中间接力器，见图4-57，以便将电液伺服阀输出的油压调节信号转换成机械位移调节信号 ΔL_y，同时还必须从中间接力器的输出端通过位移传感器向电液伺服装置的输入端送回反馈电压信号 U_a，保证中间接力器输出的机械位移调节信号 ΔL_y 与输入电液伺服装置的电压调节信号 U_y 有一一对应的关系。

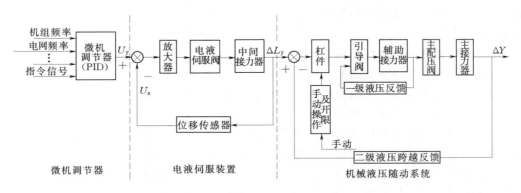

图 4-57　微机调节器加电液伺服装置的调速器原理框图

2. 采用伺服电机的系统结构

这类微机调速器由微机调节器、电气伺服装置和机械液压随动系统组成，见图4-58。电气伺服装置和机械液压随动系统组成电液随动系统。

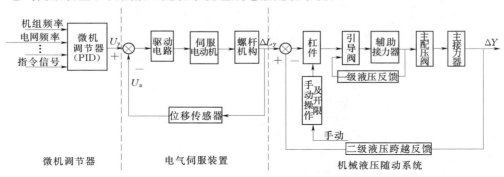

图 4-58　微机调节器加电气伺服装置的调速器原理框图

电液伺服阀输出信号对输入信号的响应灵敏度相当高，但是对油质的要求也相当高，当油中稍有杂质，电液伺服阀内部液压元件会发生卡涩使输出信号变的不稳定。在电站实际运行中，电液伺服阀是故障儿率比较高的部件。为此，提出采用灵敏度相对较差但稳定性较好的伺服电机取代电液伺服阀。

电气伺服装置由驱动电路、伺服电机和螺杆机构组成。微机调节器输出的数字量调节信号经 D/A 转换器转换成模拟电压调节信号 U_y，驱动电路根据模拟电压调节信号 U_y 产生驱动伺服电机转角位移的电流信号，伺服电机将代表调节的驱动电流信号转换成伺服电机轴的转角位移信号，而螺杆机构再将电机轴的转角位移信号装换成直线位移信号 ΔL_y。位移传感器将电气伺服装置输出的机械位移信号以负反馈电压 U_a 的形式送回到电气伺服装置的输入端，从而保证了电气伺服装置输出机械位移信号 ΔL_y 与输入电压信号 U_y 有一一对应的关系。常用的伺服电机为步进电机。

由于螺杆机构和伺服电机的轴承工作时都有机械摩擦阻力，因此伺服电机对信号转换的灵敏度要比电液伺服阀差。但是伺服电机具有可靠性高、没有油污、结构简单、维护使用方便等优点，主要应用在中小型微机调速器中。

3. 采用标准液压元件的系统结构

在将电调节信号转换成机械位移调节信号或油压调节信号的信号转换方法上，除了电液伺服阀和伺服电机以外，20 世纪 90 年代后期又出现了采用标准液压元件的方法。由于标准液压元件油路切换的驱动力大，油路通径大，因此对油质的要求较低。标准液压元件静态无油耗，输出的油压信号直接作用接力器，取消了传统液压放大中的配压阀和杠杆，使调速器的机械液压部分大大简化。液压部分全部采用标准化液压元件和插装阀组，取消了元件之间的连接油管，使得液压部分结构紧凑，集成化程度高，安装、调试和维护方便简单。在液压放大的理念上，完全突破了传统液压放大的配压阀、接力器、反馈杠杆三元件的思路，对调速器传统液压系统进行了重大变革，是近几年最流行的产品。由于只进行了一级放大，液压输出功率不是很大，所以还无法完全取代电液伺服阀的系统结构，现在已被广泛应用在中小型微机调速器中。

将电调节信号转换成油压调节信号的标准化液压元件有比例阀和数字阀两种。

（1）微机调节器加比例阀和插装阀组的系统结构。微机调节器加比例阀和插装阀组的调速器原理框图，见图 4-59。电液比例阀是一只双线圈三位四通阀，输出信号的油管有两根。

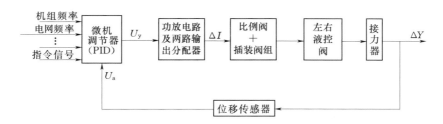

图 4-59　微机调节器加比例阀和插装阀组的调速器原理框图

当左右线圈同时不通电时，活塞在弹簧作用下位于中间位置，比例阀输出的两根信号油管同时既不接压力油也不接排油，左右液控阀同时关闭，接力器在原来位置稳定不动；当左线圈输入电流调节信号 ΔI 时，活塞在左比例电磁铁的作用下向左移动，比例阀左信号油管输出压力油、右信号油管输出排油，左右液控阀同时打开，接力器关闭腔接压力油，开启腔接排油，接力器向关闭侧运动；当右线圈输入电流调节 ΔI 信号时，活塞在右比例电磁铁的作用下向右移动，比例阀右信号油管输出压力油、左信号油管输出排油。左右液控阀同时打开，接力器开启腔接压力油，关闭腔接排油，接力器向开启侧运动。

比例阀输出信号油流量的多少与输入电流调节信号 ΔI 的大小和信号作用的时间成正比。

（2）微机调节器加数字阀和插装阀组的系统结构。微机调节器加数字阀和插装阀组的调速器原理框图，见图 4-60。电液数字阀是一只单线圈二位三通阀，输出信号的油管只有一根。工作时线圈通脉宽可调、幅度和频率一定的脉冲电流 ΔI，脉冲电流的"有"、"无"像数字信号的"1"、"0"，数字阀的名称由此而得。工作时阀芯处于某一频率的通断状态，所以数字阀又称快速开关阀。球形阀座使得油路切换无搭迭量，切换时间短，频率响应高，所以数字阀又称电磁球阀。

采用关侧数字阀和开侧数字阀分别控制主接力器关闭腔和开启腔。当两只数字阀同时不通脉冲电流 ΔI 时，两只数字阀的信号油管同时接排油，左右液控阀同时关闭，接力器在原来位置稳定不动；当关侧数字阀通脉冲电流时，关侧数字阀信号油管输出脉冲压力油，左右液控逆止阀同时打开，接力器向关闭侧运动，回油经开侧数字阀流回到回油箱；当开侧数字阀通脉冲电流 ΔI 时，开侧数字阀信号油管输出脉冲压力油，左右液控阀同时打开，接力器向开启侧运动，回油经关侧数字阀流回到回油箱。

数字阀输出信号油流量的多少与输入脉冲电流调节信号的脉宽和信号作用的时间成正比。

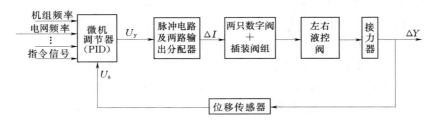

图 4-60　微机调节器加数字阀和插装阀组的调速器原理框图

第五章　水轮发电机组运行

　　机组的安全稳定运行是水电厂产生经济效益的根本保证，水电厂机电设备的安全稳定运行是靠各项运行规程来保证的，运行规程是人们对长期水电生产实践中的教训、经验，总结提高上升为理论，因此水电厂机电设备的运行应严格遵循各项运行规程和规章制度。

　　水电厂计算机监控给机组安全、稳定、经济运行提供了强有力的物质基础，由于水电厂一般都位于远离城市的深山峻林之中，交通不便，生活枯燥。因此在水电厂更有必要实现计算机监控。现代水电厂已经能够实现"无人值班，少人值守"，大中型水电厂已开始实现将水电厂中央控制室移到远离水电厂几十公里以外的城市中心，进行远控操作；微型水电厂已能实现无人电厂，进行遥控操作。

第一节　水轮发电机组的操作步骤

　　无论什么型号的水轮机，无论采用什么形式的调速器，无论采用常规控制还是计算机控制，机组的操作步骤应该是相同的。了解机组的操作步骤，对理解运行规程中的各项要求和编制自动控制流程是有帮助的。由于实际中每个水电厂的主机和辅助设备都有各自的特点，因此，机组实际的各项运行操作都有专门的运行规程和严格的规章制度。

　　一、机组正常开机操作步骤

　　(1) 如果主阀处于关闭状态，则首先应打开旁通阀向蜗壳充水，当主阀两侧压力相近时，开启主阀。

　　(2) 检查风闸是否在退出位置。

　　(3) 检查气压是否正常（以防开机不成功，可以立即转为停机操作）。

　　(4) 投入机组技术供水。

　　(5) 检查调速器压力油的压力是否正常并打开调速器压力油箱的总油阀。

　　(6) 拔出接力器锁锭。

　　(7) 手动或自动将导叶打开到空载开度稍大一点的开度，机组升速。

　　(8) 转速上升到95％额定转速时灭磁开关合闸，发电机励磁升压。

　　(9) 手动或自动调机组频率与网频一致及调发电机电压与网压一致。

　　(10) 手动准同期或自动准同期合断路器，将机组并入电网。

　　(11) 手动或自动将开度限制调到所要限制的开度。

　　(12) 手动或自动开导叶带上有功功率及升励磁带上无功功率。

　　(13) 全面检查机组及辅助设备的运行情况。

　　二、机组正常停机操作步骤

　　(1) 检查气压是否正常。

　　(2) 手动或自动关导叶将有功功率卸到零及减励磁将无功功率卸到零。

（3）手动或自动跳断路器将机组退出电网。

（4）灭磁开关跳闸，发电机降压到零。

（5）手动或自动将导叶从空载开度关到零。

（6）当转速下降到额定转速的 30％左右时，手动或自动投入风闸制动刹车。

（7）落下接力器锁锭。

（8）关闭调速器压力油箱的总油阀。

（9）关闭机组技术供水。

（10）检查风闸是否在退出位置。

（11）需较长时间停机时，应关闭主阀。

（12）全面检查机组及辅助设备。

三、机组事故停机操作步骤

（1）作为事故停机处理的三个条件为：

1）机组各轴承的温度只要有一只超过 70℃。

2）电气保护继电器动作。

3）发电机励磁消失。

（2）事故停机操作流程为：

1）事故停机继电器动作。

2）发电机断路器甩负荷跳闸，机组退出电网。

3）灭磁开关跳闸，发电机降压到零。

4）调速器作用导叶紧急关闭到空载开度。

5）等候运行人员的命令，重新并网运行或停机检查事故原因。

四、机组紧急停机操作步骤

（1）紧急停机处理的四个条件为：

1）机组过速达 140％，转速信号器动作。

2）在事故停机过程中，导叶剪断销剪断。

3）调速器油压消失或导叶拒动。

4）运行人员发布的认为必须作紧急停机处理的命令。

（2）紧急停机操作流程为：

1）紧急停机继电器动作。

2）发电机的断路器甩负荷跳闸，机组退出电网。

3）灭磁开关跳闸，发电机降压到零。

4）调速器作用导叶紧急关闭到全关位置（导叶拒动时此项无效）。

5）主阀动水条件下紧急关闭。

6）当转速下降到额定转速 30％左右时，手动或自动投入风闸制动刹车。

第二节　水电厂计算机监控

水电厂计算机监控包括两大功能：对机电设备的监测功能和对机电设备的控制功能。

只有保证实时准确的监测，才可能有可靠全面的控制。

一、计算机监测功能

机电设备的计算机监测就是将机组的运行状态实时准确地反映出来，得出运行正常、出现故障或事故征兆的信息，为控制功能提供实时准确的控制条件。监测的项目包括模拟量监测和开关量监测两大类。

模拟量监测又有电模拟量监测和非电模拟量监测两种。电模拟量监测有电气设备各部的电流、电压、有功功率、无功功率、电能、功率因数、频率、励磁电压、励磁电流等，所有电模拟量信号经过各种变送器转换成 0～5V 或 4～20mA 的标准电模拟量。非电模拟量监测有温度类：机组设备的轴承瓦温和油温、发电机定子铁芯和线圈温度、空气冷却器进出口空气温度、主变压器油温等；油位类：机组轴承油位、压力油箱油位、回油箱油位、漏油箱油位等；压力类：冷却水进口压力、主轴和蝶阀橡胶空气围带密封供气压力、主阀前后水压力、蜗壳进口水压力、尾水管真空压力、压力油箱压力、储气罐压力、制动气压力、消防水压力等。所有的非电模拟量经过各种传感器和变送器转换成 0～5V 或 4～20mA 的标准电模拟量。

开关量监测有各断路器和隔离开关的位置接点、各操作器位置接点（例如排水泵在自动还是手动位置、空压机在自动还是手动位置）、各保护装置的动作接点，各电磁阀、闸阀和液压阀的位置接点，风闸、导叶的位置接点，压力信号器、浮子信号器、温度信号器、示流信号器、剪断销信号器中的信号接点等。

所有的标准电模拟量信号作为 CPU 的模拟量输入时，都必须经 A/D 转换器转换成数字量信号；所有的开关量信号作为 CPU 的开关量输入时，都必须经过光电耦合器进行防抖动处理，转换成 "1" 或 "0" 两种逻辑信号。

监控系统对采集到的被控对象的状态信息进行分析、比较、判断，提供出异常报警信息、操作控制信息和记录、报表。

二、计算机控制功能

计算机控制按控制功能分基本控制功能和高级控制功能两个级别；按控制方式分操作控制、调节控制和最优控制三种方式。操作控制是最简单的控制，是一种开关式控制，对应的 CPU 输出称开关量输出；调节控制要求在外界干扰作用下保持被调参数不变或在规定的范围内变，调节控制的动态过程有严格的规定，因此是难度最大的一种控制；最优控制则是在人为设定的 "最优" 定义后进行的控制，不同的时期，不同的场合有不同的 "最优" 定义，因此其难易程度介于上两者之间。

水电厂计算机控制大多数是一种逻辑顺序的操作控制，计算机控制的最主要任务是对机组运行进行操作控制和调节控制，其次才是实现最优控制。虽然位于上位机下面一层的微机调速器和微机励磁调节器也可受上位机控制，但是微机调速器进行的主要是对发电机频率的调节控制，微机励磁调节器进行的主要是对发电机电压的调节控制。调节控制存在调节规律、动态特性、过渡过程等较高技术要求，而计算机的操作控制只要求判断正确，操作无误即可，因此，从技术上讲，水电厂计算机控制系统的上位机的工作比微机调速器和微机励磁调节器更容易实现。

基本控制功能的主要任务是进行操作控制，按运行人员的输入或上级调度发来的命令，根据信息采集后经分析、比较、判断得到的操作控制信息，作为 CPU 的开关量输出，发出机组工况转换命令并完成工况的自动转换，即时进行断路器的断、合，主阀的开、闭，技术供水阀的开、闭，集水井排水泵的启动、停止，空压机的启动、停止等操作。这些操作是在程序预先设定的操作流程的控制下自动进行。CPU 所有开关量输出的高电平"1"和低电平"0"通过相应的输出三极管和中间继电器去操作和控制被控对象。通过方便的人机联系，用增、减命令或改变给定值的方式，经微机调速器调节机组出力。能够自动根据值班人员的命令，通过屏幕显示器实时显示全厂机电设备的运行状态、操作流程、事故和故障报警及有关参数和画面。能够自动或按运行人员要求显示并打印统计报表和生产报表。

高级控制功能的主要任务是进行最优控制。根据负荷曲线或预设的调节准则或上级调度实时发来的有功功率给定值，以节水多发为目标，考虑最低旋转备用，躲开汽蚀振动区域等条件的约束，确定最优开机、停机机组组合及最优负荷分配，即通过微机调速器实现自动发电控制（AGC）。能够根据预定的全厂无功功率或本厂高压母线的电压给定值，进行每台机组无功功率的自动分配，即通过励磁调节器实现自动电压控制（AVC）。此外，还具有与上级调度自动化系统间的远动功能，与管理有关的（如 Mis 网）统计数据传递，并具有故障自诊断和恢复功能。

三、水电厂计算机监控系统的结构

应用在水电厂的计算机监控系统的结构形式有多种，中小型水电厂应用最多的是分布式结构。分布式结构按所实现的功能和任务不同可划分为主控级（主站）和现地控制单元级（LCU），主站与现地单元控制级通过网络协议交换数据，完成监控功能。主站完成高

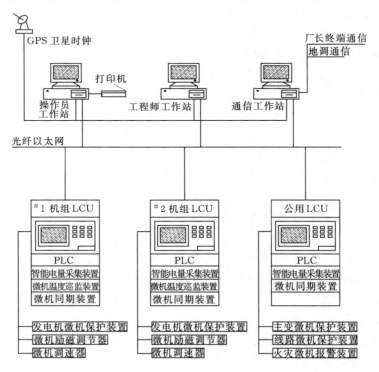

图 5-1　中小型水电厂常见的计算机监控系统结构图

级功能，例如自动发电控制（AGC）、自动电压控制（AVC）、实时和历史数据库管理、智能分析及安全生产事务管理，自动协调各现地控制单元的实时运行。主站旁边的以太网上都挂有作为人机接口的运行操作人员工作站、编程调试人员用的工程师工作站和通信用的通信工作站。

图 5-1 为某装机 2×5000kW 立式混流式机组水电厂的计算机监控系统结构图。现地控制单元级有#1 机 LCU、#2 机 LCU 和公用 LCU 三个。主站有一个作为人机接口的操作人员工作站、一个编程调试人员用的工程师工作站和一个与电网调度和厂长室终端通信用的通信工作站。#1 机 LCU 和#2 机 LCU 分别有 6 个模拟量输入信号、109 个开关量输入信号和 44 个开关量输出信号，公用 LCU 有 16 个模拟量输入信号、152 个开关量输入信号和 42 个开关量输出信号。主站与现地单元控制级之间通过光纤以太网连接交换数据，每一个 LCU 下面又挂了不同的微机调节或控制装置。GPS 全球卫星定位系统的时钟作为计算机监控系统的标准时钟。

第三节　计算机监控机组的操作流程

机组的所有操作控制都是受该机组 LCU 中的可编程控制器（PLC）控制的，包括该机组的发电机微机保护装置、微机励磁调节器和微机调速器三个独立的微机控制装置。从该机组采集到的所有模拟量信号、开关量信号全送入该机组的 LCU，从该机组 LCU 发出的所有开关量输出信号只操作控制本机组。水电厂油气水系统、厂用电系统、主变和线路等公用部分，受公用 LCU 中的可编程控制器（PLC）控制，从公用部分采集到的所有模拟量信号、开关量信号全送入公用 LCU，从公用 LCU 发出的所有开关量输出信号只操作控制公用部分。主站通过以太网在操作员工作站上可以直接进入各现地控制单元进行操作。图 5-1 所示的立式混流式机组水电厂，计算机监控系统的操作流程分六个方面。

一、机组正常开机操作流程

机组正常开机的操作流程见图 5-2。

从发布开机令到发电机并入电网（未带负荷），整个过程最长不超过 338s（5′38″），实际只需 2～3min。

二、机组正常停机操作流程

机组正常停机操作的流程见图 5-3。

从发布停机令到发电机停止转动，整个过程最长不超过 867s（14′45″），实际只需 4～5min。

三、机组事故停机操作流程

操作控制信号来自本机组的 LCU。事故停机应该是无条件停机，所以不存在"Yes"、"No"的逻辑判断。具体操作流程见图 5-4。

四、机组紧急停机操作流程

操作控制信号来自本机组的 LCU。紧急停机应该是无条件停机，所以不存在"Yes"、"No"的逻辑判断。具体操作流程见图 5-5。

五、主阀开启操作流程

操作控制信号来自本机组的 LCU，具体的操作流程见图 5-6。

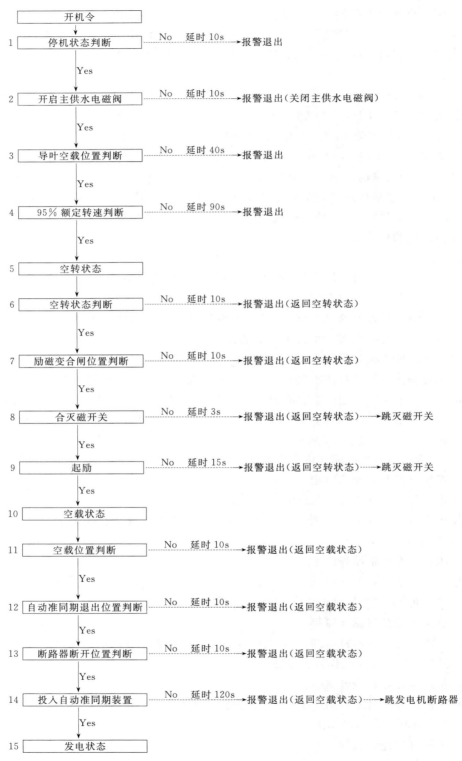

图 5 - 2 机组正常开机操作流程图

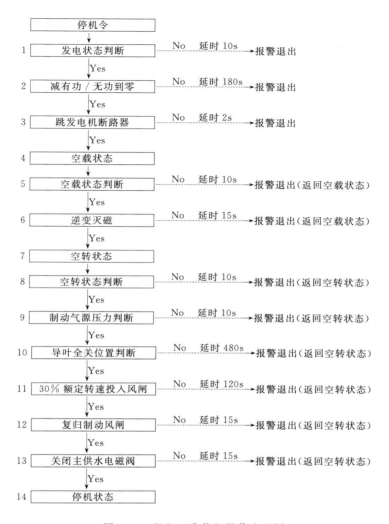

图 5 - 3 机组正常停机操作流程图

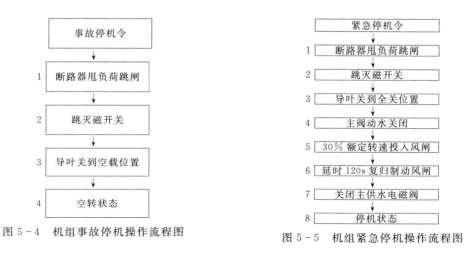

图 5 - 4 机组事故停机操作流程图

图 5 - 5 机组紧急停机操作流程图

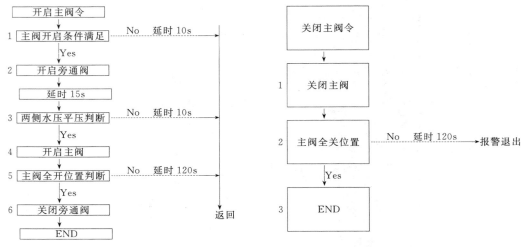

图 5-6　主阀开启操作流程图　　　　图 5-7　主阀正常关闭操作流程图

六、主阀正常关闭操作流程

操作控制信号来自本机组的 LCU，具体的操作流程见图 5-7。

在主阀正常开启或关闭的操作过程中有几点说明：

（1）如果活门圆周密封采用橡胶空气围带密封，开阀前还需进行围带放气操作，关阀后还需进行围带充气操作。

（2）好多水电厂的主阀液压操作系统在开阀结束后有一个关旁通阀的动作（第 6 步），此动作其实是多余的。如果机组发生飞逸事故，主阀在动水条件下紧急关闭，旁通阀不关闭可以减小压力钢管的最大水击压力。

（3）现在的主阀油压操作系统中，用来控制接力器的电磁阀一般采用三位四通阀，即有"开启"位、"关闭"位和"保持"位。正常运行时，主阀活门的锁锭不必落下。只有较长时间停机时才将活门锁住，因此中小型水电厂的主阀活门锁锭多采用手动投入或拔出。

第二篇　火电厂动力部分

火电厂是一种将燃料的化学能转换成电能的能量转换工厂，有三大主要设备：锅炉、汽轮机和发电机。锅炉将燃料的化学能转换成蒸汽的热能；汽轮机将蒸汽的热能转换成转子旋转的机械能；发电机将转子旋转的机械能转换成电能。本篇主要介绍锅炉、汽轮机设备怎样将燃料的化学能转换成汽轮机转子旋转的机械能。由于汽轮机的调节原理、方法与水轮机调节原理、方法相似，所以在此只作简要介绍。

近代火电厂还出现一种以燃烧天然气或液态油的燃气轮机，没有锅炉，不再以蒸汽作为工作介质，而是将空气进行压缩成高压空气，送到燃烧室中与天然气或液态油混合后燃烧，得到高温高压的气体，该气体直接送入燃气轮机中膨胀做功带动发电机发电，做功后的低温低压气体排入大气。本篇只介绍以蒸汽作为工作介质的火电厂动力部分。

第六章　火力发电的基本原理

燃料具有化学能，通过燃烧的形式能够将化学能转换成热能，热能根据热力学原理能够转换成机械能。热力学是研究热现象规律的学科。主要研究热能与机械能之间相互转换时的量与质的关系，着重研究热能转换成机械能的基本规律，寻求进行这种转换的最有利条件。火力发电的任务是以最合理的热力学过程，高效安全地将燃料的化学能转换成电能。由于受人们认知的限制，人类在将燃料化学能转换成电能的过程中，大部分的化学能在转换过程中被消耗散发掉了，因此期望能研究出一种全新概念的过程，能将燃料的大部分化学能转换成电能，这是火力发电研究中的一个重要课题。

第一节　热力学基本概念

一、热力学的常用术语

（1）工质。在热能转换和传递过程中携带热能的工作介质称工质。水或水蒸气是携带热能最理想的一种工质。

（2）状态。工质所存在的物理状态称工质的状态。

（3）过程。工质从一种平衡状态到达另一种新的平衡状态所经历的变化过程称热力过程。

（4）热力学系统。它是一个可识别的物质集团，与外界既有物质交换，也有能量交换的热力学系统称开口系。

（5）恒定流。空间某点的工质流动速度的大小和方向随时间保持不变的流动称恒定流。实际中的工质流动大部分是非恒定流，但是在一个较短的时段内可以近似认为是恒定流。

二、工质的状态参数

工质的状态可以用六个状态参数来描述，其中三个是基本状态参数：比容 v、温度 t（T）和压力 p；三个是导出状态参数：比内能 u、比焓 h 和比熵 s。基本状态参数能直接进行测量，导出状态参数需根据基本状态参数导出或进行专门的实验测得。在工程设计中，给出工质的温度 t（T）和压力 p，可根据状态参数表或曲线方便地查出比容 v、比焓 h 和比熵 s。

（1）比容 v。单位千克工质所占有的容积称比容，计算公式为

$$v = \frac{V}{m} \quad (\text{m}^3/\text{kg}) \tag{6-1}$$

式中　m——工质的质量，kg；

　　　V——工质的容积，m^3。

（2）温度 t（T）。表示物体冷热程度的参数，温度的高低与分子平均动能的大小有关。温度有两种计量方法，因此有两种温度单位：摄氏温度 t，单位为"℃"（度），以水的结冰点作为零点的温度计量制；热力学温度 T，单位为"K"（开尔文），以绝对零度作为零点的温度计量制。

热力学温度比摄氏温度大 273.15，即

$$T = t + 273.15 \quad (\text{K}) \tag{6-2}$$

例如水结冰时的摄氏温度 $t = 0℃$，热力学温度 $T = 273.15\text{K}$。工程中为计算方便，常取热力学温度比摄氏温度大 273。

（3）压力 p。固体产生的压力方向总是垂直向下，大小为固体的重量除以受压面积。由于气体具有总想膨胀占据尽可能大的空间的特性，因此气体产生的压力与固体不同，压力的方向为四面八方垂直作用容器的壁面，大小为气体分子对容器壁面频繁撞击的平均结果。在实际的工程中，一般气体重量产生的向下压力远远小于气体膨胀产生的压力，因此在密闭容器中，气体重量产生的向下压力常忽略不计，认为气体对容器壁面四面八方作用的压力大小处处相等。

由式（1-5）可知，绝对压力等于表压力加上当地的大气压力，当地的大气压力随海拔及气候的变化而变化，可用气压计测定。因此，在一定的绝对压力下，当地大气压力不同，表压力也不同，显然只有绝对压力才能真正反映工质的热力状态。所以热力学计算中所用的压力必须是绝对压力，若被测工质压力较高时，通常把当地大气压力近似取为 0.1MPa。

【例题 6-1】　锅炉蒸汽表压力读数 $p_e = 13.2\text{MPa}$，当地大气压力 $p_{amb} = 0.09\text{MPa}$，请计算锅炉中蒸汽的绝对压力 p_j。

解　据式（1-5）可得锅炉中蒸汽的绝对压力

$$p_j = p_e + p_{amb} = 13.2 + 0.09 = 13.29 \quad (\text{MPa})$$

（4）比内能 u。单位千克工质内部所具有的分子内动能（微观动能）与内位能（与分子之间

距离有关的微观位能)之和。单位:"kJ/kg"

(5) 比焓 h。单位千克工质的比内能与压力位能之和,即

$$h = u + pv \quad (\text{kJ/kg}) \tag{6-3}$$

(6) 比熵 s。当单位千克工质与外界发生微小的热交换 dq 时,热交换量 dq 与工质的绝对温度 T 的比值等于比熵的微增量 ds,即

$$ds = \frac{dq}{T} \quad [\text{kJ}/ \ (\text{kg} \cdot \text{T})] \tag{6-4}$$

比熵的概念非常抽象,但在热力学的热量计算中是非常有用的工具。

国际上规定以水的三相点(即 273.15K)作为基准点,其液相水的比内能和比熵值均为零,其他任何状态下的比内能和比熵值均是相对于基准点的数值而言。

三、工质的状态描述

在火电厂的动力设备中,工质的状态经历周而复始的变化,在热力学的分析时,需对工质状态进行描述。工质状态的描述有定量描述和定性描述两种。定量描述较多地用在需要进行热力学计算的场合,定性描述较多地用在对热力设备的热力过程进行分析的场合。

1. 定量描述

工质每一个状态都有六个状态参数,只要其中任何两个状态参数数值确定后,其他四个状态参数也为一定值。实际生产中比较容易得到的状态参数是工质的压力 p 和温度 t,所以根据工质的压力 p 和温度 t,在水蒸气性质表(见书后附表Ⅰ~Ⅲ)或水蒸气的焓熵图中能够方便地查出工质的比容 v、比焓 h 和比熵 s,而比内能 u 可通过计算得到($u = h - pv$)。

水蒸气的焓熵图就是根据水蒸气表中的数据绘制而成的平面曲线图。因为简单直观,数据查取方便,因此是热力学计算的重要工具。图 6-1 为水蒸气的焓熵简图(h—s 图),实际的焓熵图曲线要更多,焓熵图的纵坐标为比焓 h,横坐标为比熵 s,坐标平面上任何一个点表示工质的一个工况。坐标平面有

等压力线　$p = f \ (h, \ s)$

等温度线　$t = f \ (h, \ s)$

等干度线　$x = f \ (h, \ s)$

等比容线　$v = f \ (h, \ s)$

根据工质的比焓 h 和比熵 s,能方便地查出工质的压力 p、温度 t 和干度 x 等。也可以根据工质的压力 p、温度 t,查出该状态点工质的比焓 h 和比熵 s。

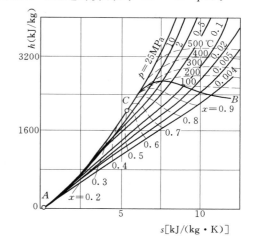

图 6-1　水蒸气的焓熵简图

2. 定性描述

以工质的任意两个状态参数作为平面坐标的纵坐标和横坐标,坐标平面上任何一个点表示工质的一个状态,两个点之间的连线表示工质状态变化的过程。坐标平面图能够比较形象地表示工质状态变化的过程。

(1) p—v 图(压容图)。设在一个没有机械摩擦阻力的活塞式汽缸中有 1kg 蒸汽,见

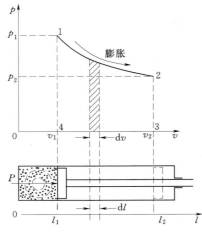

图 6-2 压容图

图 6-2，活塞行程在 l_1 处，工质的状态为 p_1 和 v_1，对应在 $p—v$ 图上为状态点 1，由外界给蒸汽加热 q，蒸汽膨胀做功使活塞移动到行程 l_2 处，工质的状态参数为 p_2 和 v_2，在 $p—v$ 图上为状态点 2。曲线 1—2 为蒸汽膨胀做功的过程曲线。

在面积为 A 的活塞上蒸汽作用的总压力为

$$P = pA \tag{6-5}$$

活塞移动距离为 dl 时，蒸汽所做的微功为

$$dw = Pdl = pAdl \tag{6-6}$$

则活塞从 l_1 走到 l_2 蒸汽所做的总功

$$w = \int dw = \int_{l_1}^{l_2} pAdl \tag{6-7}$$

因为活塞移动 dl 时，蒸汽的比容变化 $dv = Adl$，所以

$$w = \int_{v_1}^{v_2} pdv = S_{12341} \tag{6-8}$$

式中 S_{12341}——压容图中过程曲线 1—2 与 v 轴所围成的面积。

面积 S_{12341} 定性地表示单位千克工质膨胀过程中所做的功，因此 $p—v$ 图又称为示功图。如果工质的状态是从点 2 变化到点 1，表示工质在外力作用下被压缩，工质做负功。

（2）$T—s$ 图（温熵图）。工质在点 1 时的状态参数为 T_1 和 s_1，经过吸热过程变为状态点 2，状态参数为 T_2 和 s_2，见图 6-3。根据比熵的定义公式可得工质比熵变化 ds 时，工质的微小吸热量为

$$dq = Tds \tag{6-9}$$

则工质在比熵从 s_1 变化到 s_2 整个吸热过程中的总的吸热量为

$$q = \int dq = \int_{s_1}^{s_2} Tds = S_{12341} \tag{6-10}$$

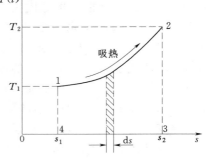

图 6-3 温熵图

S_{12341} 即过程曲线 1—2 与 s 轴所围成的面积定性地表示单位千克工质吸热过程中的吸热量，因此 $T—s$ 图又称为示热图。如果工质的状态是从点 2 变化到点 1，表示工质对外放热。

第二节 热力系统的能量平衡

一、热力学定律

1. 热力学第一定律

热力学第一定律是能量守恒与转换定律在热力学中的具体运用，具体表述为：热可以

变为功，功也可以变为热。一定量的热消失时，必产生数量与之相当的功；消耗一定量的功时，也必将出现相应的热。热力学第一定律确立了热能和机械能相互转换的数量关系，自然界有关热现象的各种过程都受这一定律的约束。

2. 热力学第二定律

热力学第二定律是人们通过对自然界热现象变化规律的观察得到的结论。通过观察，人们发现符合热力学第一定律的过程并不一定都能够实现。例如，一个失去动力的飞轮，其旋转机械能能自发地转换成轴承摩擦的热能，直到飞轮停止转动；而对飞轮加热，热能不会自发地转换成飞轮旋转的机械能。也就是说，功向热的转化可以是自发的，而热向功的转化是非自发的，要使过程得以进行，必须付出一定的代价。

热力学第二定律揭示了自然界事物变化的不可逆性，具体表述为：不可能制成一种循环动作的热机，只从一个热源吸取热量使之完全变为有用的功，而其他物体不发生变化。

二、开口系恒定流热力系统的能量方程

图 6-4 为恒定流动开口系热力系统，假设开口系与外界的物质交换为工质流量 m，与外界的热交换的热量为 Q，对外界做功为 W，在进口断面单位千克工质的参数为压力 p_1、比容 v_1、比内能 u_1、宏观速度 c_1、宏观位置 z_1 和断面面积 A_1，在出口断面单位千克工质的参数为压力 p_2、比容 v_2、比内能 u_2、宏观速度 c_2、宏观位置 z_2 和断面面积 A_2。根据能量守恒定律可得

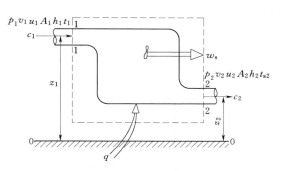

图 6-4 开口系热力系统能量平衡模型

$$Q-W=\frac{1}{2}m\left(c_2^2-c_1^2\right)+mg\left(z_2-z_1\right)+\left(U_2-U_1\right) \qquad (6-11)$$

式中　Q——$m\mathrm{kg}$ 工质与外界的热交换量，$Q=mq$；

　　　W——$m\mathrm{kg}$ 工质在系统内对外所做的功，$W=mw$；

　　　U——$m\mathrm{kg}$ 工质的内能，$U=mu$。

$m\mathrm{kg}$ 工质在系统内对外所做的功由三部分组成：

（1）$m\mathrm{kg}$ 工质对外所做的机械功（正功）为 W_s，即

$$W_s=mw_s \qquad (6-12)$$

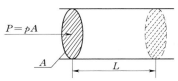

图 6-5　压力做功示意图

（2）进口处工质以总压力 $P_1=p_1A_1$ 克服前面的阻力，推动工质进入系统，见图 6-5，系统内的 $m\mathrm{kg}$ 工质对外做负功为

$$W_1=P_1L_1=p_1A_1L_1=p_1V_1=p_1mv_1 \qquad (6-13)$$

式中　L_1——总压力 P_1 做功所移动的距离；

　　　V_1——总压力 P_1 做功移动距离 L 所形成的容积，

根据比容的公式 6-1，得 $V_1=mv_1$。

（3）出口处工质以总压力 $P_2=p_2A_2$ 克服后面的阻力，使工质流出系统，系统内 $m\mathrm{kg}$ 对外做正功

$$W_2 = P_2L_2 = p_2A_2L_2 = p_2V_2 = p_2mv_2 \qquad (6-14)$$

式中　L_2——总压力 P_2 做功所移动的距离；

　　　V_2——总压力 P_2 做功移动距离 L 所形成的容积，根据比容的公式 $6-1$，得 $V_2 = mv_2$。

将上述公式代入式 $6-11$，得

$$mq - mw_s - p_2mv_2 + p_1mv_1 = \frac{1}{2}m\ (c_2^2 - c_1^2)\ + mg\ (z_2 - z_1)\ + m\ (u_2 - u_1)$$

经整理最后得到开口系恒定流单位千克工质的能量方程为

$$q - w_s = \frac{1}{2}\ (c_2^2 - c_1^2)\ + g\ (z_2 - z_1)\ + \ (h_2 - h_1) \qquad (6-15)$$

能量方程表明，单位干克工质的吸热量 q 除了用来做机械功 w_s 外，还用来改变工质自身的能量状态。

对于汽轮机，由于汽缸的绝热性能较好，可认为与外界没有热量交换，即 $q \approx 0$，进出汽轮机工质的宏观动能变化和宏观位能变化较小，相对比焓的变化可以忽略不计，即 $\frac{1}{2}\ (c_2^2 - c_1^2) \approx 0$，$g\ (z_2 - z_1)\ \approx 0$，则开口系恒定流能量方程在汽轮机中的表达式为

$$w_s = h_1 - h_2 \qquad (6-16)$$

即水蒸气在绝热条件下流经汽轮机时是通过水蒸气的焓降 $(h_1 - h_2)$ 来转变成机械功的。

对于回热加热器，由于对外界没有做功，即 $w_s = 0$，进出回热加热器工质的宏观动能变化和宏观位能变化较小，相对比焓的变化可以忽略不计，即 $\frac{1}{2}\ (c_2^2 - c_1^2) \approx 0$，$g\ (z_2 - z_1)\ \approx 0$，则开口系恒定流能量方程在回热加热器中的表达式为

$$q = h_2 - h_1 \qquad (6-17)$$

即锅炉给水在回热加热器中的吸热量等于水自身的比焓上升值 $(h_2 - h_1)$。

对于喷嘴，由于与外界既没有热量交换，$q \approx 0$，也没有做功，$w_s = 0$，进出喷嘴工质的宏观位能较小，相对比焓的变化可以忽略不计，$g\ (z_2 - z_1)\ \approx 0$，则开口系恒定流能量方程在喷嘴中的表达式为

$$\frac{1}{2}\ (c_2^2 - c_1^2)\ = h_1 - h_2 \qquad (6-18)$$

即水蒸气在绝热条件下流经喷嘴时，是通过水蒸气的焓降 $(h_1 - h_2)$ 来转变成水蒸气的动能增加值的。

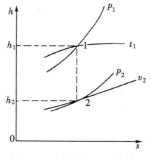

图 6-6　例题 6-2 焓熵图

在给定工质的压力 p 和温度 t 条件下，通过查状态参数曲线或状态参数表，能够方便地查出工质的比焓 h，所以能量方程是热力学计算中一个重要的公式。

【例题 6-2】　已知喷嘴进口蒸汽参数 $p_1 = 1.2\text{MPa}$，$t_1 = 400℃$，喷嘴出口蒸汽参数 $p_2 = 0.7\text{MPa}$，喷嘴出口面积 $A_2 = 30\text{cm}^2$。蒸汽在喷嘴中可以认为是绝热膨胀（$ds = 0$），请计算喷嘴出口的蒸汽流速 c_2 和通过喷嘴的蒸汽流量 D。

解　在水蒸气焓熵图中找到压力为 p_1 的等压力线和温度为 t_1 的等温度线，见图 6-6。从图中得两线的交点 1，点 1 的横坐标就是喷嘴进口蒸

汽的比焓 h_1，查得 $h_1=3260\mathrm{kJ/kg}$。

因为是绝热膨胀 $\mathrm{d}s=0$，所以过点 1 作垂线与压力为 p_2 的等压力线相交，得交点 2，点 2 的横坐标就是喷嘴出口蒸汽的比焓 h_2，并查得 $h_2=3108\mathrm{kJ/kg}$，$v_2=0.41\mathrm{m^3/kg}$。

一般喷嘴进口蒸汽流速远远小于喷嘴出口蒸汽流速，认为进口蒸汽流速 $c_1\approx0$，则根据式 6-18 可得喷嘴出口的蒸汽流速为

$$c_2=1.414\sqrt{h_1-h_2}=1.414\sqrt{(3260-3108)\times10^3}=551.3\ (\mathrm{m/s})$$

因为 A 与 C 的乘积等于单位时间蒸汽流过断面的容积，所以通过喷嘴的蒸汽流量为

$$D=\frac{A_2c_2}{v_2}=\frac{30\times10^{-4}\times551.3}{0.41}=4.03\ (\mathrm{kg/s})$$

三、热量传递的基本方法

1. 导热换热

导热换热是指单一固体内部或两接触物体之间在温度差的作用下进行的高温向低温热量传递现象。图 6-7（a）的单层平面的一侧温度高，另一侧温度低，在温度差的作用下热量从温度高的一侧传递到温度低的一侧；图 6-7（b）的左侧一层平面的温度高，右侧一层平面的温度低，在温度差的作用下热量从温度高的一层传递到温度低的一层。导热换热的特点是两传热物体之间有接触，无相对运动。

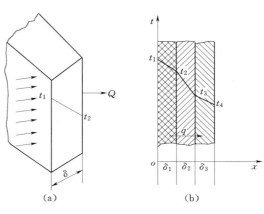

图 6-7　平面导热

（a）单层平面导热；（b）多层平面导热

2. 对流换热

对流换热是指流动着的流体和固体表面接触时，在温差作用下进行的高温向低温热量传递现象。如图 6-8 所示的过热器管道，管外的高温烟气流与管外壁面（1）发生相对运动，对流换热将高温烟气流的热量传递给管外壁面，管外壁面通过导热换热将热量传递到管内壁面，管内的低温蒸汽流与管内壁面（2）发生相对运动，对流换热将管内壁面的热量传递给管内蒸汽流。因此，在各种热交换器的热量传递过程中，经历两个对流换热和一个导热换热。对流换热的特点是两传热物体之间有接触，有相对运动。

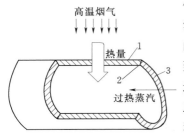

图 6-8　过热器的热交换

1—外壁面；2—内壁面；3—管壁

3. 辐射换热

辐射换热是指物体通过发射电磁波向外传递热量现象。任何物体只要温度高于绝对零度，物体内部的带电粒子热运动都会激发出一种电磁波，称红外线，不断地将热能转变成辐射能向外发射。自然界的物体都具有发射和吸收辐射能的能力，不同的是，高温物体发射的辐射能多于吸收的辐射能使其温度降低；低温物体吸收的辐射能多于发射的辐射能使其温度上升，直到高温物体与低温物体的温度趋向一致，当两物体温度相同时，辐射换热仍在进行，但换热量为零，处于热动平衡状态。锅炉炉膛中央的高温火焰对四周的热交换器的传热，主要是辐射换热。它的特点是两传热物体之间无

接触，无相对运动。

实际的传热过程往往是三种换热方式同时存在，单一的换热方式是极少见的。

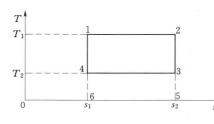

图 6-9 卡诺循环 T—s 图

四、卡诺循环

卡诺循环是一个不计散热和摩擦等损耗的理想热力循环，由两个等温过程、两个绝热过程组成一个封闭的循环，见图 6-9。从图中看出：

过程 1→2，工质等温吸热过程，工质的温度不变，比熵从 s_1 增大到 s_2，吸热量为

$$q_1 = S_{12561} = T_1 (s_2 - s_1) \qquad (6-19)$$

式中　S_{12561}——过程 1→2 与 s 轴所围成的面积。

过程 2→3，工质绝热膨胀过程，工质的比熵不变，温度从 T_1 下降到 T_2。

过程 3→4，工质等温放热过程，工质的温度不变，比熵从 s_2 减小到 s_1，放热量为

$$q_2 = S_{43564} = T_2 (s_2 - s_1) \qquad (6-20)$$

式中　S_{43564}——过程 3→4 与 s 轴所围成的面积。

过程 4→1，工质绝热压缩过程，工质的比熵不变，温度从 T_2 上升到 T_1。

每经历一个循环，单位千克工质所做的功为

$$w = q_1 - q_2 \qquad (6-21)$$

卡诺循环的热效率为

$$\eta_t = \frac{w}{q_1} = \frac{q_1 - q_2}{q_1} = 1 - \frac{q_2}{q_1} = 1 - \frac{T_2 (s_2 - s_1)}{T_1 (s_2 - s_1)} = 1 - \frac{T_2}{T_1} \qquad (6-22)$$

式中　T_1——工质在等温吸热过程中的温度，即高温热源温度；

　　　T_2——工质在等温放热过程中的温度，即低温热源温度。

卡诺循环给出的三点重要结论：

(1) 循环热效率取决于高、低温热源的温度 T_1、T_2，与工质的性质无关。提高 T_1 或降低 T_2 都可以提高循环热效率。

(2) 循环热效率只能小于 1，因为 $T_1 = \infty$ 或 $T_2 = 0$ 都是不可能的。这说明在热机中不可能将从热源得到的热量全部转变为机械能，必然有一部分冷源损失。这遵循热力学第二定律。

(3) 当 $T_1 = T_2$ 时，$\eta_t = 0$，这说明只有单一热源的热动力机是不存在的，要利用热能产生动力，就一定要有温差。

在实际火电厂热动力机的热力循环中，工质的上限温度 t_1 是由金属材料可以长期工作的许用温度决定的，根据目前的技术水平 t_1 很少高于 600℃。工质的下限温度 t_2 是由电厂周围的环境温度决定的，一般电厂周围的环境温度 t_2 为 20℃ 左右。假如实际火电厂的热力循环能按卡诺循环运行，则最高的卡诺循环热效率应为

$$\eta_t = 1 - \frac{T_2}{T_1} = 1 - \frac{273 + 20}{273 + 600} = 66.4\%$$

实际火电厂热力循环的热效率远远小于 66.4%，目前最现代的大型火电厂热力循环的热效率也很少达到 45%。

118

第三节　水蒸气的动力循环

一、水蒸气的形成过程

1. 水蒸气形成过程的常用名词定义

未饱和水——还没有汽化的水；

饱和水——刚开始汽化和正在汽化过程中的水；

饱和温度 t_s（汽化温度）——水刚开始汽化和正在汽化过程中的温度；

饱和压力 p_s（汽化压力）——水刚开始汽化和正在汽化过程中的压力，饱和压力与饱和温度有一一对应的关系；

饱和蒸汽——水汽共存时的蒸汽，蒸汽中含有水分时称湿饱和蒸汽，简称湿蒸汽；蒸汽中不含有水分时称干饱和蒸汽，简称干蒸汽；

过热蒸汽——对干蒸汽进一步加热到 t，就成为过热蒸汽，过热度 $D=t-t_s$。过热蒸汽的温度与压力不再有一一对应的关系，过热蒸汽的温度 t 完全由金属材料可以长期工作的许用温度决定；

干度 x——表示水汽共存时的饱和蒸汽中含水量，即

$$x=\frac{m}{m+n} \tag{6-23}$$

式中　m——湿蒸汽中的蒸汽质量；

n——湿蒸汽中的水分质量。

对于未饱和水和饱和水，$x=0$；对于干蒸汽和过热蒸汽，$x=1$；对于湿蒸汽，$0<x<1$。

2. 水蒸气的形成

工质在从水转变成过热蒸汽的过程中，要经历预热、汽化和过热三个过程。实际火电厂水蒸气的产生是在近似定压条件下进行的。以图 6-10 所示容器为例，水蒸气在定压条件下的形成过程如下。

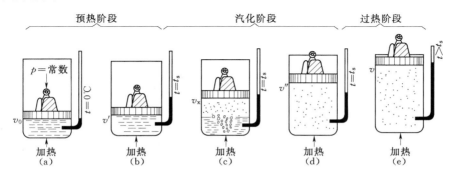

图 6-10　水蒸气在定压下的形成

(a) 未饱和水；(b) 饱和水；(c) 湿饱和蒸汽；(d) 干饱和蒸汽；(e) 过热蒸汽

容器中装有 1kg 温度为 0℃的未饱和水（称过冷水），水面上压着活塞及重物，假设

活塞与容器内壁面没有摩擦阻力，活塞及重物向下产生恒定的压力 p_a，使工质始终处于定压条件下。容器底部有高温热源不断地在加热。

（1）未饱和水的定压预热过程，见图 6-11 中的粗实线 p_a。

$\left\{\begin{array}{l}\text{温度：从 }0℃\text{ 上升到 }t_{sa}\\\text{压力：不变，}p=p_a\\\text{比容：从 }v_0\text{ 增大到 }v'\\\text{比焓：从 }h_0\text{ 增大到 }h'\\\text{比熵：从 }s_0\text{ 增大到 }s'\\\text{干度：不变，}x=0\\\text{过程线：}a_0\rightarrow a'\\\text{状态：从未饱和水变成饱和水}\\\text{吸热量：液体热 }q'=h'-h_0\end{array}\right.$

（2）饱和水的定压汽化过程

$\left\{\begin{array}{l}\text{温度：不变，}t=t_{sa}\\\text{压力：不变，}p=p_a\\\text{比容：从 }v'\text{ 增大到 }v''\\\text{比焓：从 }h'\text{ 增大到 }h''\\\text{比熵：从 }s'\text{ 增大到 }s''\\\text{干度：从 }x=0\text{ 增大到 }x=1\\\text{过程线：}a'\rightarrow a''\\\text{状态：从饱和水变成干蒸汽}\\\text{吸热量：汽化潜热 }r=h''-h'\end{array}\right.$

（3）干蒸汽的定压过热过程

$\left\{\begin{array}{l}\text{温度：从 }t_{sa}\text{ 增大到 }t\text{（一般不大于 }600℃\text{）}\\\text{压力：不变，}p=p_a\\\text{比容：从 }v''\text{ 增大到 }v\\\text{比焓：从 }h''\text{ 增大到 }h\\\text{比熵：从 }s''\text{ 增大到 }s\\\text{干度：不变，}x=1\\\text{过程线：}a''\rightarrow a\\\text{状态：从干蒸汽变成过热蒸汽}\\\text{吸热量：过热量 }q''=h-h''\end{array}\right.$

单位千克工质从过冷水加热成过热蒸汽，整个过程的吸热量为

$$q=q'+r+q''=h-h_0 \quad (\text{kJ/kg})$$

二、水蒸气形成在 T—s 图上的一点、两线、三区域

如果加大活塞对水的压力，使定压 $p_b>p_a$，从未饱和水变成过热蒸汽同样要经历预热、汽化和过热三个过程，见图 6-11 中 p_b 实线，不同的是由于压力升高，饱和温度 t_{sb}

$>t_{sa}$，汽化过程缩短，所需的汽化潜热 r 减小；如果减小活塞对水的压力，使定压 p_d $<p_a$，从未饱和水变成过热蒸汽同样要经历预热、汽化和过热三个过程，见图 6-11 中 p_d 实线，不同的是由于压力下降，饱和温度 $t_{sd}<t_{sa}$，汽化过程加长，所需的汽化潜热 r 增大。

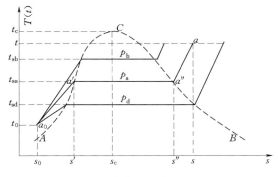

图 6-11　水蒸气形成的三阶段

将不同压力下的饱和水状态点连接起来，得 CA 线，称饱和水线；将不同压力下的干蒸汽状态点连接起来，得 CB 线，称干蒸汽线。由此在 $T—s$ 坐标平面图上得到一点、两线、三区域，见图 6-11 中的虚线。

一点：随着压力的升高，饱和温度升高，汽化过程缩短，所需的汽化潜热 r 减小，当压力 $p=22.129$MPa 时，不再有汽化过程，所需的汽化潜热 $r=0$。该点称水的临界点 C。

两线：CA 线——饱和水线，不同压力下的饱和水状态点的连线，特点：$x=0$；CB 线——干蒸汽线，不同压力下的干蒸汽状态点的连线，特点：$x=1$。

三区域：CA 线的左边——未饱和水区，不同压力下未饱和水状态点的集合，特点：$x=0$；CB 线的右边——过热蒸汽区，不同压力下过热蒸汽状态点的集合，特点：$x=1$，过热度 $D=t-t_s$；CA 线与 CB 线之间——湿蒸汽区，不同压力下湿蒸汽状态点的集合，特点：$0<x<1$。

在图 6-1 的水蒸气 $h—s$ 图也可以找到对应的 A、B、C 三点，CA 线为饱和水线，CB 线为干蒸汽线，与 $T—s$ 图不同的是 C 不在正上方，而是稍偏左的中部。

在相同的压力下，工质作为过热蒸汽状态时单位千克工质所携带的热能要比其他状态时所携带的热能多很多，从工质的状态参数表可以看出，随着工质的压力的上升，工质的饱和温度也上升，工质所具有的比焓大大增加，工质所携带的热能大大增加。也就是说只有高压才有可能高温；只有高压高温，单位千克工质携带的热能才会大大增加。从而使热力设备的体积减小，投资节省，效率提高。所以现代大型火电厂锅炉和汽轮机的工作压力越来越高，最高工作压力已超过超临界压力 p_c。

【例 6-3】　某密闭容器内工质的绝对压力 $p=1$MPa，温度 $t=300$℃，请确定工质的状态和其他四个状态参数。

解　查附表 I，得绝对压力 $p=1$MPa 时，工质得饱和温度 $t_s=179.88$℃，因为 $t>t_s$，所以工质为过热蒸汽状态。

查附表 III，过热蒸汽绝对压力 $p=1$MPa，温度 $t=300$℃ 时，比容 $v=0.258$m³/kg；比焓 $h=3051.3$kJ/kg；比熵 $s=7.1239$kJ/kg·K。

根据比焓的定义公式可得比内能 $u=h-pv=3051.3-（1×10^3）×0.258=2793.3$（kJ/kg）

三、基本朗肯循环

基本朗肯循环是一种实际的热力循环，实际火电厂的热力循环都遵循基本朗肯循环，并在此基础上进一步改进。

基本朗肯循环由 6 个过程构成一个封闭的热力循环，见图 6-12 和图 6-13。

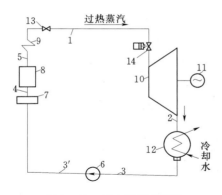

图 6-12 基本朗肯循环热
力设备示意图

1—主蒸汽管；2—排汽管；3—凝结水管；
3′—给水管；4—省煤器出水管；5—干蒸
汽引出管；6—凝结水泵；7—省煤器；
8—锅炉；9—过热器；10—汽轮机；
11—发电机；12—凝汽器；13—
总供汽阀；14—调节汽阀

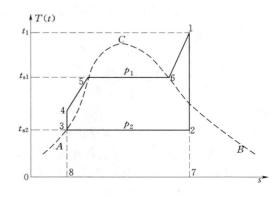

图 6-13 基本朗肯循环 T—s 图

（1）过程 1→2，在汽轮机中绝热膨胀做功。

温度：从 t_1 下降到 t_{s2}（t_{s2} 与 p_2 对应）

压力：从 p_1 下降到 p_2

比容：增大

比焓：从 h_1 减小到 h_2，单位千克工质对汽轮机做功 $w_s = h_1 - h_2$

比熵：不变，近似认为汽轮机不散热

干度：从 $x = 1$ 减小到 $0 < x < 1$

状态：从高压过热蒸汽变成低压湿蒸汽

（2）过程 2→3，在凝汽器中等温放热。

温度：不变，$t = t_{s2}$

压力：不变，$p = p_2$

比容：减小

比焓：从 h_2 减小到 h_3，放热量——汽化潜热 $r_f = h_2 - h_3$

比熵：从 s_2 减小到 s_3

干度：从 $0 < x < 1$ 减小到 $x = 0$

状态：从低压湿蒸汽变成低压饱和水

（3）过程 3→4，在给水泵中绝热压缩。

温度：上升极小，可认为近似不变

压力：从 p_2 上升到 p_1

比容：减小极小，（因为水的压缩性极小）

比焓：从 h_3 增大到 h_4，水泵对单位千克工质做功 $w_p = h_4 - h_3$

比熵：不变，近似认为给水泵不散热

干度：不变，$x = 0$

状态：从低压饱和水变成高压未饱和水

122

由于温度 T、比熵 s 变化都很小，所以 $T—s$ 图中的点 3、4 应该几乎重合，但是点 3 的工质状态是低压饱和水，点 4 的工质状态是高压未饱和水。为了表示工质的状态不同，在 $T—s$ 图中将点 3、4 分离表示。

（4）过程 4→5，在省煤器和水冷壁的中下部定压预热。

$$\begin{cases}温度：从 t_{s2} 上升到 t_{s1}（t_{s1} 与 p_1 对应）\\压力：不变，p=p_1\\比容：增大\\比焓：从 h_4 增大到 h_5，吸热量——液体热 q'=h_5-h_4\\比熵：从 s_4 增大到 s_5\\干度：不变，x=0\\状态：从高压未饱和水变成高压饱和水\end{cases}$$

（5）过程 5→6，在水冷壁的上部等温汽化。

$$\begin{cases}温度：不变，t=t_{s1}\\压力：不变，p=p_1\\比容：增大\\比焓：从 h_5 增大到 h_6，吸热量——汽化潜热 r_x=h_6-h_5\\比熵：从 s_5 增大到 s_6\\干度：从 x=0 增大到 x=1\\状态：从高压饱和水变成高压干蒸汽\end{cases}$$

（6）过程 6→1，在过热器中等压过热。

$$\begin{cases}温度：从 t_{s1} 增大到 t_1\\压力：不变，p=p_1\\比容：增大\\比焓：从 h_6 增大到 h_1，吸热量——过热量 q''=h_1-h_6\\比熵：从 s_6 增大到 s_1\\干度：不变，x=1\\状态：从高压干蒸汽变成高压过热蒸汽\end{cases}$$

6 个过程周而复始，永远循环。基本朗肯循环热效率的定量计算如下：

单位千克工质每经历一次循环向外输出的净功 w 是单位千克工质对汽轮机所做的功 w_s 与水泵对单位千克工质所做的功 w_p 之差值，即

$$w=w_s-w_p=(h_1-h_2)-(h_4-h_3) \tag{6-24}$$

或者是单位千克工质向热源吸取的吸热量 q_x 与单位千克工质向冷源放取的放热量 q_f 之差值，即

$$w=q_x-q_f=(q'+r_x+q'')-r_f=(h_1-h_4)-(h_2-h_3) \tag{6-25}$$

所以基本朗肯循环的热效率

$$\eta_t=\frac{w}{q_x}=\frac{(h_1-h_2)-(h_4-h_3)}{h_1-h_4}=\frac{(h_1-h_2)-(h_4-h_3)}{h_1-h_4+h_3-h_3}$$

$$= \frac{(h_1 - h_2) - w_p}{(h_1 - h_3) - w_p} \tag{6-26}$$

在现代高温、高压的火力发电厂中，给水泵对单位千克工质所做的功 w_p 远远小于单位千克工质对汽轮机所做的功 w_s，例如在 $p_1 = 17\text{MPa}$ 的火电厂，w_p 仅占 w_s 的 1.5% 左右。因此，在循环热效率计算中常将水泵做功忽略不计，则

$$\eta_t = \frac{h_1 - h_2}{h_1 - h_3} \tag{6-27}$$

式中　h_1——压力为 p_1、温度为 t_1 下的过热蒸汽的比焓；

　　　h_2——压力为 p_2 下的汽轮机乏汽（湿蒸汽）的比焓；

　　　h_3——压力为 p_2 下的饱和水的比焓。

【例题 6-4】　某火电厂的机组按基本朗肯循环方式运行，汽轮机进汽参数 $p_1 = 14\text{MPa}$、$t_1 = 540℃$，排汽压力 $p_2 = 0.004\text{MPa}$、干度 $x = 0.88$，求基本朗肯循环热效率 η_t。

解　通过查附表Ⅲ可得

$p_1 = 14\text{MPa}$、$t_1 = 540℃$ 的过热蒸汽的比焓 $h_1 = 3432.5$（kJ/kg）；

通过查附表Ⅰ可得 $p_2 = 0.004\text{MPa}$ 的饱和水的比焓 $h_3 = 121.41$（kJ/kg），干饱和蒸汽的比焓 $h'' = 2554.1$（kJ/kg）。

由于湿蒸汽的状态参数在参数表内无法查到，实际计算中根据湿蒸汽的干度 x，在饱和水参数与干蒸汽参数之间采用插入法求得：

干度为 x 的湿蒸汽的比容　　　　$v_x = (1-x) v' + xv''$

干度为 x 的湿蒸汽的比焓　　　　$h_x = (1-x) h' + xh''$

干度为 x 的湿蒸汽的比熵　　　　$s_x = (1-x) s' + xs''$

因此，$p_2 = 0.004\text{MPa}$、$x = 0.88$ 的乏汽（湿蒸汽）的比焓

$$h_2 = (1-0.88) \times 121.41 + 0.88 \times 2554.1 = 2262.18 \text{（kJ/kg）}$$

所以该火电厂的基本朗肯循环热效率

$$\eta_t = \frac{h_1 - h_2}{h_1 - h_3} = \frac{3432.5 - 2262.18}{3432.5 - 121.41} = 35.35\%$$

由此可见，基本朗肯循环热效率比卡诺循环热效率低得多。定性分析时，基本朗肯循环的热效率可以用 $T-s$ 图中的面积比表示：

$$\eta_t = \frac{S_{1784561} - S_{27832}}{S_{1784561}} = \frac{S_{1234561}}{S_{1784561}}$$

增大面积 $S_{1234561}$ 或减小面积 S_{27832} 是提高朗肯循环热效率的主要思路。

第四节　提高朗肯循环热效率的途径

提高朗肯循环热效率的途径可以从两个方面着手，共有五种措施，具体如下：

$$提高朗肯循环热效率的途径 \begin{cases} 改变蒸汽参数 \begin{cases} 提高初参数 \begin{cases} 提高初温 \ t_1 \\ 提高初压 \ p_1 \end{cases} \\ 降低终参数 \ t_{s2} \ (p_2) \end{cases} \\ 改变热力循环 \begin{cases} 再热循环 \\ 回热加热 \\ 热电联产 \end{cases} \end{cases}$$

一、提高初参数

所谓的初参数就是汽轮机进口的过热蒸汽参数，也称新蒸汽参数。由于过热蒸汽的温度与压力不再有一一对应的关系，因此提高初参数又有提高初温和提高初压两种措施。

1. 提高初温 t_1

在压力 p_1 不变的条件下，将过热蒸汽的温度从 t_1 提高到 t'_1，见图 6-14，在 $T—s$ 图上热力循环过程变成过程 $1'\rightarrow2'\rightarrow3\rightarrow4\rightarrow5\rightarrow6\rightarrow1'$。增加吸热面积 $S_{11'2'21}$ 的同时，也增加了放热面积 $S_{22'782}$，因此提高循环热效率的效果不是很明显。

优点：汽轮机排汽的乏汽状态点从点 2 移到点 2'，乏汽的干度 x 增大，乏汽中的水珠含量减少，水珠对叶片的腐蚀减轻，水珠对叶片背面的撞击阻力减小，有利于汽轮机的安全运行。

受限条件：初温 t_1 的提高受金属材料热性能的限制，按目前的金属材料的技术水平，t_1 很少高于 600℃。

2. 提高初压 p_1

在过热蒸汽温度 t_1 不变的条件下，将高压段的压力从 p_1 提高到 p'_1，高压段的饱和温度也从 t_{s1} 提高到 t'_{s1}，见图 6-15，在 $T—s$ 图上热力循环过程变成过程 $1'\rightarrow2'\rightarrow3\rightarrow4\rightarrow5'\rightarrow6'\rightarrow1'$。在放热面积 $S_{3\,2'783}$ 不变的条件下，吸热面积几乎净增加了面积 $S_{1'6545'6'1'}$，因此提高循环热效率的效果明显。

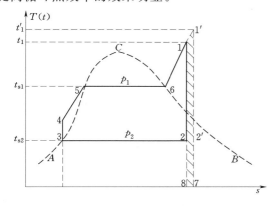

图 6-14 提高初温的 $T—s$ 图

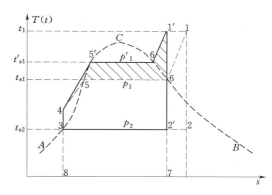

图 6-15 提高初压的 $T—s$ 图

缺点：汽轮机排汽的乏汽状态点从点 2 移到点 2'，乏汽的干度 x 减小，乏汽中的水珠含量增多，水珠对叶片的腐蚀加重，水珠对叶片背面的撞击阻力增大，不利于汽轮机的安全运行，通常乏汽的干度 x 不得小于 0.88。

受限条件：初压 p_1 的提高受金属材料强度性能的限制。

结论：实际中在提高初压 p_1 的同时往往提高初温 t_1，提高初温 t_1 的主要目的是为了提高汽轮机排汽干度 x。

二、降低终参数

终参数就是汽轮机排汽口的乏汽参数。由于乏汽是湿蒸汽，湿蒸汽的温度与压力有一一对应的关系，因此降低了乏汽的温度也就是降低了乏汽的压力。

将汽轮机的排汽温度从 t_{s2} 降低到 t'_{s2}，对应的排汽压力从 p_2 降低到 p'_2，见图 6-16，

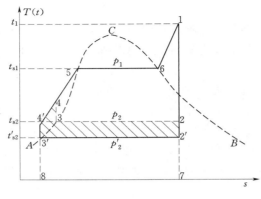

图 6-16　降低终压的 $T—s$ 图

在 $T—s$ 图上热力循环过程变成过程 $1 \rightarrow 2'$ $\rightarrow 3' \rightarrow 4' \rightarrow 5 \rightarrow 6 \rightarrow 1$。吸热面积增加了 $S_{4322'3'4'4}$，吸热面积增加的部分几乎全部来自放热面积的减小，因此循环热效率提高的效果最明显。

缺点：汽轮机排汽口乏汽的干度 x 减小，不利于汽轮机安全运行。

受限条件：汽轮机排汽温度的降低是由冷却水的水温决定，而冷却水的水温又由电厂周围的环境温度决定，例如冬天环境温度低，冷却水的水温低；夏天环境温度高，冷却水的水温高。另外，排汽压力的下降，乏汽的比容增大，汽轮机末级叶片长度尺寸增大，使得汽轮机尾部尺寸加大，乏汽的干度 x 下降使汽轮机工作条件恶化，给汽轮机的制造运行带来很大困难，因此汽轮机排汽压力 p_2 一般不低于 0.0034MPa。

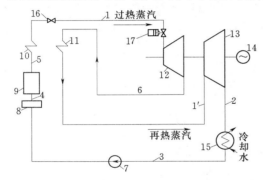

图 6-17　再热循环热力设备示意图

1—主蒸汽管；1'—再热蒸汽管；2—排汽管；3—凝结水管；4—省煤器出水管；5—干蒸汽引出管；6—再热蒸汽回管；7—凝结水泵；8—省煤器；9—锅炉；10—过热器；11—再热器；12—高压缸；13—低压缸；14—发电机；15—凝汽器；16—总供气阀；17—调节汽阀

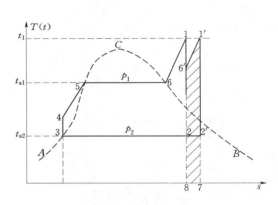

图 6-18　再热循环 $T—s$ 图

三、再热循环

再热循环原理见图 6-17 和图 6-18，将在高压缸（12）中做了部分功的蒸汽再送回到锅炉内的再热器（11）中，重新加热到 t_1，再引回到低压缸（13）中继续做功。在 $T—s$ 图上热力循环过程变成过程 $1 \rightarrow 6' \rightarrow 1' \rightarrow 2' \rightarrow 3 \rightarrow 4 \rightarrow 5 \rightarrow 6 \rightarrow 1$，增加吸热面积 $S_{6'1'2'26'}$ 的同时，也增加了放热面积 $S_{22'782}$，只要再热压力取得合适（p_1 的 $20\% \sim 25\%$ 左右），仍能提高循环热效率，一次再热能提高循环热效率 $3\% \sim 4.5\%$。

优点：汽轮机排汽的乏汽状态点从点 2 移到点 2'，乏汽的干度 x 增大，有利于汽轮机的安全运行。另外，单位千克工质的做功增大，汽轮机的耗汽量减少，相应的过流设备的体积可以减小。

受限条件：每再热一次，在汽轮机与锅炉之间增加了一对再热蒸汽管道，汽轮机的汽缸增多，使管网复杂设备增加，投资增大。一般最多采用两次再热循环（此时汽轮机有高、中、低三级汽缸）。

四、回热循环

朗肯循环热效率比卡诺循环热效率低的根本原因是，朗肯循环过程中水蒸气形成的预热、汽化、过热三过程的工质温度是从低、中、高逐步上升，而卡诺循环的水蒸气形成的工质温度是高恒温。因此，朗肯循环水蒸气形成的平均吸热温度比卡诺循环的水蒸气形成的吸热恒温度低很多。回热循环能提高朗肯循环工质预热前锅炉给水的水温，从而可以提高朗肯循环水蒸气形成的平均吸热温度，同时又减少了乏汽的放热量，减少冷却水带走的热能损失。

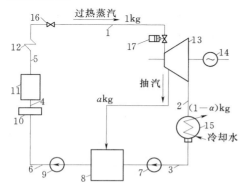

图 6-19　回热循环热力设备示意图

1—主蒸汽管；2—排汽管；3—凝结水管；4—省煤器出水管；5—干蒸汽引出管；6—给水管；7—凝结水泵；8—回热加热器；9—给水泵；10—省煤器；11—锅炉；12—过热器；13—汽轮机；14—发电机；15—凝汽器；16—总供汽阀；17—调节汽阀

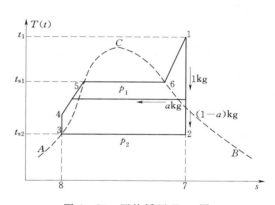

图 6-20　回热循环 $T-s$ 图

设进入汽轮机做功的新蒸汽质量为 1kg，见图 6-19 和图 6-20，将做了部分功的蒸汽从汽轮机汽缸中间级中抽出 $a$kg（a 小于 1），送到回热加热器中用来加热锅炉的给水，其余 $(1-a)$ kg 的蒸汽继续做功。$a$kg 蒸汽的热能一部分对汽轮机做功，余下的汽化潜热全部传递给锅炉给水，自己却成为冷凝水。一级回热加热抽汽能提高循环热效率 1%～2%，一般中压机组火电厂采用 2～5 级回热加热抽汽，高压机组火电厂采用 5～8 级回热加热抽汽。位于给水泵进口前的回热加热器为低压回热加热，由于低压回热加热器中的锅炉给水压力较低，从汽轮机抽取的蒸汽温度不能太高，应在汽轮机的末几级抽取温度较低的蒸汽，否则会造成工质汽化。位于给水泵出口后的回热加热器为高压回热加热，高压回热加热器中的锅炉给水压力较高，从汽轮机的抽取的蒸汽温度允许高一点，应在汽轮机的前几级抽取温度较高的蒸汽。无论高压抽汽还是低压抽汽，都应保证被加热的水不发生汽化，否则由于蒸汽的吸热量远远小于水的吸热量，含汽量较高的工质通过炉膛内壁的水冷壁时，水冷壁的钢管容易发生熔化爆管事故。

优点：对被抽取的这部分蒸汽来讲，在由蒸汽凝结成水的过程中，它的汽化潜热没有被冷却水带走，因此这部分蒸汽的热量利用率为100％，所以对整个循环热效率提高的效果明显。另外，虽然单位千克工质在汽轮机中的做功减小使得耗汽量增大，但是整个循环的耗热量却减小，抽汽后的继续做功的蒸汽量减少使得汽缸尾部体积减小、叶片长度缩短，相应的过流设备的体积可以减小。

受限条件：每增加一次回热加热，就增加一根抽汽管、一根冷凝水管和一只回热加热器，使管路复杂设备增加，而且，随着抽汽次数的增加，循环热效率增加不再明显。

五、热电联合循环

将在汽轮机中做了大部分功的蒸汽，通过供热管路送往火电厂外需要供热的热用户，例如，食品厂、造纸厂、织布厂、印染厂的生产供热、企事业单位和居民的取暖供热。放热后的冷凝水全部或部分流回火电厂的热力循环系统，将原来由凝汽器冷却水带走的热量转为向热用户供热，提高了蒸汽热能的利用率。这种又供热又供电的火电厂称热电厂。热电厂的热力循环根据排汽压力的不同有背压式热电循环和调节抽汽式热电循环两种。

1. 背压式热电循环

排汽压力为0.13MPa左右（排汽温度高于107.1℃）的汽轮机称背压式汽轮机，这种汽轮机的排汽压力、温度还能满足生产生活的供热要求，因此不设凝汽器，见图6-21，汽轮机的排汽用供热管道全部送到热用户（11）处作为热用户的热源，放热后的冷凝水部分或全部流回热电厂，再用给水泵（6）送入锅炉。理论上讲，背压式热电循环没有凝汽器的放热损失，蒸汽的热量利用率为100％，但是由于供热管路的散热、漏汽等原因，热能利用率只有65％～70％。

缺点：由于汽轮机的排汽全部送往热用户，取消了凝汽器，因此，发电完全受供热的牵制，当热用户的耗汽量减小时，发电机的发电量被迫减小。

2. 调节抽汽式热电循环

图6-22为调节抽汽式热电循环热力设备示意图，汽轮机排出高压缸（12）的蒸汽压力为0.35MPa左右（排汽温度高于138.88℃），排出高压缸仍具有较高压力和温度的蒸汽分两路：一路用供热管道送到热用户（17）处作为热用户的热源，放热后的蒸汽引回火电厂热力系统，再送入低压回热加热器（8）对冷凝水进行加热；另一路经热电调节阀（16）送入低压缸（13）继续做功，低压缸排出的乏汽由凝汽器（15）冷却成冷凝水。由于高压缸排出的部分蒸汽还需到低压缸做功，所以高压缸的排汽压力不能太低。由于仍存在凝汽器的放热损失，所以循环热效率比背压式热电循环低，但是比基本朗肯循环高。

热电调节阀的调节方法：当热负荷用汽量增大而电负荷不变时，开大汽轮机的总供汽阀，蒸汽供应量增加，同时关小热电调节阀（16），则高压缸的输出功率增大，低压缸的输出功率减小，汽轮机总的输出功率不变，增加的蒸汽供应量全送往热用户。当电负荷增大而热用户用汽量不变时，开大汽轮机的总供汽阀，蒸汽供应量增加，同时开大调节阀，则高压缸的输出功率增大，低压缸的输出功率也增大，汽轮机总的输出功率增大，增加的蒸汽供应量全送往低压缸，热用户的供汽量不变。

优点：供热与供电相互不受影响，因此在实际的热电厂中被广泛采用。

应该指出，提高基本朗肯循环热效率的措施尽管有5种，但实际改进后的循环热效率一般仍只有40％左右，现代大型火电厂也很难超过45％。

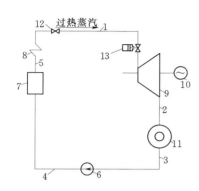

图 6-21 背压式热电循环热力
设备示意图

1—主蒸汽管；2—排汽管；3—凝结水管；
4—给水管；5—干蒸汽引出管；6—
给水泵；7—锅炉；8—过热器；9—
汽轮机；10—发电机；11—热用户；
12—总供汽阀；13—调节汽阀

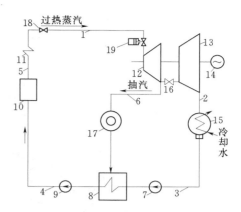

图 6-22 调节抽汽式热电循环
热力设备示意图

1—主蒸汽管；2—排汽管；3—凝结水管；4—
给水管；5—干蒸汽引出管；6—抽汽管；7—
凝结水泵；8—回热加热器；9—给水泵；10—
锅炉；11—过热器；12—高压缸；13—低压
缸；14—发电机；15—凝汽器；16—热电调节
阀；17—热用户；18—总供汽阀；
19—调节汽阀

第五节 火电厂生产流程

火电厂动力设备的所有工作都是以锅炉为核心沿燃烧系统和汽水系统两条线展开的。下面以图 6-23 所示采用煤粉炉的火电厂为例，介绍两大系统的生产流程，涉及的具体数据以某超高压火电厂为例，该火电厂过热蒸汽压力为 13.5MPa，过热蒸汽温度为 535℃。由于没有采用再热循环，因此热力设备没有再热器。

一、燃烧系统生产流程

参看图 6-23 和图 6-24。来自煤场的原煤经皮带机（1）输送到位置较高的原煤仓（2）中，原煤从原煤仓底部流出经给煤机（3）均匀地送入磨煤机（4）研磨成煤粉。自然界的大气经吸风口（23）由送风机（18）送到布置于锅炉垂直烟道中的空气预热器（17）内，接受烟气的加热，回收烟气余热。从空气预热器出来约250℃左右的热风分成两路：一路直接引入锅炉的燃烧器（11），作为二次风进入炉膛助燃；另一路则引入磨煤机入口，用来干燥、输送煤粉，这部分热风称一次风。流动性极好的干燥煤粉与一次风组成的气粉混合物，经管路输送到粗粉分离器（5）进行粗粉分离，分离出的粗粉再送回到磨煤机入口重新研磨，而合格的细粉和一次风混合物送入细粉分离器（6）进行粉、气分离，分离出来的细粉送入煤粉仓（7）储存起来，由给粉机（8）根据锅炉热负荷的大小，控制煤粉仓底部放出的煤粉流量，同时从细粉分离器分离出来的一次风作为输送煤粉的动力，经过排粉机（9）加压后与给粉机送出的细粉再次混合成气粉混合物，由燃烧器喷入炉膛（12）燃烧。

一次风、煤粉和二次风通过燃烧器，喷射进入炉膛后充分混合着火燃烧，火焰中心温

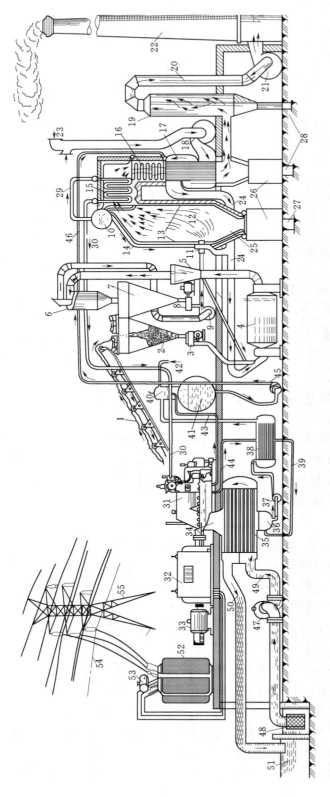

图 6-23　火力发电厂基本生产过程示意图

1—运煤皮带机；2—原煤仓；3—圆盘式给煤机；4—钢球慢速磨煤机；5—粗粉分离器；6—细粉分离器；7—煤粉仓；8—给粉机；9—排粉机；10—汽包；11—燃烧器；12—炉膛；13—水冷壁；14—下降管；15—过热器；16—省煤器；17—空气预热器；18—送风机；19—除尘器；20—烟道；21—引风机；22—烟囱；23—送风机的吸风口；24—风热风道；25—冷灰斗；26—排渣排灰设备；27—冲渣沟；28—冲灰沟；29—饱和干蒸汽管；30—主蒸汽管；31—汽轮机；32—发电机；33—励磁机；34—乏汽口；35—凝汽器；36—热井；37—低压加热器；38—低压加热器疏水泵；39—低压加热器；40—除氧器；41—给水箱；42—除氧抽汽；43—化学补充水入口；44—回热加热抽汽；45—给水泵；46—给水管道；47—冷却水泵；48—吸水滤网；49—冷却水泵出水管；50—凝汽器冷却水出水管；51—江河或冷却水水池；52—主变压器；53—油枕；54—高压输电线；55—铁塔

130

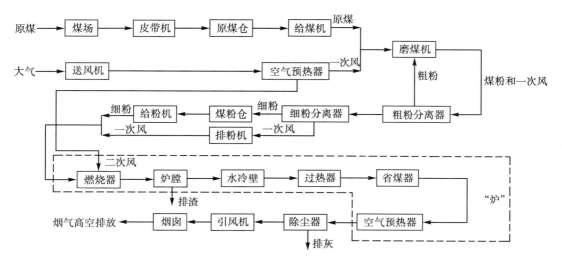

图 6-24　燃烧系统生产流程方框图

度高达 1600℃。火焰、高温烟气与布置炉膛四壁的水冷壁（13）和炉膛上方的过热器（15）进行强烈的辐射、对流换热，将热量传递给水冷壁中的水和过热器中的蒸汽。燃尽的煤粉中少数颗粒较大的成为灰渣下落到炉膛底部的冷灰斗（25）中，由排渣设备（26）连续或定期排走，而大部分颗粒较小的煤粉燃尽后成为飞灰被烟气携带上行。在炉膛上部出口处的烟气温度仍高达 1100℃。为了吸收利用烟气携带的热量，在水平烟道及垂直烟道内，布置有过热器、再热器（该电厂中没设置），省煤器（16），空气预热器。烟气和飞灰流经这些受热面时，进行对流换热，将烟气和飞灰的热量传给流经这些设备的蒸汽、水和空气，回收热能提高锅炉热效率。最后穿过空气预热器后的烟气和飞灰温度已下降到 110～130℃，失去了热能利用价值，经除尘器（19）除去烟气中的飞灰，由引风机（21）经烟囱（22）高空排入大气。

二、汽水系统生产流程

参看图 6-23 和图 6-25。储存在给水箱（41）中的锅炉给水由给水泵（45）强行打入锅炉的高压管路（46），并导入省煤器。锅炉给水在省煤器管内吸收管外烟气和飞灰的热量，水温上升到 300℃ 左右，但从省煤器出来的水温仍低于该压力下的饱和温度（约 330℃），属高压未饱和水。水从省煤器出来后沿管路进入布置在锅炉外面顶部的汽包（10）。汽包下半部是水，上半部是蒸汽。高压未饱和水沿汽包底部的下降管（14）到达锅炉外面底部的下联箱，锅炉底部四周的下联箱上并联安装了许多水管，这些水管穿过炉墙进入锅炉炉膛，在炉膛四周内壁构成水冷壁（13），高压未饱和水在水冷壁的水管内由下向上流动吸收炉膛中心火焰的辐射传热和高温烟气的对流传热，由于蒸汽的吸热能力远远小于水，所以规定水冷壁内的水的汽化率不得大于 40%，否则很容易因为工质来不及吸热发生水冷壁水管熔化爆管事故。

水冷壁上部出口的汽水混合物再重新回到锅炉顶部的汽包内。在汽泡内由汽水分离器进行分离，分离出来的高压饱和水与从省煤器送来的高压未饱和水混合后，再次通过下降管、下联箱、水冷壁，进行下一个水的汽化循环，汽包、下降管、下联箱和水冷壁构成水

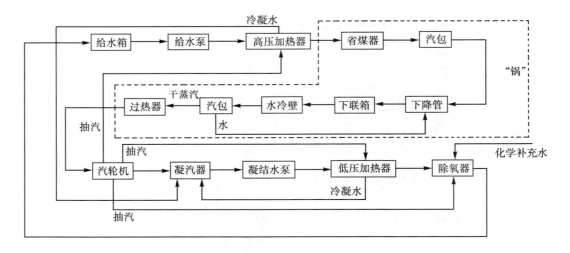

图 6 - 25　汽水系统生产流程方框图

汽化的循环蒸发设备。而分离出来的高压饱和干蒸汽由饱和干蒸汽管（29）导入锅炉内炉膛顶部的过热器中，继续吸收火焰和烟气的热量，成为高温高压的过热蒸汽。压力和温度都符合要求并携带着巨大热能的过热蒸汽由主蒸汽管（30）送入汽轮机（31），蒸汽在汽轮机中释放热能做功，将热能转为汽轮机转子旋转的机械能，做功后的低温低压乏汽从汽轮机乏汽口（34）排出，进入凝汽器（35），由进入凝汽器的冷却水（49）带走乏汽的汽化潜热，乏汽全部凝结成凝结水，落入热井（36）中，再由凝结水泵（37）输送到低压回热加热器（38），接受从汽轮机中抽出的做了部分功的蒸汽（44）对凝结水加热，以提高热力循环的热效率。抽出的蒸汽释放出汽化潜热后，自身全部凝结成水，由疏水管（39）送到热井中。从低压回热加热器出来的低压未饱和热水在除氧器（40）中进行除氧处理，除氧用的蒸汽来自汽轮机中做了部分功的抽汽（43）。汽水循环过程中总会有水汽泄漏、损失，因此必要时需向汽水系统补充经化学处理过的化学补充水（42），凝结水和补充水全汇集在给水箱中，进行再一次汽水动力循环，从而完成了一个完整的封闭的水蒸气动力循环过程。

　　在汽水系统的封闭循环系统中，工质流动的大部分流道不是单根的管道就是并列的管排，工质在管道或管排中匆匆而过，永不停息。高压段惟一的一只压力容器是汽包，低压段惟一的一只压力容器是给水箱，工质只有在汽包或给水箱中才有可能稍作停留，巨大容积的汽包和给水箱对工质的供给具有一定的调节缓冲能力。

第七章 锅 炉 设 备

锅炉在火电厂中占有重要的地位。从安全性方面看：由于火电厂的能量转换过程是连续进行的，一旦锅炉在运行中发生故障，必将影响到整个电能生产的正常进行。而且高温高压的锅炉不同于一般的机械设备，一旦发生重大事故，其后果是相当严重的。从经济性方面看：由于锅炉容量大，燃料耗用多，其运行好坏对节约燃料、降低发电成本影响很大。

第一节 锅 炉 设 备 概 述

一、锅炉的作用

锅炉是火电厂的三大主要设备之一。其作用是使燃料在炉内充分燃烧放热，并在锅炉内将工质由水加热成压力和温度都符合要求、流量足够的过热蒸汽，提供给汽轮机使用。

二、锅炉设备的特性指标

（1）蒸发量。蒸发量也称锅炉容量，指锅炉在维持连续正常生产时每小时所生产的蒸汽量，即锅炉出口蒸汽量（t/h）。额定工况和最大连续工况下每小时的产汽量，分别称为锅炉的额定蒸发量和最大连续蒸发量。

（2）蒸汽参数。它指锅炉在额定工况或最大连续工况下，过热器出口过热蒸汽的压力（MPa）和温度（℃）及再热器出口再热蒸汽的温度（℃）。

（3）给水温度。给水温度指锅炉在额定工况或最大连续工况下，省煤器入口的水温（℃）。

（4）锅炉效率。锅炉效率指锅炉生产蒸汽的吸热量占锅炉输入燃料热量的百分比（η_b），即锅炉效率表示燃烧热量有效利用的程度。现代大型锅炉热效率 η_d 在 $85\%\sim92\%$ 之间。

三、锅炉的牌号

我国电厂锅炉目前采用三组或四组字码表示牌号。中、高压锅炉采用三组字码。牌号中的第一组字码是锅炉制造厂家名称的汉语拼音缩写；第二组字码为一个分数形式，分子表示锅炉的蒸发量（t/h），分母表示过热蒸汽的压力（0.1MPa）；第三组字码表示产品的设计序号。

超高压以上的锅炉均装有再热器，牌号采用四组字码表示，即在上述牌号的二、三组字码间再加一组字码，写成分数形式，其分子表示过热蒸汽的温度（℃），分母表示再热蒸汽的温度（℃）。

锅炉制造厂家名称的汉语拼音缩写：DG 表示东方锅炉厂；SG 表示上海锅炉厂；HG 表示哈尔滨锅炉厂；WG 表示武汉锅炉厂；BG 表示北京锅炉厂。例如表示东方锅炉厂制造，过热蒸汽蒸发量为 670t/h，过热蒸汽出口压力为 13.7MPa，过热蒸汽温度为 540℃，再热蒸汽温度为 540℃，第八次设计。

四、锅炉的分类

（1）按所用燃料分类。电厂锅炉可分为燃煤炉、燃油炉和燃气炉。我国电厂锅炉中燃油炉和燃气炉较少，主要是燃煤炉。这是由我国的能源政策所决定的，而且国家要求电厂锅炉尽量使用劣质煤。

（2）按锅炉的参数分类。电厂锅炉可分为高压锅炉、超高压锅炉、亚临界压力锅炉和超临界压力锅炉。

（3）按水冷壁内工质的流动动力分类。电厂锅炉可分为自然循环锅炉、强制循环锅炉和直流锅炉。在高压锅炉中，水冷壁管内的工质自下而上流动的动力靠水和蒸汽的密度差形成上升的动力，这种锅炉称自然循环锅炉。在超高压和亚临界压力锅炉中，随着工作压力的提高，水和蒸汽的密度差越来越小，水冷壁管内的工质自下而上流动的上升动力也越来越小，当工作压力大于 19.2MPa 时在下降管中需串接循环水泵，在水泵与水和蒸汽的密度差共同作用下，强迫工质在水冷壁管内自下而上流动，这种锅炉称强制循环锅炉。在超临界压力锅炉中，水和蒸汽的密度差等于零，水和蒸汽密度差形成的上升动力也为零，这时不再设置汽包，在给水泵压力作用下，工质在水冷壁、过热器中流动，一次性地完成预热、汽化和过热，这种锅炉称直流锅炉。

（4）按煤的燃烧方法分类。电厂锅炉可分为层状燃烧、悬浮燃烧、旋风燃烧和流化燃烧四种。在层状燃烧的锅炉中，块状固体燃料的燃烧在不断移动的链条式炉箅上进行的，助燃空气从炉箅下面向上穿过煤块层，见图 7-1（a），这种锅炉又称为链条炉。悬浮燃烧适用粉状固体燃料、气体状燃料和液体状燃料，固体状燃料必须制成煤粉，相应的锅炉称煤粉炉。在悬浮燃烧的锅炉中，燃料与助燃空气一起从炉膛壁面上的燃烧器中喷射到炉

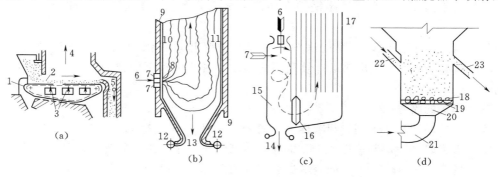

图 7-1　典型燃烧方法示意图

（a）层状燃烧；（b）悬浮燃烧；（c）旋风燃烧；（d）流化燃烧

1—炉箅；2—煤块；3—助燃空气；4—烟气；5—灰渣；6—煤粉与一次风；7—二次风；

8—燃烧器；9—炉墙；10—前墙水冷壁；11—后墙水冷壁；12—下联箱；13—灰渣；

14—液态渣；15—旋风燃烧室；16—捕渣管束；17—冷却室；18—风帽；19—布风板；

20—风室；21—进风道；22—进煤口；23—溢灰口

膛中央，在空中一边下落，一边燃烧，见图 7-1 (b)。在旋风燃烧的锅炉中，高速运动的煤粉与助燃空气沿切线方向进入专门的燃烧室，一边旋转，一边燃烧，见图 7-1 (c)。流化燃烧方法介于层状燃烧和悬浮燃烧之间，具有一定粗细度的煤粒在炉床上保持一定的厚度，助燃空气从炉床下面向上将煤粒吹起，使煤粒悬浮在炉床上一定的高度范围燃烧，煤粒在空中上下运动就像开水沸腾一样，所以这种锅炉又称为沸腾炉，见图 7-1 (d)。

(5) 按风机工作方法分类。电厂锅炉可分为平衡通风负压锅炉和微正压锅炉。引风机的引风能力略大于送风机的送风能力，造成炉膛的中心压力略小于大气压力，这种锅炉称平衡通风负压锅炉。引风机的引风能力略小于送风机的送风能力，造成炉膛的中心压力略大于大气压力，这种锅炉称微正压锅炉。平衡通风负压锅炉由于炉膛中心压力小于大气压力，炉膛内的火焰、煤粉和飞灰不会向外喷射，对环境污染较小，因此在火电厂中普遍采用。

第二节　燃料的成分及特性

燃料按其物态可分为固态燃料、液态燃料和气态燃料，我国电厂使用最多的是固态燃料——煤。

一、煤的元素分析成分

煤的化学元素可达 30 多种，分析测定时，一般将煤中固态不可燃物质都归为灰分，这样煤的元素成分分为碳（C）、氢（H）、氧（O）、氮（N）、硫（S）、灰分（A）、水分（M）等七种。煤的元素分析成分是燃煤锅炉设计和运行不可缺少的基本技术资料。

测定煤的成分往往取炉前煤作为分析样品，所测定出煤的成分含量，一般用占样品质量的百分数表示。在煤的七种成分中，只有碳、氢、硫是可燃成分。煤中一般碳的含量为最高，可达 45%～90%。煤在地下埋藏年代越久，其含碳量越高。如无烟煤在地下埋藏的年代最久，其含碳量高达 90%。氢是煤中发热量最高的元素，但在煤中的含量很低，仅为 2%～6%。煤在地下埋藏年代越久，其含氢量越低。煤中的硫虽然也是可燃成分，但属于有害成分，硫燃烧后的产物二氧化硫 SO_2 及三氧化硫 SO_3 气体与烟气中的水蒸气化合成的硫酸蒸汽，不仅会引起锅炉低温烟道内受热面的腐蚀，而且随烟气排放后还会造成对环境的污染。煤中硫的含量一般为 0.5%～2%，有的煤种甚至达到 3%～5%或更高，当超过 1.5%时，规定必须采取措施进行脱硫处理。

氧和氮是煤中的不可燃烧成分，但游离氧可以助燃。煤中氧的含量范围很宽，一般地下埋藏的年代越久，煤的含氧量越低。氮的含量约为 0.5%～2.5%，氮虽不参与燃烧，但随烟气排放出的氮氧化物 NO_x 与硫一样也会造成对环境的污染。因此电厂锅炉的设计中，都设法降低 NO_x 的生成量，例如降低燃烧温度、采用分级燃烧、采用循环流化床燃烧方式等。

煤在完全燃烧后形成的固态残余物即为灰分。灰分不仅阻碍煤中可燃成分与氧气的接触，影响可燃物的燃尽，而且会造成受热面的磨损、积灰、结渣和腐蚀。灰分排入大气后还会污染环境。煤的灰分含量一般为 10%～50%。灰分和水分含量高的煤称为劣质煤。

煤中的水分包括外部水分和内部水分两种。外部水分可以通过风和日晒自然干燥，内部水分又称固有水分，利用自然干燥的方法不能去掉，必须将煤加热到一定的温度后才能除掉。水分不利于煤的燃烧，水分的汽化、过热还会带走一部分可燃物质释放的热量，引起低温受热面的积灰和腐蚀。

二、煤的工业分析成分

煤的工业分析成分是指水、挥发分、灰分和固定碳四种成分的含量。同样是锅炉设计、运行中不可缺少的技术资料。煤的工业分析方法比较简单，一般的电厂都可以自己测定。

图 7-2 两种分析成分之间的关系

挥发分（V）不是以现成的状态存在于煤中，而是在煤的加热过程中，煤中有机质分解析出的气体物质，主要由一氧化碳（CO）、氢（H_2）、二硫化氢（H_2S）、甲烷及其他碳氢化合物等可燃气体组成，也含有少量的氧（O_2）、二氧化碳（CO_2）、氮（N_2）等不可燃气体。煤在加热过程中相继失去水分和挥发物之后成为焦炭，它包括固定碳和灰分。图7-2表示了两种分析成分之间的关系。

三、煤的主要特性指标

（1）发热量：燃料的发热量是指每千克收到的基燃料完全燃烧时所发出的热量，单位为"kJ/kg"。燃料发热量又分为高位发热量 $Q_{ar.gr.p}$ 和低位发热量 $Q_{ar.net.p}$ 两种，其差别在于后者扣除了燃料中水分和氢燃烧产生水分的汽化潜热。鉴于锅炉所排放烟气中的水蒸气未凝结放出汽化潜热，故实际均采用低位发热量作为锅炉热力计算的依据。

由于各种煤的发热量差异很大，为便于比较不同锅炉燃用不同煤时的效益，规定 $Q_{ar.net.p} = 29308kJ/kg$（即 7000kcal/kg）的煤为标准煤。任何锅炉耗煤量 B 均可折算为标准煤耗煤量 B_n，即

$$B_n = \frac{B Q_{ar.net.p}}{29308} \quad (t/h)$$

（2）挥发分。挥发分是燃料燃烧的重要特性指标。由于挥发分的燃点低，易着火燃烧，故干燥无灰基挥发分 V_{daf} 含量是衡量煤是否好烧的依据。一般，煤在地下埋藏的年代越久，其 V_{daf} 含量越少。根据煤中 V_{daf} 的含量，燃煤大致可以分为无烟煤（$V_{daf} < 10\%$）、贫煤（$V_{daf} = 10\% \sim 20\%$）、烟煤（$V_{daf} = 20\% \sim 40\%$）、褐煤（$V_{daf} > 40\%$）和泥煤（$V_{daf} > 70\%$）。褐煤和泥煤的 V_{daf} 含量较高，但灰分含量也较高，发热量较低。无烟煤和贫煤的挥发分及发热量都较高，是锅炉中使用的最好燃煤。

（3）灰熔点。煤的灰熔融特性是用煤灰由固态转化为液态时的三个特征温度来表示的。这三个温度是：灰锥变形温度 DT、灰锥软化温度 ST 和灰锥液化温度 FT（见图7-3）。ST 代表煤的灰熔点。各种煤的灰熔点一般在 1100 ～1600℃之间。实践表明，当煤的 $ST > 1350℃$ 时，锅炉内结渣的可能性不大，否则，锅炉的炉膛出口温度必须控制在 ST 以下约 150℃上下，以避免烟道内过热器和再热器外表面结渣。

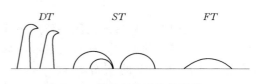

图 7-3 煤的灰熔融特性温度

第三节　减少对环境污染的措施

现代人类对环境保护越来越重视，对电厂锅炉排放物的控制不再仅仅是烟气中的粉尘，对有害气体的排放也受到严格的控制。锅炉随烟气排放的有害气体主要有 NO 和 SO_2，其中 NO 在大气中被进一步氧化成 NO_2，通常将 NO、NO_2 及其他氮氧化物统称为 NOx。大气中的 NO 和 SO_2 会产生温室效应，破坏臭氧层，形成酸雨等，对人类、动物和植物的生态环境带来极为不良的影响。

一、脱硫措施

SO_2 是燃料中可燃成分硫的燃烧产物，其生成量与燃料的含硫量有关。利用碱性化合物，例如石灰石、白云石、氧化镁、氨或活性炭等作为吸附剂，使之与烟气混合接触后产生吸附作用，将烟气中的二氧化硫清除掉。采用不同的吸附剂，可得到石膏、硫酸氨、硫磺、硫酸等不同的有价值的副产品（反应物）。烟气脱硫的方法有上百种，按对反应物的处理方法不同有抛弃法和回收法两大类；按反应物质的状态不同有湿式和干式两大类。

（1）在尾部烟道加烟气脱硫装置。目前应用最多的烟气脱硫方法是湿式石灰石洗涤法，脱硫效率可达 95% 以上。图 7-4 为表示利用湿式石灰石洗涤法清除二氧化硫的一般流程（FCD 系统），主要由吸附剂制作设备、吸收和氧化设备、烟气再热设备和石膏回收或抛弃设备组成。吸附剂制作设备的任务是将块状石灰石湿磨成石灰石浆或干磨成石灰石

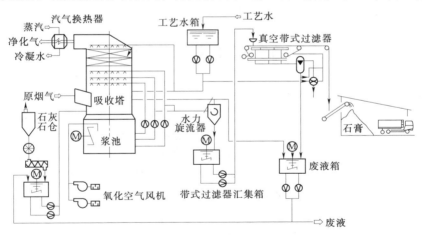

图 7-4　湿式石灰石洗涤法烟气脱硫工艺流程图

粉，加水制成含固量为 15%～30% 的浆液，然后用泵打入氧化槽（浆池）。吸收和氧化设备的工作原理是从吸收塔上部的喷淋头雨淋般下落的工艺水与上升的含硫烟气充分接触，烟气中的二氧化硫溶解于水，生成亚硫酸（H_2SO_3）并电离成氢离子（H^+）和亚硫酸根离子（HSO_3^-），水溶液中的亚硫酸根离子被烟气中的氧氧化和被氧化空气风机送入空气中的氧氧化，成为硫酸根离子（SO_4^{2-}），水溶液在吸收塔中部与喷淋头雨淋般下落的石灰石浆液充分融合后落入浆池。吸附剂石灰石在微酸性溶液中溶解并离解出钙离子（Ca^{2+}），当硫酸根离子与钙离子达到一定的过饱和浓度时，就生成石膏。石膏回收或抛

弃设备的任务是水力旋流器将水与石膏进行分离，分离出来的废液从废液箱排走，分离出来的石膏经过滤干燥后，或利用或抛弃。烟气再热设备是利用其他热源（例如蒸汽）对净化后的烟气进行加热，以利于热空气上升高空排放。

（2）流化燃烧。在流化床锅炉的燃烧过程中加吸附剂，在流化床燃烧过程中加入经磨碎的颗粒状石灰石或白云石作为吸附剂，在合理的 Ca 与 S 的配比下，脱硫率可达 80%～95%。这种方法属于干式脱硫方法，没有有价值的副产品。

二、脱氮措施

NO 的生成除了与燃料本身的含氮量有关，还与燃烧初始加入的空气量及燃烧温度有关。采用分级燃烧或降低炉膛燃烧温度可以降低 NO 的生成。

（1）分级燃烧。也就是分段送入空气，在燃烧开始着火时，先送入较少的空气量，其余空气则在初始燃烧区以外送入，例如从燃烧器的上部送入，以保证总的送风量不变。这样由于初始燃烧区内氧气不足，减少了 NO 的生成。近年来，在某些大型锅炉中采用新型旋流式燃烧器，如双调风燃烧器、旋流分级燃烧器。双调风燃烧器和旋流分级燃烧器可以保证不同燃烧阶段供风及时，使送风量减少，具有分级燃烧的效果，能减少有害气体氧化氮的生成。

（2）降低燃烧温度。适当降低炉膛的燃烧温度，能抑制 NO 的生成。流化床燃烧属于低温燃烧，是近几十年发展起来的新型燃烧技术，能减少对设备的腐蚀和对大气的污染。流化床的燃烧炉膛温度一般控制在 800～950℃。新一代沸腾炉即循环流化床锅炉，已开始在电厂应用，这种将没有燃尽的碳粒重新送回到锅炉循环燃烧的方法，既减少了 NO 对环境的污染，又提高了锅炉效率，最高锅炉效率可达 90%，完全能与煤粉炉媲美。

第四节　锅炉设备的组成

锅炉设备占火电厂动力设备的大部分，并且体积庞大、品种繁多、结构复杂。锅炉设备由锅炉本体和辅助设备组成。煤粉炉的燃料与空气接触面积大，燃烧速度快，燃烧效率高，适用于大容量锅炉，在大中型锅炉中普遍采用煤粉炉。因此我们只对煤粉炉锅炉的设备进行介绍。图 7-5 为 HG—2008/186—M 型煤粉炉总图，该锅炉的蒸发量 2008t/h。

锅炉本体又由燃烧系统和汽水系统两大部分组成。辅助设备包括燃料输送系统、制粉系统、给水系统、通风系统和除灰系统。

一、锅炉燃烧系统

锅炉的燃烧系统就是锅炉的"炉"，见图 6-23 中的虚线框内，其任务是使燃料在炉内充分燃烧放热，并将热量尽可能多地传递给工质。锅炉的燃烧系统主要由燃烧器、炉膛和空气预热器组成，完成对省煤器和水冷壁水管内的水加热，对过热器和再热器管内的干蒸汽加热，对空气预热器管内的空气加热。

1. 燃烧器

燃烧器的作用是将一次风、二次风和煤粉充分混合一起喷入炉膛。性能良好的燃烧器应能使喷入炉膛的一次风、二次风和煤粉在炉膛中央空间混合充分，浓度均匀，燃料着火稳定燃尽，火焰充满整个炉膛。有旋流式燃烧器和直流式燃烧器两种形式。

（1）旋流式燃烧器。图 7-6 是旋流式燃烧器喷射原理图，图 7-7 是轴向可调叶片的

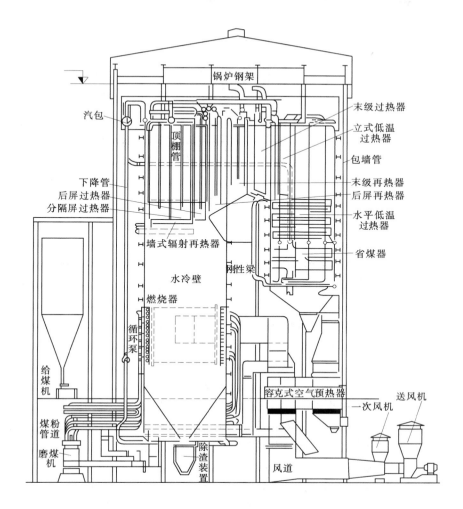

图 7 - 5 HG—2008/186M 型煤粉炉总图

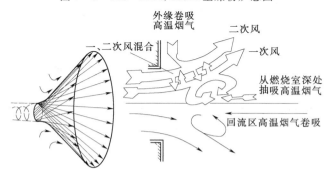

图 7 - 6 旋流式燃烧器喷射原理图

旋流式燃烧器结构图。一次风和煤粉经一次风管入口处的一次风挡板后喷入炉膛。一次风管内装有点火用的中心喷油管，借助于中心喷油管出口端的扩流锥，使一次风和煤粉扩散。二次风经二次风叶片后，由于叶片的引导作用而产生旋转，其旋转强度可通过调整叶

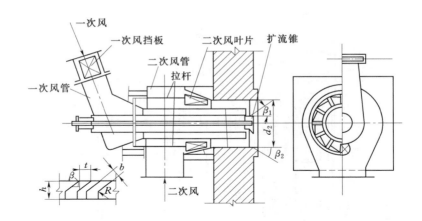

图 7 - 7 轴向可调叶片的旋流式燃烧器

片的轴向位置进行调节。当拉杆将叶片拉出左移时，叶片的外圆与燃烧器外壳之间会形成一个环形间隙，一部分二次风经过环形间隙不旋转直接通过，另一部分二次风经过叶片旋转通过，叶片后两股回合的二次风旋转强度较弱；当拉杆将叶轮推进到最右位置时，环形间隙消失，所有的二次风全部经过叶片旋转通过，这时二次风的旋转强度最大。不同的旋流强度下，一、二次风和煤粉的混合就不一样，从而适应不同煤种迅速着火的需要。

（2）直流式燃烧器。直流式燃烧器的一、二次风和煤粉均以直流方式喷入炉膛。射流自身不旋转，布置在炉膛四角的四组喷嘴的射流中心线相切于炉膛中央的一个假想的相切圆，见图 7 - 8，使同时射向炉膛中央的四股射流合成的总气流在炉膛内旋转，形成一个旋转火炬。一、二次风和煤粉混合强烈，形成有利的加热着火条件，保证煤粉燃烧及燃尽。

图 7 - 9 是一组有 9 个喷口的直流燃烧器，其中 5 个是二次风喷口，4 个是一次风和煤粉喷口，上下相互间隔排列。喷口的头部可以上下做 20°摆动，以便根据需要，改变喷射的角度，达到调整一、二次风混合的时间及调整火炬中心位置。图 7 - 10 是四角布置直流燃烧器在炉膛中心形成的旋转火炬，每一个角上有一组有三个喷口的直流燃烧器。

图 7 - 8 四角布置及假想切圆

Ⅰ—无风区；
Ⅱ—强风区；
Ⅲ—弱风区

2. 炉膛

炉膛是一个用耐火材料砌成的巨大的煤粉燃烧空间，煤粉的化学能在炉膛中充分释放成火焰和烟气的热能，煤粉炉炉膛中心温度可达 1600℃，工质的热量吸取主要在这里完成。2008t/h 锅炉的炉膛空间尺寸约为 20m×20m×74m（长×宽×高）。锅炉的炉膛与水平烟道、垂直烟道构成 "π" 形，炉膛的底部为排渣的冷灰斗。图 7 - 11 为 "π" 形炉膛示意图。

3. 空气预热器

空气预热器的作用是利用尾部烟道的烟气余热加热送风机送入的空气，回收排放烟气的余热，提高锅炉热效率。被加热的空气温度可达 250℃左右，高温空气有助于煤粉的燃烧。同时高温空气还用来加热、干燥和输送煤粉，干燥煤粉的流动性极好，用空气输送极为方便。空气预热器在结构上应保证烟气与被加热的空气只进行热量的传递，两气体相互隔离。有管式空气预热器和回转式空气预热器两种工作方式，回转式空气预热器又有受热面回转式空气预热器和风罩回转式空气预热器两种结构形式。

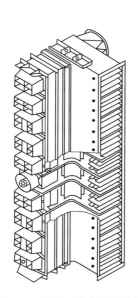

图 7-9 九喷口的直流燃烧器

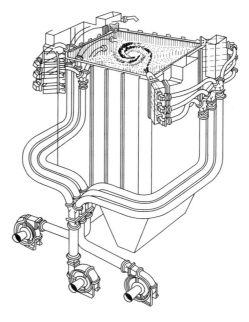

图 7-10 四角布置直流燃烧器形成的旋转火炬

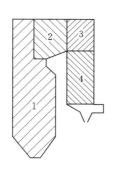

图 7-11 "π"形炉膛示意图
1—炉膛；2—水平烟道；
3—转向室；4—垂直烟道

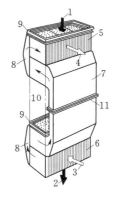

图 7-12 管式空气预热器
1—烟气入口；2—烟气出口；3—空气入口；
4—空气出口；5—上方箱；6—下方箱；
7、8—连通箱；9、11—膨胀接头；
10—省煤器安装位置

（1）管式空气预热器。图 7-12 为管式空气预热器，没有转动部件，结构简单，工作可靠，相互之间不会漏气，但体积较大。布置在垂直烟道内的管式空气预热器，其热交换部件是上方箱（5）和下方箱（6），方箱内并列许多垂直布置的钢管，钢管外部的两端相互之间用耐火泥封死，钢管外部的中间段相互之间是有空隙的。高温烟气由上向下从钢管内穿过，将热量传给管壁，空气先从水平方向在下方箱来回穿越一次，再从水平方向在上

141

方箱来回穿越一次，吸收钢管外壁的热量。

（2）回转式空气预热器。由于有转动部件，使得结构复杂，故障率高，相互之间不可避免地存在漏气，但体积较小，在大型锅炉中较多采用。

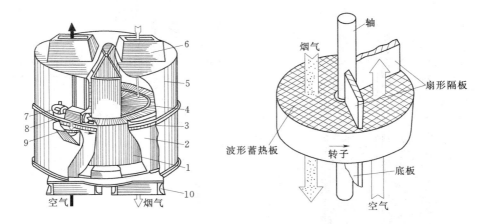

图 7-13　受热面回转式空气预热器
1—波形蓄热板；2—转子外壳；3—转子齿圈；4—扇形隔板；5—外壳；6—烟气入口接头；
7—电动机；8—减速装置；9—传动齿轮；10—底座

图 7-13 为受热面回转式空气预热器。扇形隔板（4）将流道分隔成烟气流道和空气流道两腔，低速转动的转子蓄热板（1）转到烟气流道中时，吸收高温烟气的热量，蓄热板温度上升；转到空气流道中时，低温空气吸收蓄热板的热量，蓄热板温度下降。从而将高温烟气的热量传递给低温空气。图 7-14 为风罩回转式空气预热器，其蓄热元件为静止不动，上下风罩通过减速装置由电动机带动，以 1~3r/min 的速度转动，静子中的传热元件交替被高温烟气加热和低温空气冷却，从而将高温烟气的热量传递给低温空气。风罩每转一次，传热元件被加热冷却一次。

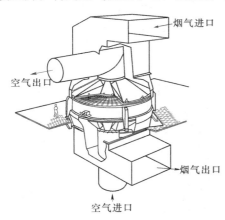

图 7-14　风罩回转式空气预热器

二、锅炉汽水系统

锅炉的汽水系统就是锅炉的"锅"，见图 6-24 中虚线框内，其任务是对水进行预热、汽化和蒸汽的过热，并尽可能多地吸收火焰和烟气的热量。锅炉的汽水系统由水的预热汽化系统和干蒸汽的过热再热系统组成。

1. 水的预热汽化系统

水的预热汽化系统由汽包、下降管、下联箱、水冷壁和省煤器组成，其中只有水冷壁和省煤器位于炉膛内部接受高温火焰和烟气的传热，其他部件都位于炉膛外面为不受热部件。汽包、下降管、下联箱和水冷壁构成水的汽化循环系统，其作用是使汽包中的未饱和水在系统内不断循环流动，并在流经水冷壁时进行水的汽化，将未饱和水转换成饱和蒸汽。图 7-15 为水的汽化循环系统原理图。

（1）汽包。汽包位于不受热的锅炉外顶部，大的汽包直径达 1.6～1.7m，筒壁厚达 80～100mm，汽包长度一般与锅炉的宽度相应。汽包是高压段惟一的一只压力容器，当机组负荷变化较大时，耗汽量和耗水量都跟着发生较大变化，汽包中的水位会发生较大的升降，对工质的供给起到一定的缓冲作用。汽包是工质预热、汽化和过热的中心枢纽部件，汽包接受省煤器送来的未饱和水，内有旋风式汽水分离器，将水冷壁送来的汽水混合物进行汽水分离，再向过热器送出干饱和蒸汽。图 7-16 为锅炉汽包内部装置图。

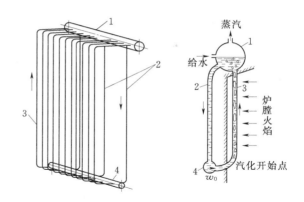

图 7-15　水的汽化循环系统原理图
1—汽包；2—下降管；3—水冷壁（上升管）；4—下联箱

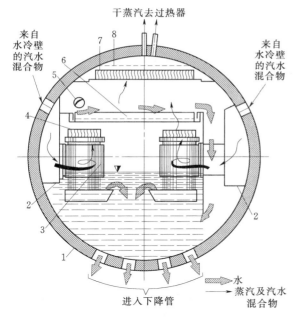

图 7-16　汽包的内部装置
1—汽包壳体；2—汽水联箱；3—汽水分离器；4、7—波形百叶窗；5—省煤器来水管；6—蒸汽清洗装置；8—多孔板

（2）下降管。用直径较大的钢管沿锅炉四个外壁面将汽包中的未饱和水分别下送到锅炉外底部四面的下联箱。为不受热部件。

（3）联箱。联箱就是一根直径较大的钢管，钢管上均布了许多支管，这些支管称管排，见图 7-17。

（4）水冷壁。水冷壁由均布炉膛内壁的吸热钢管组成，炉膛内四壁的水冷壁起码需分成四组（大型锅炉多于四组）。每一组水管的进口并联接在一根位于炉墙外底部的下联箱上，出口并联接在一根位于炉墙外底部的上联箱上。如果水冷壁的钢管根数不多的话，钢管出口可直接与汽包连接，见图 7-15。

在锅炉设备中，无论是水流、蒸汽流还是烟气流，凡是需要进行大面积热交换时，都需要采用管排结构，以增加热交换的面积。水冷壁、过热器、再热器、省煤器、回热加热器等都是管排结构。在管排的进口处有均压分流的进口联箱。例如水冷壁的下联箱；在管排出口处有汇集支流的出口联箱，例如水冷壁的上联箱，如图 7-17 所示。图 7-18（a）为水冷壁在炉膛内四壁布置的示意图，图 7-18（b）为水冷壁钢管断面立体图。下联箱（4）上的并列钢管穿过炉墙均布于炉膛内壁，形成管排布置形式的吸热钢管（2）。从下联箱进入水冷壁钢管的水一边上升，一边吸收炉膛中央高温火焰的辐射换热，到达上部出口时，管内一部分水汽化成蒸汽，汽水混合物从水冷壁出来后再送

143

回汽包进行汽水分离，分离出来的水再次进入下降管、下联箱、水冷壁进行循环汽化；分离出来的干蒸汽送往过热器进一步加热。小型锅炉中，由于水冷壁钢管数目较少，水冷壁每一根钢管的出口直接与汽包连接如图7-15所示。大型锅炉由于水冷壁钢管数目较多，水冷壁出口不直接与汽包连接，而是分成几组通过上联箱汇集后再与汽包连接。

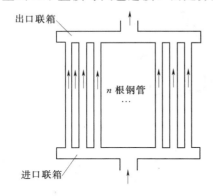

图7-17　联箱与管排示意图

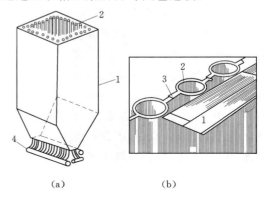

图7-18　水冷壁的布置与结构

(a) 示意图；(b) 断面立体图

1—炉墙；2—水冷壁管排；3—吸热翼片；4—下联箱

（5）省煤器。省煤器布置在垂直烟道中的空气预热器前面，回收烟气的余热，对管内的锅炉给水进行预热，节省燃料，提高锅炉效率。省煤器出口联箱的水温一般低于该压力下饱和温度 20～25℃，保证工质没有汽化。省煤器为蛇形管管排结构，管排进口设进口联箱，管排出口设出口联箱。图7-19为省煤器结构图。

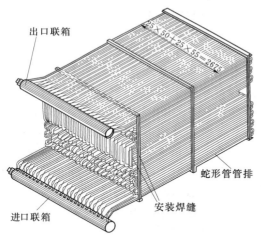

图7-19　省煤器结构图

2. 干蒸汽的过热再热系统

干蒸汽的过热系统由过热器和再热器组成。过热器的进口干蒸汽来自汽包，过热器的出口过热蒸汽送往汽轮机做功；再热器的进口干蒸汽来自汽轮机高压缸已经做了部分功的、温度和压力都已经下降的蒸汽，再热器的出口再热蒸汽送往汽轮机中压缸或低压缸继续做功。

（1）过热器。过热器布置在炉膛的顶部和水平烟道内，接受管外的火焰和高温烟气的传热，将管内的干蒸汽加热成过热蒸汽。过热器为管排结构，管排进口设进口联箱，管排出口设出口联箱。有蛇形管式过热器、屏式过热器和顶棚式过热器等多种形式，图7-20和图7-21为两种常用的过热器。

图7-22为大型自然循环锅炉过热器的布置原理图，从不受热的汽包（4）出来的干蒸汽经干蒸汽管（5），先后流经受热的辐射换热过热器（1）和（3）、顶棚过热器（6）、屏式

过热器（8）、立式过热器（9）、卧式过热器（12），经过高温火焰和烟气的加热，干蒸汽变成压力和温度都合格的过热蒸汽，最后从过热蒸汽出口联箱（13）流出送往汽轮机。

图 7-23 为中压锅炉的对流式过热器的布置立体图。从汽包(1)分离出来的干蒸汽

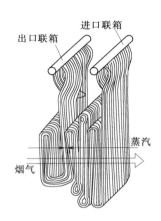

图 7-20 蛇形管式对流换热过热器

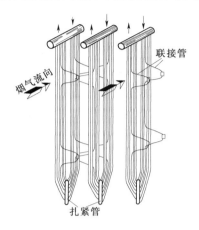

图 7-21 屏式辐射换热过热器

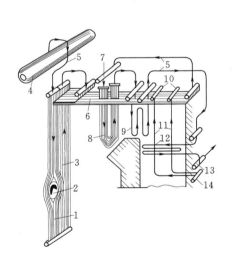

图 7-22 大型自然循环锅炉过热系统图

1—辐射换热过热器的下降管；2—燃烧器的喷嘴孔；3—辐射换热过热器的上升管；4—汽包；5—干蒸汽管；6—顶棚过热器；7—蒸汽减温器；8—屏式过热器；9—立式过热器；10—悬吊管工质的出口联箱；11—悬吊管；12—卧式过热器；13—过热蒸汽出口联箱；14—悬吊管工质进口联箱

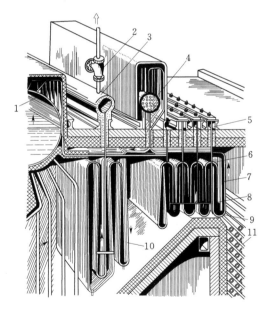

图 7-23 中压锅炉的对流式过热器结构与布置立体图

1—汽包；2—主蒸汽阀；3—出口联箱；4—减温器；5—悬吊梁；6—吊杆；7—第一级对流过热器；8—定距夹板；9—定距梳形板；10—第二级对流过热器；11—省煤器

首先到第一级过热器（7）接受高温烟气的加热，然后再到第二级过热器（10）接受更高温度的烟气加热，最后过热蒸汽汇集到出口联箱（3），通过主蒸汽阀（2）送往汽轮机。

（2）再热器。再热器只在超高压的锅炉中采用，布置在水平烟道与垂直烟道的转角处，接受管外的高温烟气的传热，将在汽轮机高压缸中做了部分功的蒸汽重新加热到原来的过热温度。图 7-24 为直流锅炉再热器双级布置示意图，高温段再热器（2）形状与过热器相似，低温段再热器（1）形状与省煤器相似。

三、燃料输送系统

燃料输送系统由皮带机、原煤仓和给煤机组成，完成对原煤的输送、储存和供给。

1. 皮带机

皮带机用来将煤场的原煤输送到高处的原煤仓中。

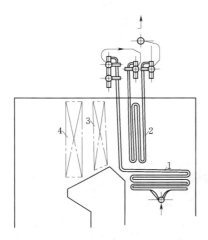

图 7-24　直流锅炉再热器双级布置

1—低温段再热器；2—高温段再热器；

3—蛇形管式过热器；4—吊屏式过热器

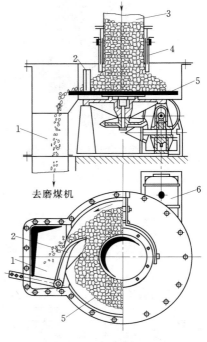

图 7-25　圆盘式给煤机

1—出煤管；2—调节刮板；3—进煤管；

4—调节套筒；5—圆盘；6—电动机

2. 原煤仓

原煤仓为一个巨型四棱形漏斗状原煤储存容器，巨大的容积对原煤供给具有一定调控能力，漏斗底部受给煤机控制给出原煤。

3. 给煤机

给煤机的作用是根据磨煤机的工作速率，从原煤仓底部均匀地将原煤送入磨煤机中。有圆盘式给煤机和电磁振动式给煤机两种形式。

（1）圆盘式给煤机。图 7-25 为圆盘式给煤机。电动机（6）通过减速箱带动圆盘（5）转动，原煤从进煤管（3）经调节套筒（4）下落在圆盘上，形成一个自然的锥形煤堆，调节套筒的垂直位置、或调节刮板（2）的径向位置、或调节圆盘的转速，都能调节给煤量。给出的原煤跌落到出煤管（1）中，送往磨煤机。圆盘式给煤机的结构紧凑，但遇到湿煤或煤中杂质较多时容易被堵。

（2）电磁振动式给煤机。图 7 - 26 为电磁振动式给煤机示意图。振动器（3）中有一个电磁振动线圈，原煤从煤斗（1）落入给煤槽（2）中，振动器抖动斜向布置的给煤槽，煤在给煤槽中按抛物线形式以一定的频率振动跳跃前进，落入去磨煤机的落煤管。通过改变振动频率或振动幅度，可以调节给煤量。

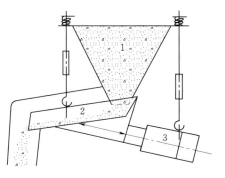

图 7 - 26　电磁振动式给煤机示意图
1—煤斗；2—给煤槽；3—电磁振动器

四、制粉系统

制粉系统的任务是生产流量足够、颗粒大小符合要求的煤粉，满足锅炉燃烧需求。制粉系统有中间储仓式和直吹式两种形式。中间储仓式制粉系统，见图 7 - 27，由磨煤机（3）、粗粉分离器（4）、细粉分离器（5）、煤粉仓（8）、给粉机（9）和排粉机（10）组成，磨煤机与粗粉分离器是分开的两个设备。在直吹式制粉系统中，见图 7 - 28，由于从粗粉分离器（4）分离出来的细粉和一次风混合物直接送到燃烧器（6）喷入炉膛，因此不设细粉分离器、煤粉仓和给粉机，粗粉分离器（4）直接装在磨煤机（3）的上部，外形如同一个设备。

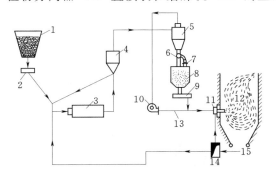

图 7 - 27　中间储仓式制粉系统示意图
1—原煤仓；2—给煤机；3—磨煤机；4—粗粉分离器；
5—细粉分离器；6—换向阀门；7—螺旋输粉机；
8—煤粉仓；9—给粉机；10—排粉机；11—燃烧器；
12—炉膛；13—细粉和一次风再次会合管；14—一次风与二次风分岔点；15—来自空气预热器的热空气

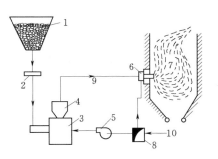

图 7 - 28　直吹式制粉系统
1—原煤仓；2—给煤机；3—磨煤机；4—粗粉分离器；5—排粉机；6—燃烧器；7—炉膛；8—一次风与二次风分岔点；9—细粉和一次风混合物管道；10—来自空气预热器的热空气

1. 磨煤机

磨煤机的作用是将原煤粉碎及研磨成颗粒直径合适的煤粉。煤粉研磨的过细，浪费动力电能；煤粉研磨过粗，煤粉在炉膛中来不及燃尽就掉入炉膛底部的冷灰斗里，造成可燃碳的丢失。磨煤机有低速磨煤机、中速磨煤机和高速磨煤机三种形式。

（1）低速磨煤机。转筒的工作转速为 15～25r/min。在我国 200MW 以下的燃煤机组中，应用最多的是低速筒式钢球磨煤机，又称球磨机，见图 7 - 29。其主体是一个直径达 2～4m、长达 3～10m 的钢制大转筒（1），筒内装有约占转筒容积 25% 的钢球，钢球的直径为 25～60mm，筒体两端为空心的轴颈由轴承（5）支撑，原煤和一次热风从左边进口管（2）经空心轴颈送入大转筒，筒内壁波浪形高硬度钢护甲携带原煤和钢球（10）上下

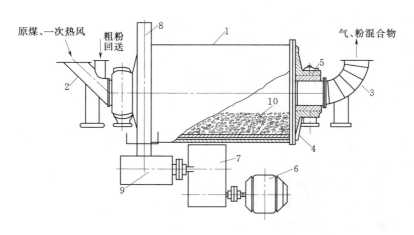

图 7 - 29　低速筒式钢球磨煤机

1—转筒；2—进口管；3—出口管；4—筒端盖；5—主轴承；6—电动机；

7—减速箱；8—大齿轮；9—小齿轮；10—钢球和原煤

翻滚，原煤在钢球的撞击、挤压和碾磨下被磨制成煤粉。一次风在筒内干燥煤粉并携带煤粉，以气粉混合物的形式从右端空心轴颈经出口管（3）流出磨煤机。球磨机工作可靠，产粉量大，对不同煤种适应性强。但体积庞大笨重，耗电量大，噪音大，低负荷运行很不经济，适用有煤粉仓的中间储仓制粉系统。

（2）中速磨煤机。磨盘的工作转速为 $50 \sim 300 r/min$。中速磨的形式虽然很多，见图 7 - 30，但在结构上都是由转动的磨盘（1）和碾磨部件转辊（2）、（4）或钢球（3）组成，工作原理都是原煤自上而下落在磨盘的中央，原煤在磨盘转动的离心力（5）作用下进入磨盘周边的钢球或转辊碾磨区，钢球或转辊在弹簧或液压作用下，对由电动机带动旋转的磨盘上的原煤进行挤压、碾磨，被磨碎的煤粉继续离心地从磨盘周边溢出，一次热风（6）从磨盘周边向上吹，将溢出的煤粉干燥并形成气粉混合物向上进入磨煤机顶部的粗粉分离器，被分离出来的不合格粗粉回落到磨煤机重磨。一次风和合格的细煤粉直接送燃烧器喷入炉膛。

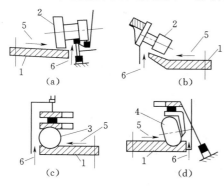

图 7 - 30　中速磨工作原理示意图

(a)平面磨；(b)RP 磨；(c)E 型磨；(d)MPS 磨

1—磨盘；2—柱状转辊；3—钢球；

4—鼓状转辊；5—离心力；6——一次风

中速磨煤机结构紧凑，噪音低，耗电量小。但磨煤部件易磨损，不宜磨硬煤和水分较多灰分较大的煤。适用直吹式制粉系统，粗粉分离器与中速磨煤机在结构上连为一体。

图 7 - 30 中（a）图为辊盘式磨煤机，简称平面磨；（b）图为辊碗式磨煤机，简称碗式磨或 RP 磨；（c）图为球环式磨煤机，简称 E 型磨；（d）图为辊环式磨煤机，简称 MPS 磨。MPS 磨是近几十年发展起来的一种新型的中速磨，同时具有前三者的优点，因此在现代大中型火电厂广泛采用。图 7 - 31 为 MPS 中速磨煤机，原煤从入口（10）由上向下进入磨煤机，一次热风从入口（14）由下向上进入磨煤机，被分离的细粉和一次风形

成风粉混合物从出口（9）向上流出直接送往锅炉燃烧器。

（3）高速磨煤机。风叶的工作转速为500～1500r/min。高速磨用的最多的是风扇磨，其结构与风机类似，见图7-32，主要由叶轮（3）和蜗壳（1）组成。叶轮上装有8～12片冲击板（2），相当于风机中的叶片，冲击板和蜗壳内壁的护甲均由强度较高的锰钢等耐磨材料制造。当电动机带动叶轮高速旋转时，随同一次风一起进入叶轮中心的原煤被冲击板击碎，并离心地撞击到蜗壳内壁的护甲上，被再次击碎。被粉碎的煤粉由一次风携带上升到磨煤机出口处的粗粉分离器进行分离，分离出来的不合格粗粉回落到磨煤机重磨。适用直吹式制粉系统，粗粉分离器与高速磨煤机在结构上连为一体。

风扇磨除了具有磨煤的功能外，还具有风机的作用，使得采用风扇磨的制粉系统得以简化。由于通风效果强烈，大部分煤处于悬浮状态，干燥煤粉的作用明显。适宜磨制水分较大的煤种。但由于冲击板和护甲磨损严重，只适宜磨制高水分褐煤及软质烟煤。

2. 粗粉分离器

粗粉分离器的作用是将煤粉中颗粒偏大的不合格粗粉分离出来送回到磨煤机中重新研磨。在中间仓储式制粉系统中，粗粉分离器分离出来的细粉和一次风送入细粉分离器进一步分离，磨煤机与粗粉分离器是分离的两个设备；在直吹式制粉系统中粗粉分离器分离出来的细粉和一次风直接送入燃烧器，喷入炉膛，磨煤机与粗粉分离器是组装在一起形同一个设备。图7-33为与磨煤机分离的粗粉分离器原理图，从磨

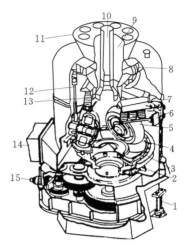

图 7-31　MPS 中速磨煤机

1—液压缸；2—杂物刮板；3—环形风沟；
4—磨盘；5—鼓状转辊；6—下压盘；
7—上压盘；8—粗粉分离器导叶；
9—气粉混合物出口；10—原煤入口；
11—煤粉分配；12—密封空气管路；
13—加压弹簧；14—一次风进口；
15—传动轴

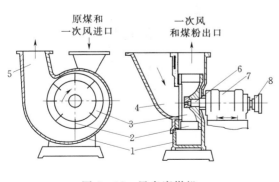

图 7-32　风扇磨煤机

1—蜗壳；2—冲击板；3—叶轮；4—一次风和
原煤进口；5——次风和煤粉出口；
6—叶轮转轴；7—轴承箱；8—联轴器

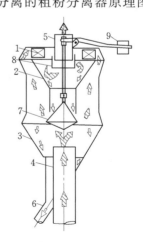

图 7-33　粗粉分离器

1—折向导叶；2—内锥管；3—外锥管；
4——次风和煤粉进口管；5——次风和
细粉出口管；6—粗粉回粉管；7—锁气
锥体；8—分离率调节筒；9—平衡重锤

煤机出来的气粉混合物经管道送至粗粉分离器，煤粉在一次风的携带下从进口管（4）上升到达外锥管（3），由于流道面积一下子变大，煤粉运动速度变慢，直线运动的惯性力变小，颗粒较粗煤粉的惯性力小于自身重力，粗粉沿外锥管管壁纷纷下落经回粉管（6）送回到磨煤机重磨，进行了第一次分离。气粉混合物继续上升向心地通过折向导叶（1），折向导叶使气粉混合物产生旋转运动进入内锥管（2），颗粒较粗的煤粉由于水平方向的离心力较大，被甩到远离中心的区域，沿内锥管管壁纷纷下落，堆积在锁气锥体（7）上，进行了第二次分离。位于中心区域的气粉混合物由下而上地进入分离率调节筒（8），颗粒较粗的煤粉由于垂直方向的离心力较大，被甩向远离调节筒进口处，纷纷下落堆积在锁气锥体上，进行了第三次分离。最后一次风和细粉从出口管（5）流出离开粗粉分离器。调节调节筒的垂直位置，可以调节粗细煤粉的分离率。锁气锥体上的粗粉堆积达到一定重量时，所产生的力矩克服平衡重锤（9）产生的力矩，水平杠杆逆向转动，锁气锥体下降，内外锥管接通，堆积在锁气锥体上的粗粉下落进入外锥管，经回粉管送回到磨煤机重磨。锁气锥体上的粗粉较少时，在平衡重锤产生的力矩作用下，锁气锥体上升隔开内外锥管，起到锁气作用。

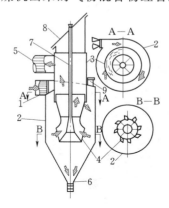

图 7-34　细粉分离器

1—进口管；2—外圆筒；3—中心筒；4—导向导叶；5——一次风出风管；6—细粉出粉管；7—拉杆；8—中心筒防爆门；9—外圆筒防爆门

3. 细粉分离器

细粉分离器的作用是将细粉与一次风进行分离，图 7-34 为细粉分离器原理图。来自粗粉分离器的气粉混合物从进口管（1）沿着切线方向进入外圆筒（2）沿圆筒内壁一边旋转一边下行，由于细粉质量比空气大，细粉在水平方向离心力的作用下，被甩到远离中心的区域，沿圆筒内壁纷纷下落到筒底部，进行了第一次分离。含有少量细粉的一次风由下而上地进入中心筒（3），细粉由于垂直方向的离心力较大，被甩向远离中心筒进口处，纷纷下落到筒底部，进行了第二次分离。最后一次风从出风管（5）流出离开细粉分离器，细粉从出粉管（6）流出送往煤粉仓储存。中心筒进口处的导向导叶（4）可使气流平稳地进入中心筒，不产生旋涡，以免中心筒入口处产生低压吸力，将分离出来的细粉吸进中心筒。

4. 煤粉仓

煤粉仓与原煤仓相似，也是一个巨型四棱形漏斗状容器，其作用是用来中间储存细粉分离器分离出来的细煤粉，当锅炉的耗粉量发生变化时，煤粉仓对煤粉的供需具有一定的调节能力，降低了对磨煤机工作速率的要求。

5. 给粉机

给粉机能根据锅炉燃烧的耗粉量从煤粉仓的漏斗底部均匀地送出细煤粉，与排粉机送出的一次风再次混合进入燃烧器。图 7-35 是叶轮式给粉机示意图，搅拌叶轮（1）、

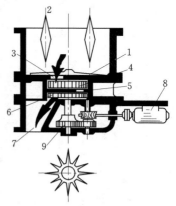

图 7-35　叶轮式给粉机

1—搅拌叶轮；2—遮断挡板；3—上孔板；4—上叶轮；5—下孔板；6—下叶轮；7—给粉管；8—电动机；9—减速齿轮

上叶轮（4）和下叶轮（6）在电动机带动下同轴转动，搅拌叶轮与上叶轮之间有上孔板（3），板的左侧有一只下粉孔。上叶轮和下叶轮之间有下孔板（5），板的右侧有一只下粉孔。细煤粉在搅拌叶轮搅拌下经上孔板的左侧下粉孔落入上叶轮中，细煤粉在上叶轮夹带下转到右侧经下孔板的右侧下粉孔落入下叶轮中，细煤粉在下叶轮夹带下又转到左侧落入出粉管（7），与排粉机送来的一次风再次回合。由于左右下粉孔错位180°，具有锁气功能，保证从排粉机出来的一次风不向煤粉仓倒灌。调节叶轮的转速可以调节给出的煤粉量。

6. 排粉机

排粉机就是一种风机，其作用是对细粉分离器分离出来的一次风进行加压，继续输送从给粉机给出的细粉到燃烧器。

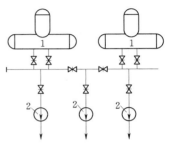

图 7-36　锅炉给水系统原理图
1—给水箱；2—给水泵

五、给水系统

给水系统的作用是向锅炉提供压力足够高的高压未饱和水，因为只有高压才能高温，工质在高压高温下能携带更多的热量，使热力设备的体积减小。所以，现代火电厂锅炉的工作压力越来越高。给水系统由给水箱和给水泵组成，图7-36所示为锅炉给水系统原理图。

（1）给水箱。给水箱的作用是储存经过除氧后的低压水，位于厂房最高处的给水箱是汽水系统中惟一的一只低压容器，巨大的容积对水量供给具有一定的调控能力。

（2）给水泵。给水泵的作用是将低压饱和水加压成高压未饱和水，水泵的进出口压力提升相当大，以图6-24中某超高压火电厂为例，给水泵的进口压力为0.14MPa，出口压力高达13.5MPa。一般采用多级串联离心式高压给水泵，前面一级叶轮的出口就是后面一级叶轮的进口。图7-37为采用五级叶轮的串联离心式高压给水泵。

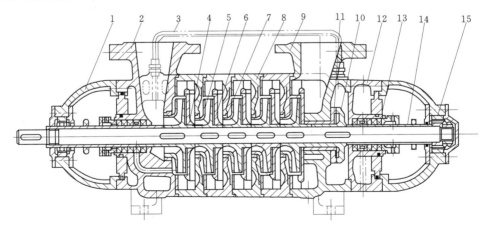

图 7-37　五级串联离心式高压给水泵

1—轴承体；2—前段；3—平衡管；4—导叶套；5—叶轮；6—导叶；
7—密封环；8—中段；9—后段；10—平衡盘；11—平衡环；12—尾盖；
13—填料合；14—密封圈；15—滚动轴承

151

六、通风系统

锅炉的通风系统主要由送风机、引风机和烟囱组成，锅炉燃烧需要强迫通入大量的空气助燃，通风系统的作用是保证足够的空气进入炉膛并及时排出。主要设备有送风机、引风机。

（1）送风机。送风机位于燃烧系统的首端，作用是将大气压入锅炉的燃烧系统，一路用来干燥、输送煤粉（称为一次风），另一路用来向炉膛中央提供充足的助燃空气（称为二次风）。

（2）引风机。引风机位于燃烧系统的末端，作用是将燃烧系统中经充分燃烧后的废弃烟气抽出从烟囱高空排放。

引风机与送风机配合工作，能使得炉膛中心压力保持微正压（比大气压力稍高）或微负压（比大气压力稍低）。常用的风机有离心式风机和轴流式风机，见图7-38和图7-39。高空排放的烟囱也具有强大的吸风效果，有助于空气的流动。

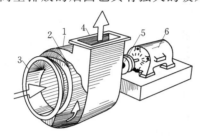

图7-38　离心式风机结构示意图
1—外壳；2—叶轮；3—入口连接管；
4—出口连接管；5—连轴器；6—电动机

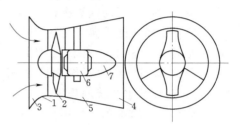

图7-39　轴流式风机结构示意图
1—外壳；2—叶轮；3—集流器；4—出风口；
5—扩压器；6—电动机；7—整流罩

七、除尘系统

除尘系统的设备为除尘器。在炉膛中燃烧的煤粉95%变成飞灰随烟气进入烟道，除尘器对即将进入烟囱高空排放的烟气进行除尘，减少对环境的污染。常用的除尘器有干式除尘器和湿式除尘器两大类。

1. 干式除尘器

干式除尘过程中不需要水，节省了大量的工业用水。比较适合水源较少的地区。收集到的煤灰是干灰，便于回收利用。干式除尘器又有旋风式除尘器和静电除尘器两种。

（1）旋风式除尘器。图7-40为旋风式除尘器示意图。其工作原理与细粉分离器相似，除尘效果较差。

（2）静电除尘器。静电除尘器有板式和管式两种形式，图7-41为静电除尘原理图。放电极是直径为2~4mm、长度为3~5m、末端挂有平衡锤的金属丝，被平衡锤拉紧的金属丝悬挂于集尘极的中心处，放电极与集尘极之间绝缘。经整流装置产生的高压直流电源电压为35~90kV，将放电极接在电源的负极，集尘极接在电源的正极，在放电极与集尘极之间产生一个极强的静电场，为保证人身安全，将集尘极接地。

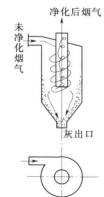

净化后烟气

未净化烟气

灰出口

图7-40　旋风式除尘器

由于放电极电晕放电使空气电离成正负离子状的带电粒子，在具有极小面积的放电极周围是一个不均匀电场，越靠近放电极，电场强度越大，被电离的空气正离子很快被放电极吸引，接触到放电极后失去正电荷。而集尘极的面积较大，周围的电场强度较弱，被电离的空气负离子以较慢的速度向带正电的集尘极运动。以 1.5～2m/s 速度的含尘烟气进入静电场后，飞灰粒子与空气负离子碰撞也成为带电粒子，一起向集尘极运动，接触到集尘极后，失去负电荷的飞灰在振打装置的振动下沿集尘极壁面纷纷下落到底部灰斗中，净化后的烟气从出口排出。实际工程中，较多地采用图 7－41（a）中所示的板式静电除尘器。

静电除尘器的除尘效果可达 98％以上，但是由于烟气的流速不能太大，否则影响除尘效果，使得除尘器的体积庞大，造价昂贵。因此在对环境保护要求较高地区的大中型火电厂中被广泛采用。

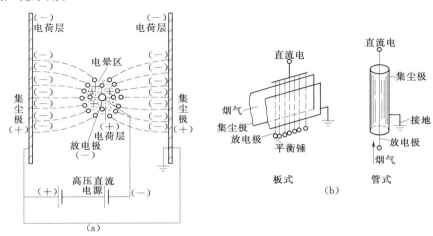

图 7－41　静电除尘器原理图

2. 湿式除尘器

湿式除尘器在工作过程中需要用水，尽管对水质无要求，但是使用过的水被飞灰和烟气中的有害物质污染。煤灰与水混为一体，煤灰回收利用不方便。除尘效果在 88％～90％。由于设备投资较小，在中小型火电厂被广泛使用。湿式除尘器又有离心水模式除尘器和文丘里湿式除尘器两种形式。

（1）离心水模式除尘器。图 7－42 为离心水模式除尘器，烟气沿矩形烟气入口烟道（3）切向进入混凝土做成的圆筒（6）内壁的下部，在圆筒内壁上部设有喷嘴或溢水槽（8），使圆筒内壁形成往下流动的水膜，在方形烟气入口烟道内装有交错竖立的磁棒或塑料棒组成的洗涤栅栏（5），在洗涤栅栏前装有喷水的喷嘴（4），将水均匀地喷洒到磁棒或塑料棒的表面形成水膜，在方形烟气入口烟道的底部装有冲灰喷嘴（2）。烟气流经洗涤栅栏时，有部分飞灰粘附在水膜上与水一起流入底部并由底部喷嘴冲入圆筒底部灰斗（1）中。经初步分离的烟气切向进入圆筒下部后，沿圆筒内壁一边旋转一边上行，在水平方向的离心力作用下，质量较大的飞灰被抛向筒壁，接触到水膜随水流一起流入圆筒底部灰斗，净化后的烟气从圆筒顶部流出。离心水模式除尘器耗水量较大。

（2）文丘里湿式除尘器。图 7－43 为文丘里湿式除尘器，由文丘里管（水力学中的术语）和离心式汽水分离器组成。烟气通过文丘里管收缩段（3）时，流速增大，压力下降，由喷嘴（2）喷出的水被高度雾化成小水珠，小水珠与飞灰发生碰撞形成灰水颗粒，灰水颗粒随烟气经扩散段（1）沿切线方向进入汽水分离器（4），沿圆筒内壁一边旋转一边上行，质量较大的灰水颗粒在水平方向的离心力作用下被抛向壁面形成灰水膜，灰水膜向下流动进入圆筒底部的灰斗排走，而净化后的烟气从圆筒顶部排出。文丘里湿式除尘器耗水量较小。

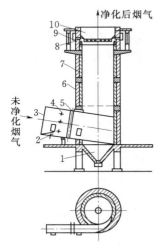

图 7-42　离心式水模式除尘器

1—灰斗；2—底部冲灰喷嘴；3—烟气入口；4—烟
道冲灰喷嘴；5—栅栏；6—筒壁；7—内衬；
8—溢水槽；9—水管，10—烟气出口

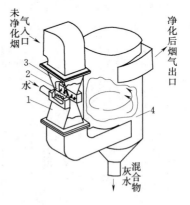

图 7-43　文丘里湿式除尘器

1—扩散段；2—喷嘴；3—收缩段；
4—离心式汽水分离器

第八章 汽 轮 机

汽轮机设备是火电厂重要设备之一。与水轮机相似，是一种以水蒸气作为工作介质的流体机械，在火电厂的能量转换中是带动发电机发电的原动机。汽轮机工作时，蒸汽通过固定不动的喷嘴，使蒸汽的压力和温度同时下降，而速度增大，将蒸汽的热能转换成蒸汽的动能。蒸汽以一定的方向进入汽轮机转子上的叶片，叶片强迫汽流改变运动方向，产生蒸汽对叶片的作用力，推动转子旋转做功，将蒸汽的动能转换成汽轮机转子旋转的机械能。汽轮机的转速很高，一般起码为 3000r/min，因此对设计、制造、安装和运行的要求较高。

第一节 汽轮机工作原理

汽轮机最基本的做功单元为一列喷嘴和一列转子叶片，通常称这个做功单元为汽轮机的"级"，现代汽轮机由于输出功率较大，因此都是由多级做功单元组成。由于喷嘴的叶片是固定不动的，转子的叶片是转动的，两者的叶片形状相同，所以又称喷嘴为"静叶"，而转子叶片称"动叶"。

一、两种不同作用的级

在汽轮机的动叶中，蒸汽的动能转变成转子旋转的机械能，一般通过两种不同的作用原理来实现的。一种是冲动作用原理，另一种是反动作用原理。

1. 冲动作用原理

汽轮机工作原理与水轮机工作原理相同之处是，两者都是利用动叶对流体的作用力，强迫流体改变运动方向。在动叶作用流体力的同时，根据作用力与反作用力大小相等、方向相反的原理，流体对动叶作用了反作用力，该反作用力推动动叶旋转做功，将流体的动能转换成动叶旋转的机械能。这种力称为"冲动力"。这种汽轮机的工作级称为"纯冲动级"。

汽轮机工作原理与水轮机工作原理不同之处是，水轮机的工作介质是水，在叶片流道内流动时，水流沿程只改变运动方向，压力下降时，不会膨胀加速。而汽轮机的工作介质是蒸汽，压力下降时，蒸汽体积会膨胀加速。因此，在叶片流道内流动时，蒸汽沿程可以只改变运动方向，不降压膨胀加速，与水轮机工作原理相同；也可以沿程即改变运动方向，同时又降压膨胀加速。因此，蒸汽在汽轮机中还有一种水轮机不具有的做功形式——反动作用原理。

2. 反动作用原理

反动作用的力称"反动力"。反动力是由原来静止或运动速度较小的物体，在离开或通过另一物体时，骤然获得一个较大的速度增量而产生的。例如，一只小船自由漂浮在河面上，当一个人从小船上跳离小船到岸上时，人需要利用小船产生一个速度增量，根据动

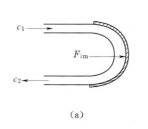

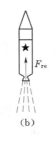

图 8-1 冲动力与反动力

(a) 只有冲动力；(b) 只有反动力

量守恒原理，小船能获得一个与人跳离小船反方向的速度，向远离岸边的方向漂去，人对小船的作用力就是反动力。又例如，火箭内燃料燃烧后产生的高压气体，以极大的速度增量从火箭尾部喷射离开火箭，这时喷出的气流给火箭一个与气流方向相反的反动力，在此反动力推动下，火箭向上运动。

应该明确，冲动力与反动力是两种完全不同性质的力。获得冲动力的大小与物体被改变运动方向的幅度成正比，如图 8-1（a）所示，流体运动速度只发生方向的变化，而速度大小不变（$c_1 = c_2$），固体表面只能得到流体作用的冲动力 F_{im}，而反动力 F_{re} 为零；获得反动力的大小与物体速度增量的幅度成正比，如图 8-1（b）所示，火箭尾部喷出的气流运动速度只发生速度增量，而速度方向不变，火箭只能得到气体作用的反动力 F_{re}，而冲动力 F_{im} 为零。

有一种汽轮机的工作级，蒸汽在动叶流道内即改变运动方向又降压膨胀加速，汽轮机做功既利用了冲动原理，又利用了反动原理，这种汽轮机的工作级称"反动级"。这时蒸汽对动叶的作用力 F 为冲动力和反动力的矢量和，见图 8-2。

$$\vec{F} = \vec{F}_{im} + \vec{F}_{re} \qquad (8-1)$$

在纯冲动级中，由于反动力 F_{re} 为零，所以蒸汽对动叶的作用力

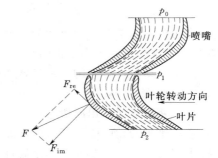

图 8-2 反动级中蒸汽流对动叶的作用力

$$\vec{F} = \vec{F}_{im} \qquad (8-2)$$

对作用力 F 进行矢量正交分解，见图 8-3，无论是纯冲动级还是反动级，F 都可以分解成在动叶旋转方向的圆周切线方向的分力 F_u 和在与圆周切线方向垂直方向的分力 F_z。F_u 才是真正用来推动动叶旋转做功的推动力。F_z 是蒸汽对汽轮机转动系统的轴向推力，不做功，汽轮机转动系统必须设置推力轴承来承受此力。

水轮机中的"反击式"和"冲击式"从文字上讲，这样命名是不正确的，因为无论反击式水轮机还是冲击式水轮机，都是利用水流对叶片的冲动力做功的。因此水轮机中的"反击式"和"冲击式"与汽轮机中的"反动式"和"冲动式"表示的意思不同。

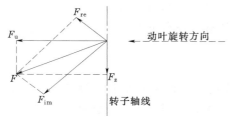

图 8-3 反动级蒸汽作用力的分解

二、纯冲动级的级内工作过程

图 8-4 为利用冲动原理做功的纯冲动级单级汽轮机原理图。单级汽轮机的输出功率不可能很大，因此，实际的汽轮机都是采用多级，但是，每一级的工作原理基本相同，为了分析简便，我

156

们只对单级汽轮机的工作原理进行分析。

蒸汽在汽轮机中的做功过程中可认为不散热，与外界没有热量交换的绝热过程（dq＝0），则是一个等熵过程（ds＝0）。由图 8-5 中级内压力、速度和比焓的变化曲线可知，喷嘴进口的蒸汽压力为 p_0、速度为 c_0、比焓为 h_0，经过喷嘴绝热降压膨胀后，喷嘴出口的蒸汽压力下降为 p_1、速度上升为 c_1、比焓下降为 h_1，即部分压能和热能转换成了蒸汽的动能。动叶进口的蒸汽压力为 p_1、速度为 c_1、比焓为 h_1，经过对动叶绝热冲动做功后，由于蒸汽在纯冲动式动叶流道内沿程只改变运动方向，没有降压膨胀，所以动叶出口的蒸汽速度 $p_2＝p_1$、比焓 $h_2＝h_1$，而速度下降为 c_2，极大部分动能转换成动叶旋转的机械能。

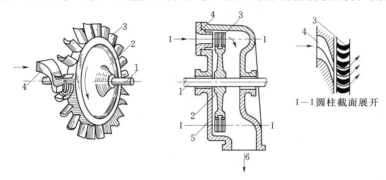

图 8-4　纯冲动级的单级汽轮机原理图

1—主轴；2—轮辐；3—动叶；4—喷嘴；5—汽缸；6—乏汽口

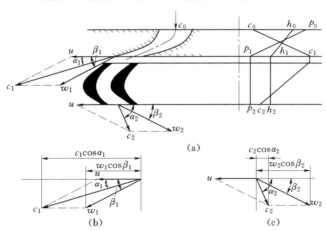

图 8-5　纯冲动级级内工作原理分析

（a）工作原理图；（b）进口速度矢量图；（c）出口速度矢量图

1. 蒸汽在喷嘴中的能量转换

设喷嘴是一种没有摩擦损失的理想喷嘴，喷嘴进口蒸汽的温度为 t_0、压力为 p_0、速度为 c_0，喷嘴出口的蒸汽压力为 p_1，根据温度 t_0 和压力 p_0，在焓熵图上能找到工质的状态点 0 和压力为 p_1 的等压力线，见图 8-6，由于认为蒸汽在喷嘴内是绝热膨胀（ds＝0），则过 0 点作垂线与压力为 p_1 的等压力线相交得交点 1_t，交点 1_t 是蒸汽在理想喷嘴出口的工质状态点，垂线 $0—1_t$ 为蒸汽在理想喷嘴中工作时的工质状态变化过程线。点 1_t 的纵坐

标 h_{1t} 为理想喷嘴出口蒸汽的比焓，单位千克蒸汽在理想喷嘴中的理想焓降

$$\Delta h_{at} = h_0 - h_{1t} \quad (kJ/kg) \qquad (8-3)$$

根据开口系恒定流能量方程可得

$$(h_0 - h_{1t}) \times 10^3 = \frac{1}{2} (c_{1t}^2 - c_0^2) \qquad (8-4)$$

则蒸汽离开理想喷嘴时的理想速度

$$c_{1t} = \sqrt{2000 (h_0 - h_{1t}) + c_0^2} \quad (m/s) \qquad (8-5)$$

因为喷嘴的进口速度 c_0 远远小于理想出口速度 c_{1t}，一般忽略不计，则

$$c_{1t} = \sqrt{2000 (h_0 - h_{1t})} = 44.72 \sqrt{\Delta h_{at}} \quad (m/s) \qquad (8-6)$$

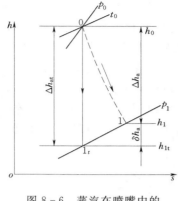

图 8-6　蒸汽在喷嘴中的
热力过程 h—s 图

在实际的喷嘴中，由于运动，蒸汽分子之间必将发生不同程度的相互摩擦，蒸汽流与喷嘴管壁也存在摩擦，蒸汽在喷嘴内高速运动时还会发生扰动和涡流，导致蒸汽的部分动能又重新转变成热能（摩擦热），此热能对蒸汽具有加热作用，使蒸汽的比熵增大，出现绝热（$dq=0$）不等熵（$ds>0$）的特殊现象。从而造成实际比焓下降值比理想比焓下降值小，即蒸汽在喷嘴出口的实际比焓 h_1 比理想比焓 h_{1t} 高，在纵坐标上过 h_1 作水平线与压力为 p_1 的等压力线相交得交点 1，点 1 是蒸汽在实际喷嘴出口的工质状态点，过程线 0—1 为蒸汽在实际喷嘴中工作时的工质状态变化过程线。单位千克蒸汽在实际喷嘴中的实际焓降 Δh_a 小于理想焓降 Δh_{at}，即

$$\Delta h_a = h_0 - h_1 \quad (kJ/kg) \qquad (8-7)$$

则蒸汽离开实际喷嘴时的实际速度 c_1 小于理想速度 c_{1t}，即

$$c_1 = \sqrt{2000 (h_0 - h_1)} = 44.72 \sqrt{\Delta h_a} \quad (m/s) \qquad (8-8)$$

产生实际焓降小于理想焓降的原因是蒸汽的一部分动能消耗在摩擦损失上，这部分动能重新转换成热能，所以总能量没有损失，通常把这部分动能损失称作"喷嘴损失"，用符号"δh_a"表示，即

$$\delta h_a = h_1 - h_{1t} = \frac{1}{2000} (c_{1t}^2 - c_1^2) \quad (kJ/kg) \qquad (8-9)$$

c_1 与 c_{1t} 之比称为喷嘴的速度系数，用符号"φ"表示。φ 是一个经验系数，其值与蒸汽的速度、喷嘴的高度、通道形状和壁面光洁度等因素有关，一般 $\varphi = 0.92 \sim 0.98$。引进速度系数的概念后，可得实际喷嘴出口蒸汽的实际速度

$$c_1 = \varphi c_{1t} = 44.72 \varphi \sqrt{\Delta h_{at}} = 44.72 \sqrt{\Delta h_a} \quad (m/s) \qquad (8-10)$$

2. 蒸汽在动叶内的能量转换

在纯冲动级的汽轮机中，蒸汽的膨胀加速全部在喷嘴中进行，动叶的任务只是将蒸汽的动能转换成动叶旋转的机械能。由于蒸汽的动能已大部分转换成动叶旋转的机械能，所以动叶出口出的蒸汽速度 c_2 远小于进口速度 c_1。

仔细对照图 2-48 水斗式水轮机工作原理图和图 8-5 纯冲动原理做功的汽轮机工作原理图，可以看出：

（1）水斗式水轮机的斗叶在水流冲击下利用冲动力以 u 的圆周速度旋转做功；汽轮机的动叶在蒸汽流冲击下利用冲动力以 u 的圆周速度旋转做功。

（2）水斗式水轮机的水流以相对速度 w_1 进入斗叶，以相对速度 w_2 离开斗叶；汽轮机的蒸汽流以相对速度 w_1 进入动叶，以相对速度 w_2 离开动叶。

（3）水斗式水轮机水流的圆周速度 u 与相对速度 w 的矢量和用绝对速度 v 表示；汽轮机的蒸汽流的圆周速度 u 与相对速度 w 的矢量和用绝对速度 c 表示。

（4）水斗式水轮机的每一个斗叶的断面有两个凹形曲面，水流被均匀地分成两半，分别流过两个凹形曲面；汽轮机的每一个动叶的断面只有一个凹形曲面，蒸汽流只流过一个凹形曲面。如果将水斗式水轮机的斗叶的一个凹形曲面去掉，则两者的断面形状完全一样。实际上对照图 2-9 和图 8-4 可以看出，汽轮机的动叶断面形状及蒸汽流对动叶的冲击原理与斜击式水轮机的叶片断面形状及水流对叶片的冲击原理完全一样。因此，汽轮机和水轮机两者的进出口速度三角形的画法及各量所表示的意义完全一样，两者的工作原理和分析的结论基本相似，即分析水轮机工作原理的定义和方法同样可以用在分析汽轮机工作原理中。

从图 8-5 的动叶出口速度三角形可知，当动叶出口蒸汽绝对速度方向角 $\alpha_2 = 90°$ 时，动叶出口蒸汽绝对速度 c_2 为最小值，本工作级无法利用的蒸汽动能最小，汽轮机效率最高。这部分本级无法利用的蒸汽动能称"余速损失"，用 Δh_c 表示。

为保证蒸汽在动叶流道内沿程不膨胀加速，要求动叶流道沿程面积既不增大也不减小，所以动叶必须做成 $\beta_1 \approx \beta_2$。

当动叶出口蒸汽绝对速度方向角 $\alpha_2 = 90°$ 时，假定理想动叶中蒸汽流动没有摩擦阻力，理想动叶中蒸汽的相对速度从进口到出口，速度的方向发生了变化但大小不变，即 $w_2 = w_1$，则根据图 8-5 中动叶进出口速度三角形可得

$$w_2 \cos\beta_2 = u \qquad (8-11)$$

$$c_1 \cos\alpha_1 = u + w_1 \cos\beta_1 = u + w_2 \cos\beta_2 = 2u \qquad (8-12)$$

也就是说，余速损失最小和汽轮机效率最高的条件是

$$\frac{u}{c_1} = \frac{1}{2}\cos\alpha_1 \qquad (8-13)$$

因为 α_1 较小，所以 $\cos\alpha_1 \approx 1$，则 u 与 c_1 的比值为 0.5，称纯冲动级的最佳速度比。由于实际动叶流道中不可避免地存在各种摩擦损失，使得出口相对速度 w_2 小于进口蒸汽相对速度 w_1，而 α_1 在 $14°\sim20°$ 之间，所以纯冲动级实际的最佳速度比为 $0.42\sim0.48$（分析结果与水斗式水轮机相同）。

实际动叶的蒸汽出口相对速度的大小 w_2 与进口相对速度的大小 w_1 的比值称动叶的速度系数，用"ψ"表示，与喷嘴的速度系数一样，动叶的速度系数大小与蒸汽的速度、动叶的高度、通道形状和壁面光洁度等因素有关，其数值在 $0.88\sim0.94$ 之间。因此

$$w_2 = \psi w_1$$

出口相对速度降低所反映出来的蒸汽动能损失，称为"动叶损失"，用"δh_b"表示，则

$$\delta h_b = \frac{1}{2}(w_1^2 - w_2^2) \times 10^{-3} = \frac{1}{2}w_1^2(1 - \psi^2) \times 10^{-3} \quad (\text{kJ/kg}) \qquad (8-14)$$

与在喷嘴中情况相同，在动叶中蒸汽的一部分动能由于消耗在摩擦损失上，这部分动能重

新转变成热能（摩擦热），所以总能量没有损失。此热能对蒸汽具有加热作用，使蒸汽的比熵增大，出现绝热（$dq=0$）不等熵（$ds>0$）的特殊现象。理想的纯冲动级动叶由于 $h_2=h_1$，动叶的理想焓降等于零，而实际由于摩擦热使得 $h_2>h_1$（焓升）。

三、工作级的反动度

动叶进口的蒸汽压力为 p_1、速度为 c_1、比焓为 h_1，经过对动叶的绝热做功后，由于蒸汽在反动式动叶流道内沿程既改变运动方向，又降压膨胀，所以反动式动叶出口的蒸汽压力 $p_2<p_1$、比焓 $h_2<h_1$，而出口速度下降为 c_2，极大部分动能转换成动叶旋转的机械能。但是，由于在动叶中降压膨胀加速，使得出口速度 c_2 下降幅度小于纯冲动式。

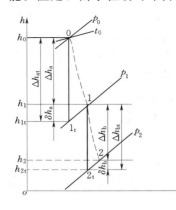

图 8-7 反动级级内的
热力过程 $h-s$ 图

设反动式动叶是一种没有摩擦损失的理想动叶，由于认为蒸汽在动叶内是绝热做功（$ds=0$）则根据图 8-7，过点 1 作垂线与压力为 p_2 的等压力线相交得交点 2_t，交点 2_t 是蒸汽在理想动叶出口的工质状态点，垂线 $1-2_t$ 为蒸汽在理想动叶中工作时的工质状态变化过程线。点 2_t 的纵坐标 h_{2t} 为理想动叶出口蒸汽的比焓，单位千克蒸汽的理想焓降

$$\Delta h_{bt}=h_1-h_{2t} \quad (kJ/kg) \qquad (8-15)$$

工作级的理想总焓降

$$\Delta h_{st}=\Delta h_{at}+\Delta h_{bt} \qquad (8-16)$$

令动叶内的理想焓降与该级理想总焓降的比值为"反动度"，用符号"ρ"表示，即

$$\rho=\frac{\Delta h_{bt}}{\Delta h_{st}} \qquad (8-17)$$

反动度反映了蒸汽在动叶中降压膨胀加速的程度。其中：

$\rho=0$ 时，蒸汽在动叶中的理想焓降 Δh_{bt} 等于零，表示蒸汽的降压膨胀加速全部在喷嘴中进行。这种工作级称纯冲动级，汽轮机称纯冲动式汽轮机。

$\rho=0.5$ 时，蒸汽在动叶中的理想焓降 Δh_{bt} 等于级理想总焓降的 50%，表示蒸汽的降压膨胀加速 50% 在喷嘴中进行，还有 50% 在动叶中进行。这种工作级称反动级，汽轮机称反动式汽轮机。

$0<\rho<0.5$ 时，蒸汽在动叶中的理想焓降 Δh_{bt} 小于级理想总焓降的 50%，表示蒸汽的降压膨胀加速大部分在喷嘴中进行，还有小部分在动叶中进行。这种工作级称冲动级，汽轮机称冲动式汽轮机。

四、反动级的级内工作过程

反动级中蒸汽在喷嘴中的工作过程与纯冲动级完全一样，不同的是蒸汽还有 50% 的降压膨胀加速在动叶中完成。为了保证反动度 $\rho=0.5$，反动级的动叶与静叶被加工成相同的几何形状，由于静叶的出口就是动叶的进口，动叶的出口是下一级静叶的进口，因此，$\alpha_1=\beta_2$，$\alpha_2=\beta_1$。蒸汽流过动叶时，一边改变运动方向，一边降压膨胀加速，在动叶内，蒸汽的压力从 p_1 下降到 p_2，比焓从 h_1 下降到 h_2，见图 8-8，有一部分蒸汽的压能和热能转换成蒸汽的动能。

由于在反动级的动叶内蒸汽进行了降压膨胀加速，造成动叶出口蒸汽的相对速度 w_2

比进口蒸汽的相对速度 w_1 大得多。为保证蒸汽流经动叶流道时压力逐步降低，顺利进行膨胀加速，动叶所构成的流道应像静叶一样逐渐收缩，即蒸汽出口相对速度方向角 β_2 应小于进口相对速度方向角 β_1。

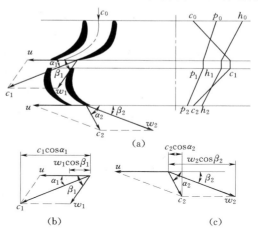

从图 8-8 的动叶出口速度三角形可知，当动叶出口蒸汽绝对速度方向角 $\alpha_2 = 90°$ 时，动叶出口蒸汽绝对速度 c_2 为最小值，本工作级无法利用的蒸汽动能最小，汽轮机效率最高。

当动叶出口蒸汽绝对速度方向角 $\alpha_2 = 90°$ 时，则 $\beta_1 = \alpha_2 = 90°$，根据图中动叶进出口速度三角形可得

$$u = w_2 \cos\beta_2 = c_1 \cos\alpha_1 \qquad (8-18)$$

也就是说，余速损失最小和汽轮机效率最高的条件是

$$\frac{u}{c_1} = \cos\alpha_1 \qquad (8-19)$$

图 8-8　反动级级内工作原理分析
（a）工作原理图；（b）进口速度矢量图；
（c）出口速度矢量图

因为 α_1 较小，所以 $\cos\alpha_1 \approx 1$，u 与 c_1 的比值为 1，称反动级的最佳速度比。由此可见，反动级的最佳速度比比纯冲动级的最佳速度比大一倍。反动级的实际最佳速度比略小于 1。

五、不同反动度工作级的应用

根据以上分析，要使汽轮机具有较高的效率，动叶的圆周速度 u 与动叶进口的蒸汽绝对速度 c_1 之比值应该有一个最佳值。而动叶的圆周速度 u 的最大值受转子轮辐和动叶的材料强度限制，为保证最佳速度比，使得动叶进口的蒸汽绝对速度 c_1 的最大值也受到限制，绝对速度 c_1 是由喷嘴降压膨胀加速产生的，因此喷嘴的焓降最大值也受到限制，所以，单级汽轮机的功率不可能很大。反过来也可以说，必须按最佳速度比来确定最合理的工作级总焓降和该级的结构尺寸。

比较纯冲动级与反动级最佳速度比的表达式可以看出，在相同圆周速度 u 的条件下，为了保证最佳速度比，纯冲动级喷嘴出口的蒸汽速度 $(c_1)_{冲}$ 应该比反动级喷嘴出口的蒸汽速度 $(c_1)_{反}$ 大一倍，则前者的喷嘴内的焓降比后者的喷嘴焓降也大一倍，前者汽轮机的单级功率比后者汽轮机的单级功率也大一倍。但是在反动级中，由于 w_2 远远大于 w_1，使得一般动叶的速度系数 $\psi > 4$，根据式 8-14 可知，速度系数大，动叶损失就小，工作级的效率就高。

由此可见，在相同条件下，纯冲动级的做功能力最大，汽轮机的级数最少，但效率最低；反动级的做功能力最小，汽轮机的级数最多，效率最高；冲动级介于两者之间。因此冲动级在中小型汽轮机中得到广泛应用。在大中型汽轮机中，较多地考虑工作级的效率而较多地采用反动级。

纯冲动级（$\rho = 0$）的汽轮机是没有的。实际的汽轮机一般前面高压段各级的反动度 $\rho = 0.05 \sim 0.2$，后面低压段几级的反动度 $\rho = 0.3 \sim 0.5$。中小型汽轮机中，冲动级的级数采用多一点，而大中型汽轮机中，反动级的级数采用多一点。

六、蒸汽作用动叶的力和轮周功率

在 dt 时间内可以认为蒸汽通过动叶时是恒定流，则在相同的时间内流进动叶的蒸汽质量 m 等于流出动叶的蒸汽质量 m，见图 8-9。与图 2-44 水轮机工作原理分析方法相似，根据作用力与反作用力大小相等方向相反的原理，动叶对蒸汽流的作用力 F' 与蒸汽

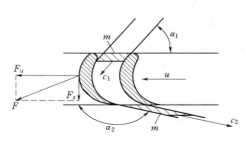

图 8-9　蒸汽在动叶中的运动方向的变化

流对动叶的作用力 F 大小相等方向相反，动叶对蒸汽流的作用力在圆周切线方向的分力 F'_u 与蒸汽流对动叶的作用力在圆周切线方向的分力 F_u 大小相等方向相反。

设在 dt 时间内，m 质量的蒸汽从动叶进口流到出口，运动速度由 c_1 变成 c_2，则根据牛顿第二定律可得动叶对蒸汽流的作用力

$$F' = m\frac{dc}{dt} \tag{8-20}$$

或动叶对蒸汽流的作用力在圆周切线方向的分力

$$F'_u = m\frac{dc_u}{dt} \tag{8-21}$$

式中　c_u——蒸汽流绝对速度在圆周切线方向的分速度。

因为

$$dc_u = c_{u2} - c_{u1} = c_2\cos\alpha_2 - c_1\cos\alpha_1 \tag{8-22}$$

$$m = Ddt \tag{8-23}$$

式中　D——单位时间流过动叶的蒸汽流质量，kg/s。

所以真正用来推动动叶转动做功的力

$$F_u = -F'_u = D\ (c_1\cos\alpha_1 - c_2\cos\alpha_2) \qquad (\text{N}) \tag{8-24}$$

在蒸汽流对动叶的圆周切线方向分力 F_u 的作用下，动叶以圆周速度 u 旋转做功，则轮周功率为

$$P_u = F_u u = Du\ (c_1\cos\alpha_1 - c_2\cos\alpha_2)\ \times 10^{-3} \qquad (\text{kW}) \tag{8-25}$$

在保证汽轮机动叶圆周速度 u 与蒸汽进口绝对速度 c_1 的最佳速度比的条件下，与水轮机工作原理的分析结论一样，蒸汽流在动叶出口的绝对速度方向角 $\alpha_2 = 90°$ 时，汽轮机的效率最高或出力最大，同时本级未能利用的蒸汽动能最小，即本级的余速损失最小。

第二节　汽轮机主要工作参数

一、汽轮机的分类

（1）按工作原理分类。可分为反动式和冲动式两种，纯冲动式的汽轮机因为效率太低而不采用。

（2）按新蒸汽压力分类。高压汽轮机（5.88～9.8MPa）、超高压汽轮机（11.77～13.73MPa）、亚临界压力汽轮机（15.69～17.65MPa）、超临界压力汽轮机（22.16MPa及以上）。高压汽轮机用在中小型火电厂，高压及以上汽轮机用在大型火电厂。目前世界

上新蒸汽压力最高的汽轮机在美国，压力已达 35.2MPa（新蒸汽温度 650℃）。

（3）按热力过程分类。可分为凝汽式汽轮机、背压式汽轮机、调节抽汽式汽轮机和中间再热式汽轮机。凝汽式汽轮机和再热式汽轮机的汽轮机排汽全部经过凝汽器凝结成水，蒸汽的热能利用率较低，但发电不受其他因素影响。背压式汽轮机和调节抽汽式汽轮机的汽轮机排汽部分或全部供热用户，发电与供热相互有一定的牵连。

二、汽轮机的牌号

汽轮机的牌号由两大部分组成，中间用粗实线隔开。

第一大部分又由两部分组成，前面部分是用汉语拼音表示的汽轮机热力特性或用途，见表 8-1；后面部分是用数字表示的机组容量，单位：MW。

第二大部分是用两条斜线分隔的三个数字。前面的数字表示汽轮机进口新蒸汽的压力，单位：0.1MPa；中间的数字表示汽轮机进口新蒸汽的温度，单位：℃；后面的数字表示有再热循环的汽轮机的再热蒸汽温度，单位：℃。

表 8-1 汽轮机热力特性或用途

热力特性	代 号	用 途	代 号	热力特性	代 号	用 途	代 号
凝汽式	N	工业用	G	一次调节抽汽式	C	移动式	Y
背压式	B	船用	H	两次调节抽汽式	CC		

举例：N300—165/550/550

表示凝汽式汽轮机，机组容量为 300MW（30 万千瓦），新蒸汽压为 16.5MPa 新蒸汽温度为 550℃，再热蒸汽温度也是 550℃。

第三节 汽轮机设备组成

汽轮机是一种高温高压动力设备，又是一种流体机械设备，其外形形状复杂。图

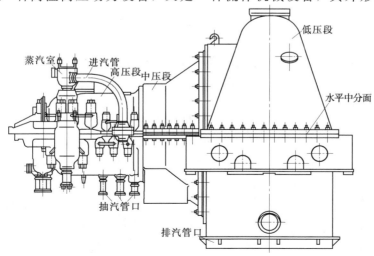

图 8-10 高压单缸凝汽式汽轮机外形平面图

8-10是高压单缸凝汽式汽轮机外形平面图，图8-11是凝汽式汽轮机外形立体剖视图。世界上单机容量最大的汽轮发电机组为9台1300MW，分别在美国的坎伯兰火电厂、加文火电厂和罗克坡特火电厂。

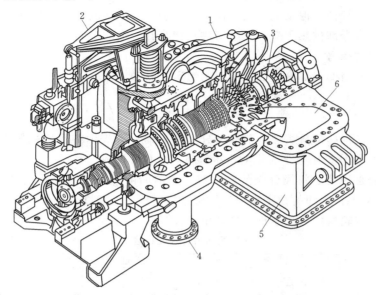

图8-11　高压单缸凝汽式汽轮机外形立体图

1—汽缸盖；2—调节阀操作杠杆；3—汽轮机转子；
4—抽汽管口；5—汽缸底座；6—乏汽排汽口

图8-12是汽轮机设备的组合示意图。来自锅炉过热器的高温高压过热蒸汽流经主汽阀（1）、调节汽阀（2）进入汽轮机（3），依次流经汽轮机的各级动叶做功，将蒸汽的热能转换成转子旋转的机械能。蒸汽的温度、压力逐级下降。最后不能再做功的乏汽从汽轮机排出，经凝汽器（4）凝结成水，冷凝水由凝结水泵（7）经低压加热器（8）抽汽加热后送入除氧器（9）除氧，除氧后的由给水泵（11）加压成高压水，经高压加热器（12）再次加热后送回到锅炉重新吸热。

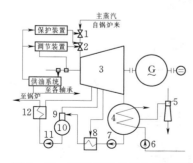

图8-12　汽轮机设备组合示意图

1—主汽门；2—调节阀；3—汽轮机；4—凝汽器；5—抽汽器；6—冷却水泵；7—凝结水泵；8—低压加热器；9—除氧器；10—给水箱；11—给水泵；12—高压加热器

汽轮机设备主要由汽轮机本体和辅助设备组成，汽轮机本体又由汽轮机转子、汽轮机静子和配汽机构组成；辅助设备有回热加热系统、凝汽系统和冷却水供水系统三部分。

一、汽轮机转子

汽轮机转子是汽轮机的转动部件，其作用是将蒸汽的动能转换成转子旋转的机械能，由叶片、叶轮和主轴组成，见图8-13。叶轮（5）与主轴（3）为键连接套装结构，叶轮外圆柱面圆周线上开有凹形槽，见图8-14中的（5），动叶根部制成倒T形，见图8-15，叶片根部的倒T形嵌入叶轮外圆柱面上的凹形槽内，将叶片固定安装在叶轮上。

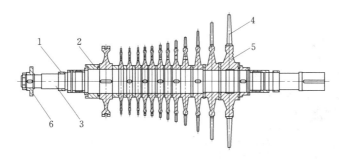

图 8-13　转子结构图

1—油封环；2—轴承套；3—主轴；4—动叶片；5—叶轮；6—推力盘

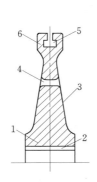

图 8-14　套装式转子的叶轮

1—叶轮；2—键槽；3—轮面；4—平衡孔；

5—凹形叶根槽；6—轮缘

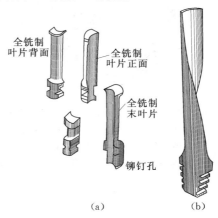

图 8-15　汽轮机动叶片结构图

(a) 倒 T 形叶根等截面直叶片；

(b) 枞数形叶根扭曲叶片

二、汽轮机静子

汽轮机静子是汽轮机的固定部件，主要由汽缸、隔板、喷嘴、汽封和轴承组成。

汽缸，见图 8-16，是汽轮机的外壳，形成汽轮机蒸汽通道，外部连接主蒸汽进汽管、乏汽排汽管和中间抽汽管，见图 8-10 和图 8-11。有一进一出的单缸，也可以一进两出的双缸。一台汽轮机的主轴上可以有多只汽缸，见图 8-17。

每一只汽缸内的首级工作级称调节级，其余工作级称压力级。在压力级的两列动叶片之间装有隔板，喷嘴是通过隔板安装在汽缸内壁上的，见图 8-18，隔板将动叶片的级与级之间进行隔离，强迫蒸汽通过隔板上的喷嘴加速后再进入本级动叶片做功，在反动级中每一个隔板上的喷嘴由一列形状与该级的动叶片形状完全一样的静叶片（1）组成，不同的是静叶片的进口安放角方向与动叶片的进口安放角方向相反，见图 8-8。

通过调节级的蒸汽流量直接受控于汽轮机自动调节汽阀。调节汽阀一般有 4～6 个调节汽门，调节级喷嘴在圆平面的周线上也分成 4～6 组。每一个调节汽门控制一组调节级喷嘴，两者构成一个独立的蒸汽流量调节单元。每一组的喷嘴由单个铣制的静叶片，如图 8-19（a）所示，组装后直接安装在汽缸内壁上，或由锻件铣制成静叶片栅，如图 8-19（b）所示，组装后直接安装在汽缸内壁上。

165

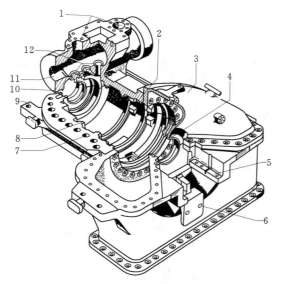

图 8-16　高压单缸凝汽式汽轮机汽缸立体剖视图

1—调节汽阀拉杆孔；2—隔板定位块；3—排汽缸；4—后汽封座；5—后轴承座支架；6—后汽缸导板；7—中分面螺栓孔；8—隔板座；9—前汽缸下猫爪；10—前汽封座；11—新蒸汽进口；12—调节汽阀汽门座

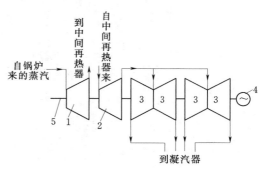

图 8-17　多缸（国产 300MW）汽轮机汽缸布置示意图

1—高压缸；2—中压缸；3—低压缸；4—发电机；5—主轴

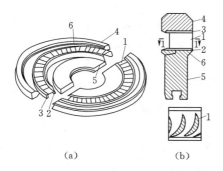

(a)　　　　　　(b)

图 8-18　压力级喷嘴与隔板组合结构

（a）焊接隔板组合图；（b）焊接隔板剖面图

1—预先制好的静叶片；2—固定静叶片的内环；3—固定静叶片的外环；4—隔板轮缘；5—隔板本体；6—电焊焊点

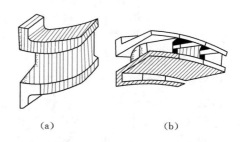

(a)　　　　　　(b)

图 8-19　调速级静叶片与喷嘴叶栅

（a）静叶片；（b）静叶片栅

汽轮机主轴从汽缸两端伸出外面，则汽缸与主轴表面的间隙处肯定要漏汽，主轴汽封，见图 8-20，是用来防止汽缸内的蒸汽从汽缸高压端泄漏到大气，降低汽轮机的效率，及防止大气从汽缸低压端泄露入汽缸内，破坏凝汽器中的真空度。隔板内孔与主轴表面的间隙处也肯定要漏汽，为防止蒸汽不做功从前级经间隙漏入后级，在隔板内孔与主轴表面的间隙处要设隔板汽封，隔板漏汽过大也会降低汽轮机的效率。汽封的工作原理是使泄漏汽（气）流流过人为设置的曲折迂迴通道，增大泄漏通道的阻力，达到减少泄漏量的目的。

三、配汽机构

配汽机构的作用是根据负荷变化调节进入汽轮机的蒸汽量（相当于水轮机中的导水机构），配汽机构的蒸汽流量调节方式有很多种，现在用的最多的是喷嘴调节方式，这种方式的优点是蒸汽通过调节汽阀时的节流损失较小。

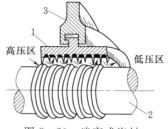

图 8-20　迷宫式汽封
1—汽封体；2—主轴；3—汽缸

图 8-21 为四喷嘴组的喷嘴调节方式示意图。配汽机构由主汽阀（1）和自动调节汽阀组成。主汽阀串联在调节汽阀的前面，只有全开和全关两种工况。在机组需要较长时间停机时，关闭主汽阀切断蒸汽流。调节汽阀中有 4～6 个调节汽门（2），调节汽门的开度受汽轮机调速器控制。并网运行时，调整调节汽门的开度，改变进入汽轮机的蒸汽量，可以调节机组的出力；单机运行或并网之前，调整调节汽门的开度，改变进入汽轮机的蒸汽量，可以调节机组的转速。

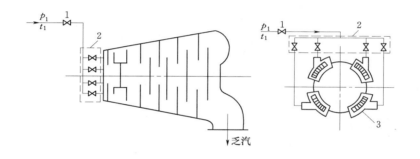

图 8-21　四喷嘴组的喷嘴调节方式示意图
1—主汽阀；2—调节汽门；3—调节级喷嘴组

四组喷嘴组（3）分别受四个调节汽门控制，四个调节汽门中只要有一个关闭，调节级对应的有一组喷嘴就断汽，汽轮机调节级不再是全周进汽，这就是喷嘴调节方式的一个缺点（后面所有的压力级全都是全周进汽）。

图 8-22 为自动调节汽阀立体剖视图，汽轮机调速器最后输出的是油动机（9）（相当于水轮机调速器最后输出的主接力器）活塞上下直线机械位移，经过杠杆（1）、连杆（2）、拉杆（4），带动横梁（5）上下直线移动，吊装在横梁上的 4～6 个调节汽门（6）按先后秩序不同跟着上下直线移动。

图 8-23 为某汽轮机厂生产的 N3—24 型汽轮机的群阀提板式调节汽阀剖视图（图中虚线部分为调节汽阀的阀体），该汽轮机调节级有 5 组喷嘴组，所以吊装在横梁（3）上有 5 个汽门（2），汽门杆与横梁为松动配合，机组在启动过程和带负荷过程中，5 个汽门按预先设定好的秩序，先后打开。当横梁在起始位置时，汽门 I 上的并紧螺母（11）与横梁上平面的间距最小，间距为 2mm；汽门 V 上的并紧螺母（11）与横梁上平面的间距最大，间距为 24.9mm，此时 5 个汽门在自重和汽压作用下全都压紧在各自的汽门座（1）上，5

167

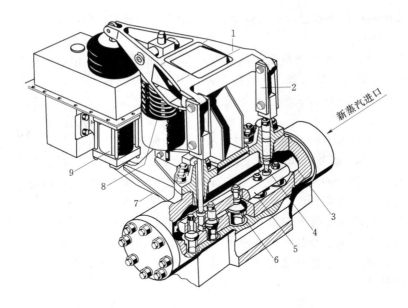

图 8-22 自动调节汽阀立体剖视图

1—调节汽阀操作杠杆；2—连杆；3—蒸汽室；4—拉杆；5—横梁；

6—调节汽门；7—支板；8—压力弹簧；9—油动机

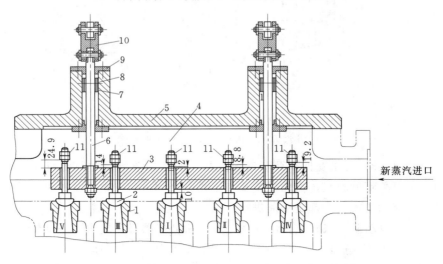

图 8-23 群阀提板式自动调节汽阀剖视图

1—汽门座；2—汽门；3—横梁；4—蒸汽室；5—蒸汽室盖；6—拉杆；

7—密封片；8—漏汽口；9—压盖；10—连杆；11—并紧螺母

个汽门全都处于关闭状态。当机组启动时，在调速器油动机带动下，经杠杆、连杆（10）、拉杆（6），横梁开始上移，上移量大于 2mm 后，汽门Ⅰ开始打开，该组喷嘴组开始进汽，但其他四个汽门仍旧关闭；横梁上移量大于 8.8mm 后，汽门Ⅰ完全打开，汽门Ⅱ开始打开，第二组喷嘴开始进汽，但其他三个汽门仍旧关闭；依此类推，当横梁上移量大于 24.9mm 后，汽门Ⅰ、Ⅱ、Ⅲ、Ⅳ完全打开，汽门Ⅴ开始打开，汽轮机调节级才开始全周进汽。正常带满负荷运行只需打开四个汽门就够了，因此正常运行时，汽轮机调节级不是全周进汽。

四、回热加热系统

回热加热系统由回热加热器和除氧器组成。

回热加热器的作用是抽出汽轮机中做了部分功的蒸汽，对锅炉给水进行加热，这部分蒸汽自身变成凝结水而汽化潜热完全被利用，没有被冷却水带走，提高了整个热力系统的循环热效率。位于给水泵进口前面的回热加热器称低压回热加热器，位于给水泵出口后面的回热加热器称高压回热加热器。无论是低压回热加热器还是高压回热加热器，都要求被加热后的锅炉给水没有汽化，因此，两者对抽汽的温度有不同的要求。高压回热加热器位于给水泵出口后面，水的压力高，汽化温度也高，抽汽的温度可以高一点，一般在汽轮机前面几级抽汽；低压回热加热器位于给水泵进口前，水的压力低，汽化温度也低，抽汽温度只能低一点，一般在汽轮机后面几级抽汽。回热加热器有立式和卧式两种布置形式，图8-24为立式表面式回热加热器示意图，需要加热的锅炉给水从进水室（1），分数路流经U形管排（4），最后汇集后从出水室（3）流出，从汽轮机抽出的做了部分功的蒸汽进入进汽口（6），在导向板（5）的作用下，几经折回向下，与U形管排外表面充分接触换热，将蒸汽的热量传递给管排内的锅炉给水，最后蒸汽释放出汽化潜热后凝结成水（称疏水），从底部排走。

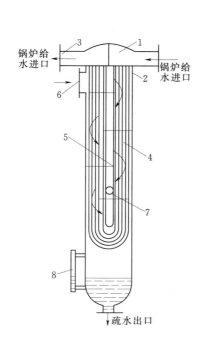

图8-24　表面式回热加热
器结构示意图
1—进水室；2—管板；3—出水室；4—U形
铜管排；5—导向板；6—进汽口；7—
不凝结气体抽气口；8—水位计

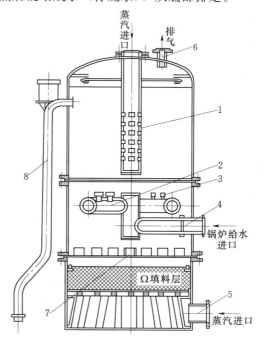

图8-25　喷雾填料式除氧器结构示意图
1、5—进汽管；2—环形配水管；3—喷嘴；
4—进水管；6—不凝结气体排气管；
7—淋水盘；8—水封管

除氧器同时具有除氧和回热加热作用。由于汽轮机低压端的主轴表面与汽缸存在间隙，尽管设有轴封，但是还是有大气泄露进入汽缸，溶解于凝汽器中作为锅炉给水的凝结水中。另外，作为锅炉给水的化学补充水中也含有空气。水中的空气增大了传热的热阻，尤其是其中的氧气，在高温下会对热力设备的金属表面产生腐蚀。除氧器的作用是除去溶解在锅炉给水中的不凝结气体，尤其是氧气，减少氧气在高温下对热力设备金属表面的腐蚀。除氧器有雨淋式和喷雾填料式两种形式。其中喷雾填料式除氧器的除氧效果较好。

除氧器安装在给水箱上部，经过除氧后的锅炉给水自上而下落入给水箱中。除氧原理是将水形成极小的水珠或极薄的水膜，再进行加热，使溶解在水中的空气膨胀逸出。图8-25为喷雾填料式除氧器结构示意图。主要由喷嘴、填料除氧层和环形配水管组成，需要除氧的锅炉给水从进水管（4）进入除氧器后，从环形配水管（2）上的若干个喷嘴（3）喷射成雾状水珠下落，雾化的目的是增大水的表面积，有利于对水充分加热和气体的逸出。从汽轮机抽取的做了部分功的蒸汽分别从顶部和底部进入除氧器。从顶部进汽管（1）进入的蒸汽从小孔喷射而出，与雾化的水珠充分接触加热，进行初步除氧。置于多孔板上的填料除氧层由许多 Ω 形不锈钢短管堆积而成，初步除氧后的水珠下落在盘底有许多漏水小孔的淋水盘（7）中，雨淋般的水再下落到填料除氧层上，在 Ω 形不锈钢短管表面形成极薄的水膜向下流动，从底部进汽管（5）进入的蒸汽向上穿过多孔板与 Ω 形不锈钢短管表面的水膜充分接触加热，进行深度除氧。Ω 形不锈钢短管大大增加了水膜的表面积，增加除氧效果。锅炉给水被两次加热到略小于该压力下的饱和温度，用来加热的蒸汽自身也凝结成水下落到给水箱中，因此除氧器具有对锅炉给水除氧和加热两种功能。由于除氧器内的压力略大于大气压力，因此除氧逸出的不凝结气体自流从顶部排气孔（6）排出除氧器外。

五、凝汽系统

凝汽系统由凝汽器和抽气器组成。

凝汽器的作用有两个：一是建立并维持高度真空，降低汽轮机的背压，也就是降低朗肯循环的终参数，提高循环热效率；二是将汽轮机的排汽（乏汽）凝结成水，以便重新送入锅炉使用。图8-26为表面式凝汽器结构简图。圆筒状外壳（1）内轴向均布了管排布

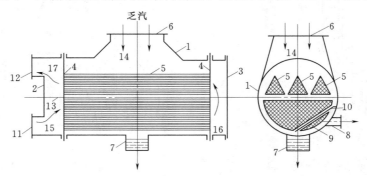

图8-26　表面式凝汽器结构简图

1—外壳；2、3—水室端盖；4—管板；5—冷却水管；6—乏汽进口；7—热井；8—不凝结气体抽气口；9—不凝结气体冷却区；10、13—隔板；11—冷却水进口；12—冷却水出口；14—乏汽；15、16、17—水室

置形式的冷却水管（5），管排分成上下两组，冷却水从进水口（11）进入进水室（15）后分成几十路从左到右流经下面一组管排，在中间水室（16）汇集后再次分成几十路从右到左流经上面一组管排，最后在出水室（17）汇集后从出水口（12）流出凝汽器。汽轮机无法再做功的乏汽（14）沿圆筒状外壳的径向自上而下进入乏汽进汽口（6），沿途与冷却水管表面充分接触放热，将乏汽的余热传递给冷却水管内的冷却水，乏汽凝结成水以后下落到凝汽器底部的热井（7）中，由凝结水泵送到除氧器。由于大气不断泄漏进入汽缸低压侧，这些不凝结气体的积累将降低汽轮机尾部的真空度，造成汽温升高，引起汽轮机振动和效率下降，因此在运行中，必须用主抽气器从抽气管（8）不断将不凝结气体抽走，维持凝汽器中的高真空度。

抽气器的作用有两个：一是在运行中不断将从汽缸低压端泄露入汽缸内的不凝结气体抽出，维持汽轮机尾部的高度真空，这种抽气器称主抽气器；二是机组启动前对凝汽器抽真空，使机组启动后尽快进入正常运行状态，这种抽气器称启动抽气器。

图 8-27 为凝汽系统的热力系统图，图中凝汽器（3）与抽气器（6）之间的虚线表示抽气器从凝汽器中抽出不凝结气体。火电厂用来抽真空的设备是射流式抽气器，图 8-28 为射流式抽气器原理图。射流式抽气器的工作原理是利用流体运动流速高的流段压力较低的现象，从工作喷嘴（1）喷出的高速运动蒸汽射流在 $A-A$ 室产生极低的压力，利用低压将凝汽器中的不凝结气体抽出，不凝结气体与蒸汽在 $A-A$ 室混合成蒸汽与不凝结气体混合物，混合物进入扩散段（3）后，由于断面面积沿程增大，流速沿程减小，则压力沿程回升，最后蒸汽与不凝结气体混合物一起排出抽气器。射流取自新蒸汽。从抽气器喷出的压力比大气压力稍大一点的蒸汽与不凝结气体的混合物，其温度还有利用价值，因此送到低压加热器中对锅炉给水加热，蒸汽凝结成水作为锅炉给水回收利用，不凝结气体自流排入大气。

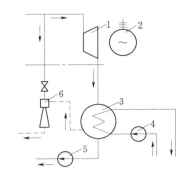

图 8-27 凝汽系统热力系统图
1—汽轮机；2—发电机；3—凝汽器；
4—冷却水泵；5—凝结水泵；
6—射流式抽气器

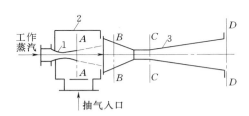

图 8-28 射流式抽气器原理图
1—工作喷嘴；2—混合室；3—扩散段；

六、冷却水供水系统

火电厂有两个冷却水用水大户：机组轴承润滑油冷却水和汽轮机乏汽冷却水。汽轮机的凝汽器的乏汽冷却水耗水量极大，应有足够的水源可靠保证冷却水的供给。冷却水供水系统有两种形式，一种是利用自然河流水源的开敞式冷却水供水系统，见图 8-29。从河流上游（1）取水经冷却水泵（2）输送到凝汽器（6）对乏汽进行冷却凝结，工作后的热冷却水经排水管（4）排入下游。

当河流的水源不足时，或火电厂周围没有河流时，采用第二种形式既冷水塔封闭式冷却水供水系统，见图 8-30。冷却水泵（3）从蓄水池（7）中抽取冷却水输送到凝汽器（2）对乏汽进行冷却凝结，工作后温度较高的水送到冷水塔（1）十几米高处的淋水器，利用热空气上升的空气对流规律下雨般的纷纷下落的水与底部的冷空气（4）进行热交换，冷空气变成热空气上升，从顶部（5）排走，被冷却了的水落入蓄水池进入再次循环使用。

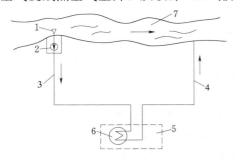

图 8-29　开敞式冷却水供水系统
1—取水口；2—冷却水泵；3—进水管；
4—排水管；5—汽轮机房；
6—凝汽器；7—河流

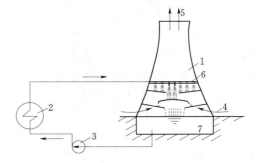

图 8-30　封闭式冷却水供水系统
1—冷水塔；2—凝汽器；3—冷却水泵；
4—冷空气入口；5—热空气出口；
6—淋雨器；7—蓄水池

第九章　汽轮机调节

汽轮发电机的频率是由汽轮机的转速决定的,为保证汽轮发电机输出交流电的频率不变或在规定的范围内波动,在机组运行中必须对汽轮机的转速进行调节。本章主要介绍汽轮机调节与水轮机调节各自的特点,对两者相同之处不再作介绍,对两者不同之处和汽轮机调节的特殊之处,作详细介绍。

第一节　汽轮机调节与水轮机调节的比较

一、汽轮机调节任务

汽轮机调节的任务与水轮机调节的任务相同,只不过水轮机调节是根据机组所带的负荷变化及时调节进入水轮机的水流量,而汽轮机调节是根据机组所带的负荷变化及时调节进入汽轮机的蒸汽流量。

二、汽轮机调节原理

图 9-1 是汽轮机调节系统原理方框图,与图 4-1 水轮机调节原理方框图比较可以发现两者调节原理完全相同,不同的是水力发电的能源来自水库,水库以水头 H 和水流量 Q 的形式向水轮机提供水能,水轮机调节是通过调速器输出机械位移 ΔY,调节水轮机导水机构,改变进入水轮机的水流量的方法来实现的。而火力发电的能源来自锅炉,锅炉以压力 p、温度 t 和蒸汽流量 D 的形式向汽轮机提供热能,汽轮机调节是通过调速器输出机械位移 ΔY,调节汽轮机配汽机构,改变进入汽轮机的蒸汽流量的方法来实现的。

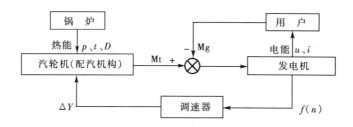

图 9-1　汽轮机调节系统原理方框图

三、汽轮机调速器的分类

(1) 汽轮机调速器按构成元件的结构分与水轮机调速器一样,也有机械液压型调速器、电气液压型调速器和微机液压型调速器三种,其中电气液压型调速器已逐步被淘汰。

(2) 按调节规律分与水轮机调速器一样,也有比例规律调速器(P 规律)、比例—积分规律调速器(PI 规律)和比例—积分—微分规律调速器(PID 规律)三种。

四、汽轮机调速器的结构组成

与水轮机调速器的结构组成一样,汽轮机调速器在结构的组成上也是由自动调节部分、操作部分和油压装置三部分组成，见图 9-2。

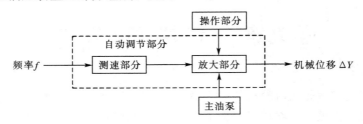

图 9-2 汽轮机调速器的结构原理框图

1. 自动调节部分

自动调节部分与水轮机调速器一样，也是由测速部分和液压放大器组成。

（1）水轮机机械液压型调速器的测速方法是利用离心力与转速平方成正比的原理，将机组的转速变化信号转换成离心摆下支持块（或转动套）的上下机械位移。汽轮机机械液压型调速器的测速方法有两种：一种方法是利用离心力与转速平方成正比的原理，将机组的转速变化信号转换成离心摆挡油板的左右机械位移；另一种方法是由于汽轮机的最低转速（3000r/min）比水轮机的最高转速（1500r/min）还高两倍，而在高转速下油泵的出口压力对转速变化相当敏感，所以采用由汽轮机同轴带动的信号油泵来测量机组的转速变化（这在水轮机调节中是办不到的），即将机组的转速变化信号转换成信号油泵的出口油压变化信号。

水轮机微机液压型调速器的测速方法是从发电机机端电压互感器取出频率信号，再进行数字测频。汽轮机微机液压型调速器的测速方法是从与机组同轴转动的齿盘，用磁阻发信器取出频率信号，再进行数字测频。

（2）与水轮机调速器相似，汽轮机调速器无论是机械液压型调速器、电气液压型调速器还是微机液压型调速器，最后的机械功率放大都是由油压操作的液压放大器担任，目前还没有一种装置能取代输出功率大、运行平稳、响应灵敏和安全可靠的液压放大器。不同的是，水轮机调速器液压放大器内部的调节信号和反馈信号的传递较多地采用杠杆位移的方法，如图 4-11 所示，而汽轮机调速器液压放大器内部的调节信号和反馈信号的传递较多地采用油压变化的方法。杠杆位移的方法传递信号存在杆与杆铰连接处间隙造成的死行程和杠杆自身质量产生的惯性滞后，影响调速器对信号快速反应的灵敏度和精确性；油压变化的方法传递信号克服了杠杆位移方法传递信号的缺点，油压对信号反映的灵敏度和精确性相当高并且没有惯性滞后。尽管在水轮机微机液压型调速器液压放大器中的杠杆已减少到最小程度，但是在汽轮机调速器的液压放大器内部几乎没有用来传递信号的杠杆。

2. 操作部分

汽轮机调速器的操作部分比水轮机调速器简单的多，只有同步器和危急保安器两个。同步器的作用与 YT 型调速器中的转速调整机构完全一样，即可以人为改变调节汽门的开度，单机运行可以调转速、并网运行可以调出力。危急保安器的作用与 YT 型调速器中的紧急停机电磁阀完全一样，在机组转速超过额定转速 10% 时，迅速切断进入汽轮机的蒸汽流，迫使机组紧急停机，防止事故扩大。

3. 油压装置

对于采用机械液压型调速器的机组，由于汽轮机的转速比较高，一般用由汽轮机同轴直接带动主油泵供油（这在水轮机调节中是办不到的），产生 0.98～1.96MPa 的压力油。因此这种汽轮机调速器的油压装置比水轮机调速器简单的多，没有压力油箱，也不需要补气阀补气，只有一台主油泵直接向液压放大器供油。机组开机主油泵工作，机组停机主油泵停止，即简单方便又安全可靠。

对于采用微机液压型调速器的机组，由于现代液压放大器的工作油压相当高，因此常将供液压放大器的压力油和供轴承的润滑油分开，由汽轮机同轴直接带动的主油泵向机组轴承提供 1.44～1.69MPa 的润滑油。液压放大器的压力油提供采用与水轮机调速器油压装置相似方法，由两台互为备用的高压油泵产生 12.42～14.47MPa 的压力油。高压油泵直接向液压放大器供油，不设压力油箱，采用活塞式或皮囊式氮气蓄能器取代压力油箱。液压放大器工作油压的提高使得油动机的结构体积大大减小。

五、汽轮发电机组在电网中的地位

（1）由于包括锅炉、管路和汽轮机在内的所有金属结构的设备，温度上升和下降的速率有严格的限制，否则将发生金属结构的永久性变形甚至开裂，因此汽轮发电机组的开机升温和停机降温都需要经历比较长的时间。处于冷备用状态的锅炉和汽轮发电机组，从锅炉开始点火到发电机并入电网带上满负荷，需要 8～10h 时间，即使处于热备用状态的机组，在停机 6～8h 内，再次启动也需要 3～4h 时间。机组启停一次燃料和工质消耗巨大，而且操作程序繁琐，技术要求高。而处于冷备用状态的水轮发电机组，从主阀打开向蜗壳充水到发电机并入电网带上满负荷，只需 2～3min 时间，而且机组启停方便。因此，汽轮发电机组不宜频繁启停，不宜在电网中作为事故备用机组或调峰机组，频繁进出电网。

（2）由于煤粉燃烧的调节范围较小，造成锅炉的调节范围很小，当锅炉不在最佳工作范围内工作时，火焰燃烧很不稳定，造成蒸汽温度、压力很不稳定，而且这时锅炉的热效率很低。汽轮发电机组常规压负荷 20%～30% 范围内运行，还能维持机组正常运行，当压负荷运行大于 30%，属于非常规压负荷运行，这时汽轮机的排汽温度升高，热膨胀使得转动部件与固定部件的间隙减小，甚至摩擦振动，危及机组安全稳定运行，而且这时汽轮机的热效率也很低。所以，锅炉和汽轮发电机组最好带额定负荷稳定运行。而水斗式水轮发电机组压负荷 80%，照样能正常运行，轴流转桨式水轮发电机组压负荷 60%，也照样能正常运行。因此，汽轮发电机组不宜作调频机组，不宜在电网中大幅度压负荷参与电网频率调节，承担不可预见负荷。

（3）火电、核电机组的最大优点是：只要燃料供应保证，机组的发电功率是绝对保证的。而水电机组发电功率的保证率比火电机组要差的多，水电机组在丰水年时发电功率保证率高，枯水年时发电功率保证率低。同一年中，水电机组在丰水期时发电功率保证率高，枯水期时发电功率保证率低。水电站的建造受地理位置的水资源条件的限制，水电机组的发电量受水库来水量和库容限制。发电功率的保证率对电网调度来讲是非常重要的，直接影响电网供电的稳定性和可靠性，因此火电、核电机组在电网中的地位是无法替代的。并不是水电比重越高的电网就越好，水电比重高的电网往往在丰水期电站弃水，枯水期拉闸限电。因此，从实际情况看，大部分电网都是火电、核电机组比例远远高于水电机组的比例。

由于火电、核电机组的调节性能比水电机组差的多，因此火电、核电机组的最佳工况是带 80%～100% 额定负荷固定不变运行。根据实际电网运行总结发现，当电网中的水电机组装机比重在 35% 时，一般水电机组能承担电网峰谷电负荷的 80%，即由水电机组调节电网峰谷电负荷的 80%，另外 20% 峰谷电负荷可以由火电机组按常规压负荷进行调节。当电网中的水电机组装机比重小于 35% 时，火电机组将被迫采取非常规调峰手段，即不得不进行非常规压负荷对电网峰谷电负荷进行调节。例如我国的华北、华东和东北电网，水电机组的比重均在 17% 以下，这些电网中的火电机组经常需要参与调峰运行。有的火电机组经常压负荷 30%～50% 调峰运行，甚至当天开停机调峰，这时火电厂的经济效益是很差的，无论从机组的经济性和安全性都是很不合理的。抽水蓄能电站的建造，可望从根本上解决这类问题。抽水蓄能机组 1kW 的装机容量，在电网多电时可以增加耗电容量 1kW，在电网缺电时可以增加发电容量 1kW，起到了 2kW 的电网峰谷负荷调节能力。抽水蓄能机组属于水电机组，该装机容量还可以在电网中作为快速进出电网的事故备用机组。

第二节　机械液压型调速器

汽轮机机械液压型调速器由于结构简单，维护方便，目前在早期生产的中小型汽轮发电机组中还是应用较多。机械液压型调速器的测速元件有两大类：一类是利用机械测速的方法，将转速偏差信号转换成机械位移信号；另一类是利用油压测速的方法，将转速偏差信号转换成油压变化信号。油压测速方法又有径向钻孔泵油压测速和旋转阻尼器油压测速两种。

一、离心摆机械测速的机械液压型调速器

1. 离心摆结构

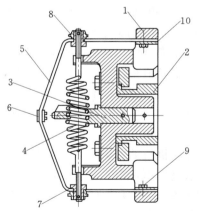

图 9-3　汽轮机离心摆

1—离心摆托架；2—主油泵轴；3—弹簧支撑；4—弹簧；5—柔性钢带；6—挡油板；7—螺母；8—重锤；9—螺钉；10—压板

图 9-3 为汽轮机离心摆的结构图。其工作原理与水轮机 YT 型调速器的离心摆相似，不同的是此离心摆卧式布置，与汽轮机同轴高速转动，即汽轮机主轴带动主油泵同轴高速转动，主油泵轴（2）再带动离心摆同轴高速转动。当机组转速发生变化时，重锤（8）受到的离心力也发生变化，由于柔性钢带（5）的两端被螺钉（9）固定在离心摆托架（1）上，当转速上升时，离心力增大，重锤在旋转的同时沿汽轮机主轴半径方向向外位移，带动柔性钢带中间点的挡油板（6）一边旋转一边沿汽轮机主轴轴线方向向右位移；当转速下降时，离心力减小，柔性钢带中间点的挡油板沿汽轮机主轴轴左位移。从而将机组的转速变化信号转换成挡油板沿主轴轴线方向的水平机械位移。

2. 调速器元件组成

图 9-4 为离心摆机械测速的机械液压型调速器工作

原理图，主要元件由同步器（1）、随动滑阀（3）、离心摆（4）、错油门（5）、反馈滑阀（6）、调速滑阀（7）和油动机（8）组成。同步器相当于 YT 型调速器中的转速调整机构，随动滑阀相当于 YT 型调速器中的辅助接力器，错油门相当于 YT 型调速器中的主配压阀，油动机相当于 YT 型调速器中的主接力器。液压放大器工作所需的压力油由于汽轮机同轴转动的主油泵供油。

3. 随动滑阀的工作原理

图 9-5 为随动滑阀活塞杆喷油示意图，随动滑阀活塞（1）左腔的活塞面积小但永远接通来自总油泵的压力油 p_0，压力油在活塞左腔产生的向右总压力 P_1 恒定不变；随动滑阀活塞右腔的活塞面积大，但右腔活塞杆上加工有径向孔和轴向喷油孔，尽管右腔也永远接通来自总油泵的压力油 p_0，但由于右腔压力油经活塞杆上的径向孔和轴向喷油孔始终在向外喷油，压力油在活塞右腔产生的向左总压力 P_2 与喷油的阻力成正比。轴向喷油孔的孔口正面对准离心摆的挡油板（2），喷油间距为 S。当机组转速上升时，离心摆的挡油板右移，喷油间距 S 增大，轴向喷油孔的喷油阻力减小，$P_2 < P_1$，随动滑阀活塞右移，直到 S 回到原来值；当机组转速下降时，离心摆的挡油板左移，喷油间距 S 减小，轴向喷油孔的喷油阻力增大，$P_2 > P_1$，随动滑阀活塞左移，直到 S 回到原来值；当机组转速不变时，离心摆的挡油板轴向不移动，喷油间距 S 不变，轴向喷油孔的喷油阻力不变，$P_2 = P_1$，随动滑阀活塞不动，调节针形节流阀（3）的开度，可调整活塞右腔压力油的压力，从而调整喷油间距 S 的大小。随动滑阀将挡油板的机械位移转换成随动滑阀活塞的机械位移，随动滑阀活塞随挡油板的位移而位移，因此机械位移的行程没有放大，但机械位移的力放大了几千倍，从而完成了第一级液压放大。第二级液压放大由错油门、油动机和反馈滑阀组成。

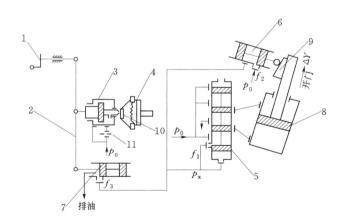 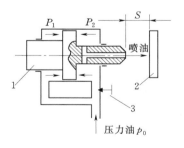

图 9-4　离心摆机械测速调速器原理图
1—同步器手轮螺杆；2—传动杠杆；3—随动滑阀；4—离心摆；5—错油门；6—反馈滑阀；7—调速滑阀；8—油动机；9—反馈斜板；10—挡油板；11—针形节流阀

图 9-5　随动滑阀的喷油
1—随动滑阀活塞；2—挡油板；3—针形节流阀

4. 整机工作原理

按图 9-4 所示，离心摆机械测速的机械液压型调速器调节过程为：设单机带负荷运行，当外界负荷减小时，机组转速上升，离心摆的挡油板右移，随动滑阀活塞右移带动调速滑阀活塞右移，泄油孔面积 f_3 增大，错油门活塞底部油压 p_x 下降，错油门活塞离开中间位置下移，将油动机上腔接来自主油泵的压力油 p_0、下腔接排油，油动机活塞下移 ΔY，通过配汽机构关小调节汽门，减小进入汽轮机的蒸汽流量，机组转速回落。与此同时，反馈斜板（9）作用反馈滑阀活塞右移，来自主油泵的压力油 p_0 经反馈滑阀的泄油孔面积 f_2 增大，使得错油门活塞底部油压回升，以油压反馈信号的形式将错油门活塞上移向中间位置回复，直到错油门回到中间位置，油动机在新的位置停止不动，机组重新稳定。由于机组重新稳定后反馈滑阀活塞在新的位置，油压反馈信号不消失，这种负反馈属于硬反馈，能产生有差调节特性，所以重新稳定后的机组出力减小，转速比原来高。当外界负荷增大时，动作过程与上面分析相反。

人为转动同步器手轮螺杆，可人为改变泄油孔面积 f_3 的大小，从而人为改变调节汽门的开度和进入汽轮机的蒸汽流量。因此，同步器单机运行可以调机组的转速，并网运行可以调机组的出力。

二、径向钻孔泵油压测速的机械液压型调速器

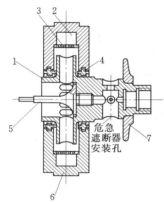

图9-6 径向钻孔泵
1—泵轮；2—环形压力室；3—稳压网；4—油封；5—接长轴；6—泵壳；7—甩油环

1. 径向钻孔泵结构

图9-6为径向钻孔泵的结构图。泵轮（1）是钻有10个径向孔的轮盘，由汽轮机主轴直接带动高速旋转，径向孔中的油在离心力的作用下，具有油泵打油升压的效应，但径向钻孔泵工作在只输出油压不输出流量的状态下，使得出口油压仅与转速平方成正比（一般的油泵出口油压还与输出流量有关），从而将机组的转速变化信号转换成径向钻孔泵出口环形压力室（2）的油压的变化信号。

2. 整机工作原理

图9-7为径向钻孔泵油压测速的机械液压型调速器工作原理图。与离心摆机械测速的机械液压型调速器比较，径向钻孔泵取代了离心摆和随动滑阀，其他部分基本相同。液压放大器工作所需的压力油也是由与汽轮机同轴转动的主油泵供油。

当调速滑阀（7）活塞上部受压紧弹簧（3）的向下作用力与下部受径向钻孔泵（4）出口油压的向上作用力大小相等时，活塞在某一位置不动。设单机带负荷运行，当外界负荷减小时，机组转速上升，径向钻孔泵出口压力上升，调速滑阀的活塞底部压力增大，活塞上移，泄油孔面积 f_3 增大；当外界负荷增大时，机组转速下降，径向钻孔泵出口压力下降，调速滑阀的活塞底部压力减小，活塞下移，泄油孔面积 f_3 减小。后面的动作原理与离心摆机械测速的机械液压型调速器相同，不再重述。

三、旋转阻尼器油压测速的机械液压型调速器

1. 旋转阻尼器结构

图9-8为旋转阻尼器的结构图。与汽轮机同轴转动的阻尼体（1）内，径向均布了8根阻尼管（2），与钻孔径向泵的工作原理相似，阻尼管中的油在离心力的作用下，具有油

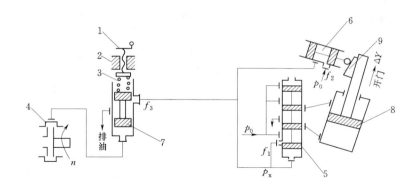

图 9-7　径向钻孔泵油压测速调速器原理图

1—同步器手轮螺杆；2—同步器螺母；3—压紧弹簧；4—径向钻孔泵；

5—错油门；6—反馈滑阀；7—调速滑阀；8—油动机；9—反馈斜板

泵打油升压的效应，主油泵出口油压经针形节流阀（6）节流减压后与阻尼管外围的环状油室 A 接通。由于阻尼管的长度较短且布置的径向位置较小，由阻尼管中油的离心力产生的油压远远小于从主油泵传到环状油室的油压。因此，从主油泵来的压力油克服阻尼管中油的离心力产生的油压阻力，经针形节流阀、环状油室，向心地流过阻尼管，从排油孔（4）排走。阻尼管在排油通道中起阻尼作用。当机组转速变化时，阻尼管中油的离心力跟着发生变化，排油通道中的阻尼发生变化，使环状油室 A 的压力发生变化，从而将机组的转速变化信号转换成环状油室 A 的油压变化信号，以一次油压 p_1 的形式输出。

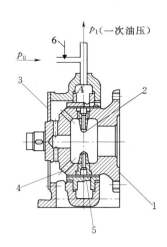

图 9-8　旋转阻尼器

1—阻尼体；2—阻尼管；3—盖

板；4—排油孔；5—交叉油孔；

6—针形节流阀

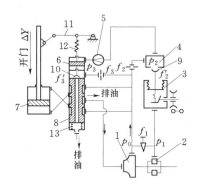

图 9-9　旋转阻尼器油压测

速调速器原理图

1—主油泵；2—旋转阻尼器；3—波纹管；

4—二次油压室；5—逆止阀；6—继动器；

7—油动机；8—错油门；9、10—节流蝶

阀；11—负反馈杠杆；12、13—弹簧

2．整机工作原理

图 9-9 为旋转阻尼器油压测速的机械液压型调速器工作原理图，主要由旋转阻尼器

179

（2）、波纹管（3）、继动器（6）、错油门（8）和油动机（7）组成。液压放大器工作所需的压力油由与汽轮机同轴转动的主油泵（1）供油。二次油压室（4）内的压力油为经针形节流阀 f_2 减压后的二次油压 p_2。继动器相当于 YT 型调速器中的辅助接力器，其活塞上腔单向作用从二次油压室经逆止阀（5）送来的二次油压，二次油压产生的向下总压力与活塞杆上受拉弹簧（12）产生的向上弹簧力平衡。错油门活塞上腔向下作用经针形节流阀 f_3 减压后的三次油压 p_3，三次油压在对错油门活塞向下作用总压力的同时，压力油还经继动器活塞控制的节流蝶阀 f_3' 从错油门活塞轴向孔泄漏到错油门活塞下腔排走，错油门活塞下腔受压弹簧（13）产生的向上弹簧力与三次油压对错油门活塞向下作用的总压力平衡。如果继动器活塞上移，则节流蝶阀 f_3' 开大，泄漏增大造成三次油压下降，错油门活塞平衡破坏，活塞上移，节流蝶阀 f_3' 关小（负反馈效果），三次油压回升直到回到原来压力值，错油门活塞在中间位置的上部停住不动；如果继动器活塞下移，分析与前面相反。所以错油门活塞时刻跟随继动器活塞移动。波纹管下腔作用经针形节流阀 f_1 减压后的一次油压 p_1，一次油压对波纹管产生的向上总压力与受压状态下的波纹管向下的回复力平衡。每次调节结束后，油动机在新的位置不动，错油门活塞回到中间位置，继动器活塞也回到原来位置。

旋转阻尼器油压测速的机械液压型调速器调节过程为：设单机带负荷运行，当外界负荷减小时，机组转速上升，旋转阻尼器环形油室的一次油压 p_1 上升，作用波纹管带动节流蝶阀 f_2' 上移，造成二次油压室经节流蝶阀 f_2' 泄漏油的阻力增大，二次油压 p_2 上升，作用继动器活塞下移，带动节流蝶阀 f_3' 下移，造成错油门活塞上腔经节流蝶阀 f_3' 泄漏油的阻力增大，三次油压 p_3 上升，作用错油门活塞离开中间位置下移，使油动机下腔接通主油泵送来的压力油，上腔接排油，油动机活塞上移 ΔY，带动配汽机构关小调节汽门，减小进入汽轮机的蒸汽流量，机组转速回落。与此同时，油动机活塞通过反馈杠杆（11）、弹簧（12）作用继动器活塞上移，错油门活塞跟随上移，直到继动器活塞回到原来位置，错油门活塞回到中间位置。油动机在新的位置停止不动，机组重新稳定，重新稳定后的机组出力减小，转速比原来高。当外界负荷增大时，动作过程与上面分析相反。由于机组重新稳定后，反馈杠杆在新的位置，机械反馈信号不消失，这种负反馈属于硬反馈，产生有差调节特性。

旋转阻尼器油压测速调速器从输入反应转速变化的一次油压信号到最后油动机输出的机械位移 ΔY，内部的信号传递和液压放大顺序为：一次油压信号经波纹管转换成节流蝶阀 f_2' 的机械位移→节流蝶阀 f_2' 的机械位移转换成二次油压室的二次油压信号→二次油压信号经继动器转换成节流蝶阀 f_3' 的机械位移→节流蝶阀 f_3' 的机械位移转换成三次油压信号→三次油压信号转换成错油门活塞的机械位移→错油门活塞的机械位移经错油门转换成错油门的输出油压信号→错油门的输出油压信号经油动机转换成机械位移 ΔY。途中经历了三次功率放大：从节流蝶阀 f_2' 的机械位移功率到继动器活塞的机械位移功率放大、从继动器活塞（或节流蝶阀 f_3'）的机械位移功率到错油门活塞的机械位移功率放大、从错油门活塞的机械位移功率到油动机的机械位移功率放大。

四、机械液压型调速器的静态特性

从三种机械液压型调速器的工作原理可以看出，都是用不同的转速测量方法，将负荷扰动引起的机组转速变化信号进行物理量的变换后，作为调节信号进行功率放大，最后通过油动机操作调节汽门的开度变化，从而使得机组出力变化 ΔN_g，使机组转速企图回复到原来转速。但是，由于从油动机引回的反馈信号是不消失的，当渐渐增大的反馈信号与渐渐减小的调节信号大小相等，极性相反时，转速还没有回复到原来转速，机组就重新稳定。也就是说，机组的转速调节存在静态转速偏差 Δn，静态转速偏差 Δn 与机组出力变化 ΔN_g 成正比，即机组转速与出力具有一一对应的关系，即

$$\Delta n = e_P \Delta N_g \tag{9-1}$$

式中　e_P——机组调差率。

e_P 的含义与水轮发电机组有差特性调节系统的含义相同，见图 4-31，也就是机组有差特性曲线的斜率。可见采用机械液压型调速器的汽轮发电机组的静态特性为有差特性，机组在电网中具有一次调频能力，在电网中可以作为调峰机组运行。

第三节　微机液压型调速器

计算机技术的日益成熟，使得现代汽轮发电机组基本上都采用微机液压型调速器，特别是容量较大的汽轮发电机组调节、微机液压型调速器具有机械液压型调速器无法取代的优点。

我们知道机组参与电网一次调频的能力与机组调差率 e_P 成反比，当 e_P 值不稳定发生变化时，机组参与电网一次调频的能力也不稳定，这是不利于电网稳定的。

机组容量较大时，一般都采用中间再热循环及一台锅炉向一台汽轮机供汽的单元制供汽系统。单元制供汽系统在运行中汽压和汽温波动较大，如果外界用户负荷不变时，新蒸汽压力波动下降，则在同样的调节汽门开度下，机组出力自动减少，破坏了静态转速偏差 Δn 与机组出力变化 ΔN_g 的 e_P 比例关系（这在水轮机调节中是不可能出现的，因为水库水位不可能在短时间内发生较大的波动）。另外，中间再热循环汽轮机，在汽轮机与锅炉之间增设了一对来回再热蒸汽管路，比一般的汽轮机多了一个庞大的蒸汽空间，使得中低压缸功率调节响应比高压缸的功率调节响应滞后一个时间，进一步破坏了静态转速偏差 Δn 与机组出力变化 ΔN_g 的 e_P 比例关系，使得机组在电网中的一次调频能力不稳定，这不但不利于电网稳定，也不利于机组的安全稳定运行。如果还是采用只进行机组转速测量的机械液压型调速器来调节机组，显然已经不能胜任了。因此，出现了能够同时测量机组转速（或发电机频率）和发电机输出功率的电气液压型调速器和微机液压型调速器，形成汽轮机功频调节系统，这在机械液压型调速器中是无法实现的。

一、微机液压型调速器的结构组成

汽轮机微机液压型调速器又称数字式电液调速器（DEH），图 9-10 为采用数字式电液调速器的汽轮机功频调节系统原理图。主要由磁阻发信器（3）、机组频率测量模块、霍尔测功器（7）、机组功率测量模块、微机调节器、电液转换器（9）、错油门（1）、油动机（4）、负反馈节流针阀（2）组成。其中错油门、油动机和负反馈节流针阀组成液压放大器。

1. 机组频率测量

图 9-11 为磁阻发信器脉冲测频原理图，永久磁钢（1）经铁心（3）和空气形成磁

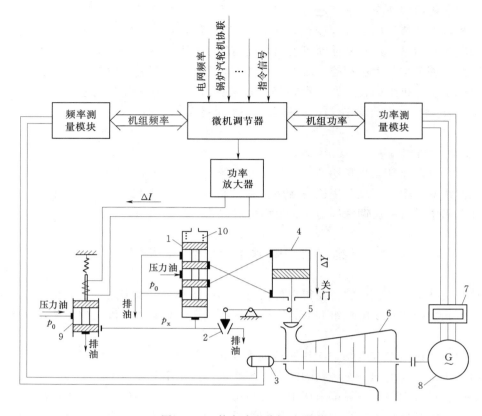

图 9 - 10　数字式电液调速器
功频调节系统原理图

1—错油门；2—负反馈节流针阀；3—磁阻发信器；4—油动机；5—调节汽阀；6—汽轮机；
7—霍尔测功器；8—发电机；9—电液转换器；10—弹簧

路，铁心上绕着线圈（2），铁心安装在尽量靠近与机组同轴转动的齿盘（4）边上，当齿盘转到铁心头部对准齿盘的齿顶时，永久磁钢磁路的磁阻最小，线圈中的磁通 ϕ 最大；当

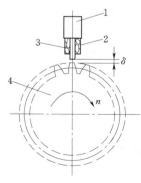

齿盘转到铁心头部对准齿盘的齿根时，永久磁钢磁路的磁阻最大，线圈中的磁通 ϕ 最小。根据焦耳——楞次定律可知，变化磁通在线圈中会感应出交流电动势，交流电动势的频率

$$f = \frac{zn}{60} \qquad (9-2)$$

式中　z——齿盘的齿数；

　　　n——机组转速。

该交流电动势的频率信号 f 由机组频率测量模块进行数字测频后，以数字量的形式送入微机调节器。

图 9 - 11　磁阻发信器

1—永久磁钢；2—线圈；

3—铁心；4—齿盘

2. 机组功率测量

图 9-12 为霍尔测功原理图。将发电机机端电压互感器的副方 A 相电压整流成直流电后加在霍尔元件（半导体薄片）的 1—2 两

侧，在霍尔元件中流过正比于机端 A 相电压的微小直流电流 I_s；再将发电机机端电流互感器的副方 A 相电流整流成直流电后接入一只线圈，产生正比于机端 A 相电流的直流磁场 B，并将磁场 B 垂直穿过霍尔元件，根据霍尔原理可知，在与电流 I_s 垂直的方向，即霍尔元件的另两侧 3—4 之间，会出现正比于 A 相电压和 A 相电流的霍尔电动势，A 相霍尔电动势的直流电压

$$U_{AH} = KU_A I_A \tag{9-3}$$

式中　K——比例系数；

　　U_A——发电机 A 相电压有效值；

　　I_A——发电机 A 相电流有效值。

即 A 相霍尔电压 U_{AH} 的大小正比于发电机 A 相输出功率。

用同样方法可以测出发电机 B 相和 C 相输出功率。三相霍尔电压 U_{AH}、U_{BH}、U_{CH} 由机组功率测量模块进行数字测功后，以数字量的形式送入微机调节器。

3. 微机调节器

微机调节器是由工控机或可编程控制器构成的微机调节器硬件系统，配以成熟可靠的软件程序，可以接受操作员的频率给定值和功率给定值，能与上位机通信及接受上位机的指令；能接受机组实际频率、功率的测量值。对所采集信号进行综合分析及逻辑运算后，发出各种操作命令，对机组频率偏差和功率偏差进行 PID 运算后，发出对调节汽门的调节信号进行功频调节，保证机组调差率 e_P 不变。所有工作都是由计算机软件的统一处理来完成。

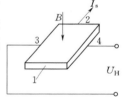

图 9-12　霍尔测功原理图

4. 电液转换器

微机调节器输出的对调节汽门调节的数字量信号经 D/A 转换后成为电压调节信号，再由功率放大器放大和转换成电流调节信号 ΔI。电液转换器的作用是将电流调节信号 ΔI 转换成油压调节信号 p_x。例如，ΔI 使得活塞上移，输出信号油管接通排油，p_x 减小；ΔI 使得活塞下移，输出信号油管接通压力油 p_0，p_x 增大。

5. 液压放大器

液压放大器的作用是对电液转换器输出的油压调节信号 p_x 进行功率放大，液压放大器最后输出的是有足够操作力和位移量的油动机机械位移 ΔY。

液压放大器工作原理如图 9-10 所示，设电液转换器（9）输出油压调节信号 p_x 上升，使得错油门（1）活塞底部压力上升，错油门活塞克服活塞顶部弹簧（10）的弹簧力上移，则油动机（4）上腔接压力油，下腔接排油。油动机通过配汽机构操作调节汽门（5）关小。油动机在操作调节汽门关小的同时，通过杠杆带动负反馈节流针阀（2）的开度开大。错油门活塞下腔经节流针阀的泄漏油增大，p_x 下降。错油门活塞向下回落。直到回到原来的中间位置，油动机在新的位置重新稳定不动。从而将电液转换器输出的油压信号 p_x 转换放大成油动机的机械位移 ΔY。电液转换器输出油压调节信号 p_x 下降时，动作过程与上面分析相反，不再重述。

二、功频调节系统工作原理

（1）设单机带负荷按有差特性稳定运行在 50Hz，当外界负荷增加 ΔN_g 时，首先表现

为汽轮机转速下降,机组频率测量模块送入微机调节器的机组转速信号减小,微机调节器对转速偏差进行 PID 运算,输出对调节汽门开大的调节信号,经电液转换器、液压放大器操作调节汽门开大,机组出力开始增大,机组功率测量模块送入微机调节器的机组功率信号开始增大。与此同时,机组转速回升,机组频率测量模块送入微机调节器的机组转速信号回升。当机组转速回升到 $\Delta n = e_P \Delta N_g$ 时,机组频率还没有回到 50Hz,机组就重新稳定,稳定后的机组出力增加,转速下降。从而实现了非常准确的 e_P 有差调节,在电网中具有良好的一次调频能力。当外界负荷减少 ΔN_g 时,调节过程与上述相反,不再重述。

(2) 设并网带负荷按有差特性稳定运行在 50Hz,当外界负荷不变,新蒸汽压力下降时,首先表现为汽轮机出力下降(因为电网中有调频机组,所以网频不变),机组功率测量模块送入微机调节器的机组出力信号减小,微机调节器对功率偏差进行 PID 运算,输出对调节汽门开大的调节信号,经电液转换器、液压放大器操作调节汽门开大,机组出力开始增大,直到机组出力回到原来出力,$\Delta n = e_P \Delta N_g$ 等式重新成立,机组重新稳定,稳定后的机组出力不变,转速也不变。从而保持了非常准确的 e_P 有差调节,在电网中具有良好的一次调频能力。当外界负荷不变,新蒸汽压力上升时,调节过程与上述相反,不再重述。

第十章　锅炉和汽轮发电机组运行

火电厂动力设备的运行包括锅炉本体设备及辅助设备的运行，汽轮机本体设备及辅助设备的运行。汽轮机与发电机组成汽轮发电机组，确保锅炉和机组的安全可靠运行是火电厂产生经济效益的最基本条件。本章主要介绍一台锅炉向一台汽轮机单独供汽的单元机组的操作运行。

第一节　火电厂热力系统

现代火电厂的特点是工质的参数高，机组容量大，自动化程度高，设备繁多，管路复杂。热力系统是由火电厂两大主机——锅炉和汽轮机以及其他热力设备通过管路连接起来所构成的一个有机的整体，表明了工质在汽水系统中的能量转换和热能利用的过程。热力系统的合理与否，直接影响火电厂运行的可靠性和经济性。

根据热力设备的范围不同将火电厂的热力系统分为局部热力系统和全厂热力系统。局部热力系统表示某一个热力设备与其他热力设备之间的联系；全厂热力系统表示全厂热力设备之间的联系。

根据热力设备之间关系的表示方法不同将火电厂的热力系统分为原则性热力系统和全面性热力系统。只表示热力设备之间的本质联系，相同设备只表示一个，备用设备不予表示，由这些设备组成的热力系统称为原则性热力系统，用规定的符号和连接线条表示的原则性热力系统设备之间联系的图称为原则性热力系统图；表示所有热力设备（包括工作设备、备用设备，甚至管道附件）之间的联系，由所有热力设备组成的热力系统称为全面性热力系统，用规定的符号和连接线条表示的全面性热力系统设备之间联系的图称为全面性热力系统图。

全面性热力系统图表示所有热力设备相互之间的具体联系情况和全部内容，是供设备安装和运行操作时的依据。原则性热力系统图表示各主要热力设备之间的实质性联系和基本内容，主要用于对火电厂工作循环进行热经济的分析。

这样，就有局部原则性热力系统、全厂原则性热力系统、局部全面性热力系统和全厂全面性热力系统四种热力系统表示方法。其中局部原则性热力系统表示的内容最简单，全厂全面性热力系统表示的内容最繁杂。

一、单元机组给水系统

图 10-1 为单元机组给水系统局部全面性热力系统图。三台并联的高压给水泵（3），两台工作一台备用。每一台水泵的出口一路经锅炉给水电动阀（4）送锅炉，另一路经再循

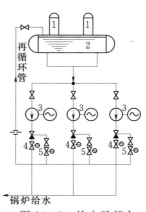

图 10-1　给水局部全面性热力系统图

1—除氧器；2—给水箱；3—给水泵；4—给水电动阀；5—再循环电动阀

环电动阀（5）和再循环管回到给水箱。调节锅炉再循环电动阀的开度，可以改变给水泵出口压力，从而改变主蒸汽的汽压。

二、再热循环机组的旁路系统

在火电厂汽水系统中，工质在封闭的循环系统中按预先设定好的顺序逐一流过各热力设备，中间只要有一个设备停止或减小过流量，工质的流动就会中止或减弱，这对与高温火焰和烟气直接进行热交换的热力设备来讲是绝对不允许或危及设备安全的。因此在热力系统中，对有些热力设备设置了旁路系统。旁路系统的作用如下：

（1）锅炉的再热器布置在烟温较高的位置，机组在启动和停机过程中，由于高压缸的进汽量较小，造成流经再热器的蒸汽流量较小，会造成再热器管壁因温度过高而烧毁。采用了高压缸旁路，蒸汽可以经旁路管道绕过高压缸进入再热器，保证再热器中有足够的工质在流动。

（2）在采用滑参数启动和停机过程中，需要不断调节锅炉主蒸汽的汽温、汽压和流量，若只采用调节入炉燃料量的方法是很难达到对主蒸汽汽温、汽压调节的要求。采用了旁路系统，可以加大锅炉蒸发量，多余的蒸汽可以经旁路直接进入凝汽器，通过切换不同的旁路阀，可以方便地对主蒸汽的汽温、汽压和流量进行调节。

图10-2为采用三级旁路的局部原则性热力系统图。打开Ⅰ级旁路阀（7），主蒸汽可以绕过高压缸（2），经再热器（6）进入中压缸（3）。打开Ⅰ级旁路阀和Ⅱ级旁路阀（8），主蒸汽可以绕过高压缸和中压缸，经再热器直接进入凝汽器（10）。打开Ⅲ级旁路阀（9），主蒸汽可以绕过高、中、低压缸，直接进入凝汽器。

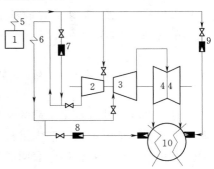

图10-2　采用三路旁路的局部原则性热力系统图

1—锅炉；2—高压缸；3—中压缸；4—低压缸；5—过热器；6—再热器；7—Ⅰ级旁路阀；8—Ⅱ级旁路阀；9—Ⅲ级旁路阀；10—凝汽器

三、国产125MW再热循环机组全厂原则性热力系统

图10-3为国产125MW再热循环机组的全厂原则性热力系统图。采用400t/h超高压汽包煤粉锅炉，由锅炉过热器（2）送来的13.5MPa、550℃的高压过热蒸汽进入汽轮机高压缸（3）膨胀做功，高压缸排出的2.6MPa、335℃压力下降后的过热蒸汽送回到锅炉再热器（4），重新加热到550℃，然后再送回汽轮机中压缸（5）再次膨胀做功。中压缸排出的过热蒸汽再送入分流式低压缸（6）膨胀做功。最后从两只低压缸排出的乏汽一起进入凝汽器（7）冷却凝结成水。凝结水泵（9）将冷凝水从凝汽器的热井中抽出，依次流

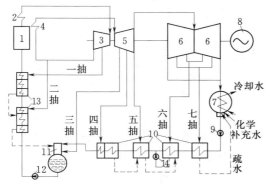

图10-3　国产 N125—135/550/550 型再热式机组的全厂原则性热力系统图

1—锅炉；2—过热器；3—高压缸；4—再热器；5—中压缸；6—低压缸；7—凝汽器；8—发电机；9—凝结水泵；10—低压回热加热器；11—除氧器；12—给水泵；13—高压回热加热器；14—疏水泵

过四级低压回热加热器（10），分别接受汽轮机第四、五、六、七级回热抽汽加热。从低压回热加热器流出的低压未饱和水进入除氧器（11）接受汽轮机第三级抽汽的加热除氧。经过充分除氧后的给水流落到有巨大容积的给水箱中，由给水泵（12）升压成高压未饱和水，依次流过两级高压回热加热器（13），分别接受汽轮机第一、二级回热抽汽加热，最后重新回到锅炉（1）进行预热汽化、过热。

高压回热加热蒸汽凝结成的冷凝水（疏水）自流到除氧器中；低压回热加热蒸汽凝结成的冷凝水自流到凝汽器热井中；经过化学软化和多次过滤的化学补充水，从凝汽器的热井处补充加入，也可以从除氧器处补充加入。

第二节　火电厂技术经济指标

火电厂运行的技术经济指标的高低，是衡量火电厂生产状况的优劣、技术设备好坏和管理水平高低的标志。火电厂主要技术经济指标要有机组汽耗率、机组热耗率、火电厂煤耗率、火电厂厂用电率和火电厂总效率五个。

一、机组汽耗率

汽轮发电机组每发出 $1kW \cdot h$ 电能所消耗的蒸汽量，称汽轮发电机组的汽耗率，是一项反映汽轮机生产质量的综合技术经济指标。

二、机组热耗率

汽轮发电机组每发出 $1kW \cdot h$ 电能所消耗的热量，称汽轮发电机组的热耗率，热耗率与锅炉的给水温度有关，是一项反映汽轮发电机组总的生产质量的综合技术经济指标。

当汽轮机的各级回热加热器投入运行时，汽轮机的汽耗率增大，将引起锅炉的热耗增大，但是由于回热加热使得锅炉给水温度上升，锅炉给水在锅炉内的吸热量减少，又将引起锅炉的热耗减小。两者的综合结果使得机组总的热耗率反而下降。所以，热耗率比汽耗率更能确切地反映汽轮机的生产质量，是一项主要的技术经济指标。

三、火电厂煤耗率

汽轮发电机组向电网每送出 $1kW \cdot h$ 电能所消耗的用煤量，称火电厂的供电煤耗率。煤质不同煤耗率也不同，同一台机组，煤的质量好时煤耗率就低，煤的质量差时煤耗率就高。为此，我国规定，各火电厂都统一折算成发热量为 $29308kJ/kg$ 的"标准煤发热量"来计算各自的"供电标准煤耗率"。

煤耗率是表征火电厂生产技术完善程度及其经济效果最常用的一项技术经济指标。随着发电技术的进步，我国火电厂的平均供电煤耗率逐年下降。目前，全国 6MW 及 6MW 以上机组平均供电煤耗率已经下降到 $400g/kW \cdot h$ 左右，特大型火电厂的供电煤耗率已降低到 $315g/kW \cdot h$ 左右，而小型火电厂的供电煤耗率常高于 $450g/kW \cdot h$，所以国家目前大力发展大型、特大型火电厂，关闭小型火电厂。

四、火电厂厂用电率

火电厂的厂用电率是火电厂的厂用电量占火电厂总发电量的百分比。厂用电是指各种辅助设备及其供应厂房照明、空调所消耗的电能。火电厂用电量较大的辅助设备有燃料运输设备、磨煤机、送风机、引风机、排粉机、给水泵、凝结水泵等。火电厂的厂用电率在 5％～10％之间（水电厂的厂用电率为 1%～3%)。目前,全国大中型火电厂平均厂用电率已经下降到 7.5%左右。

五、火电厂总效率

火电厂在将煤的化学能转换成电能的过程中,要经历 5 次能量损失,用 5 个效率分别表示。

1. 锅炉热效率 η_d

锅炉热效率是指锅炉有效利用的热量与收到的标准煤发热量之比值。锅炉在将煤的化学能转换成燃烧热能过程中,存在:①从飞灰和排渣中带走的未燃尽碳所造成的热损失;②从烟囱烟气中带走的未燃尽可燃气体所造成的热损失;③从烟囱排出的烟气自身体热所带走的热损失;④从炉膛底部排渣和除尘器底部排灰时灰渣自身体热所带走的热损失;⑤锅炉运行中,汽包、联箱、汽水管道和炉墙等散热所造成的热损失。现代大型锅炉热效率 η_d 在 85%～92%之间。

2. 循环热效率 η_t

工质在汽水系统中每经历一次热力循环,都是从锅炉中吸收热能,在汽轮机中将热能转换成机械能,机械能与热能之比称循环热效率。经过改进后的朗肯循环热效率 η_t 最高在 40%～45%之间。

3. 汽轮机内效率 η_{oi}

蒸汽在汽轮机内部将蒸汽热能转化成转子旋转机械能的过程中,存在蒸汽离开叶片时的余速损失、叶片转动时与蒸汽间的摩擦鼓风损失、湿蒸汽中的水珠对叶片背面的撞击阻力损失和级间漏汽损失等,用汽轮机内效率表示。汽轮机内效率 η_{oi} 大约为 80%～90%。

4. 汽轮机机械效率 η_j

汽轮机的机械转动部件在运行时,轴承的机械摩擦损失,汽轮机带动的主油泵及调速器测速元件所消耗的机械能,用汽轮机的机械效率 η_j 表示,汽轮机的机械效率 η_j 一般为 96%～99%。

5. 发电机效率 η_g

发电机在将汽轮机的机械能转换成电能时,存在铁损、铜损和发电机轴承的机械摩擦能量损失,用发电机效率 η_g 表示,发电机效率 η_g 为 96%～98%。

所以火电厂总效率

$$\eta_z = \eta_d \eta_t \eta_{oi} \eta_j \eta_g$$

小型火电厂的总效率 η_z 在 21%～25%,现代大型火电厂的总效率 η_z 也只有 36%～38%,远远小于水电厂总效率。

第三节　锅炉与机组的联合方式

根据机炉联合方式不同可以分为母管制供汽系统和单元制供汽系统两种。

一、母管制供汽系统

在母管制供汽系统中,火电厂所有锅炉生产的新蒸汽全送到新蒸汽母管上,所有汽轮机需要的新蒸汽全从母管上引取,汽轮机与锅炉没有一一对应的关系。在这种系统中,汽轮机和锅炉启动停机是分别进行的。即启动时,先锅炉点火、升温升压到额定参数,再与新蒸汽母管并列，然后汽轮机取母管的蒸汽进行暖管、暖机、升速、直至发电机并网和带上负荷，这种启动方式称额定参数启动法。停机时，先停汽轮发电机组，再停锅炉，这种停机方式称额定参数停机法。在保持母管额定参数条件下，进行较长时间的汽轮机暖管、暖机、升速，锅炉必将消耗大量的燃料，额定参数暖管、暖机对金属设备的热冲击大，还需排走大量的疏水和蒸汽，因此降低了火电厂的经济效益。

二、单元制供气系统

在单元制供气系统中，一台锅炉只向一台汽轮发电机组供汽，因此汽轮机和锅炉的启动停机在大部分时间内是同时进行。即在锅炉点火、升温升压到额定参数的过程中，大部分时间与汽轮机的暖管、暖机、升速、直至发电机并网和带负荷同时进行，这种启动方式称滑参数启动法。停机时，锅炉的降温降压与发电机的减负荷同时进行，这种停机方法称滑参数停机法。与额定参数启停法相比，滑参数启停法具有启动时间短、启动过程中的热量消耗少，工质损失小，由于金属设备的温度随锅炉的蒸汽温度缓慢上升，因此对金属设备的热冲击小，所以在较大容量的火电厂都采用单元制供气系统的滑参数启停方法。它的缺点是在汽轮机的暖管、暖机和升速过程中，锅炉始终处于低负荷运行，在这段时间内锅炉的热效率较低。

第四节　滑参数启停机组的操作步骤

锅炉和汽轮机的启动方式根据启动前金属设备的温度不同，可分为冷态启动和热态启动两种。冷态启动是指锅炉和汽轮机经过检修或较长时间停运后，金属设备内部的温度为环境温度的状态下启动；热态启动是指锅炉和汽轮机经过较短时间的停运，在设备内部还有一定的压力和温度的状态下的启动。

锅炉和汽轮机的停机方式有正常停机、事故停机和紧急停机三种。由于电网要求机组停机，把正常工作的锅炉和汽轮机停下来，称为正常停机。正常停机的过程是随着发电机出力减到零、与电网解列，锅炉的热负荷从最大缓慢减小到零的过程。由于机械或电气设备发生故障，火电厂自己将机组退出电网的停机，称为事故停机。由于机械或电气设备发生突发性事故，自动保护装置作用机组甩负荷退出电网，锅炉紧急中断燃烧，锅炉的热负荷在极短时间内急剧降到零，称为紧急停机。

不同的运行工况，锅炉输出主蒸汽的汽温、汽压和流量的调节方法也不一样。锅炉启停过程中，增加或减少燃料入炉量及增加或减少投入喷油枪、燃烧器的数目，可以同时调节主蒸汽的汽温和汽压。调整喷水减温装置对过热蒸汽的喷水量可以调节主蒸汽的汽温。切换旁路阀可以调节主蒸汽压力和流量。调整给水泵再循环电动阀的开度可以调节主蒸汽的压力。锅炉在正常运行中，采取增加或减少燃料入炉量来同时调节主蒸汽的汽温和汽压。采取调整喷水减温装置对过热蒸汽的喷水量来调节主蒸汽的汽温。

下面以125MW单元机组为例介绍冷态滑参数正常启动、停机的一般操作步骤。

一、冷态滑参数正常启动的一般操作步骤

1. 启动前的准备工作

（1）对所有设备和仪表进行全面详细的检查，并处于准备投入或已投入状态。

（2）将原煤斗满仓，煤粉仓粉位正常。

（3）工质水量充足，水质合格。

（4）启动抽汽器，建立凝汽器真空。

2. 点火

点火前应投入引、送风机对炉膛及烟道进行不少于5min的空气吹扫。再用高能点火装置点燃助燃油枪，燃油燃烧的热量使炉膛和水冷壁的温度逐渐上升。在主汽阀打开之前，锅炉产生的蒸汽经旁路管道直接进入凝汽器，以保证锅炉各管路、管排有一定的工质流动，以免烧毁。

3. 锅炉升温升压

逐步增加投入助燃油枪和喷油量，使锅炉汽包的压力、温度逐步上升，由于在汽轮机冲转之前，锅炉汽包到主汽阀之间的所有阀门都是全开的，主汽阀是关闭的，因此升温升压的速度主要由汽包的内外壁温差限制和汽包允许承受的热应力限制所决定。一般规定汽包内工质温度的平均上升速度不超过 $1\sim1.5℃/min$。在锅炉升温升压过程中，同时进行锅炉汽包到主汽阀之间管道的暖管，应及时排走暖管时产生的凝结水（疏水）。当汽包内水位下降到一定值时，启动给水泵向汽包供水，同时调整好再循环电动阀的开度，满足工质对压力的要求。

4. 冲转

当主汽阀阀前蒸汽压力达到 $1.2\sim1.5MPa$，主蒸汽温度在 $250\sim300℃$ （保证蒸汽过热度在 $50℃$ 以上）时，可打开主汽阀，再逐步开启调节汽阀的调节汽门，低参数蒸汽进入汽轮机汽缸冲击转子，汽轮机转子开始转动。至此才开始机炉联合滑参数升温升压，接下去锅炉的升温升压应完全服从汽轮机金属温度上升速度限制的需要。为稳定汽压汽温，必要时可增投助燃油枪。

5. 低速暖机

稳定汽压，锅炉升温，继续开大调节汽门，使转子转速上升到 $500r/min$，维持 $10\sim15min$，直到汽缸温度和膨胀趋向稳定。

6. 升速暖机

调节汽门到最大开度后，然后靠增加助燃油枪的投入数目和增加喷油量，使锅炉升温升压和增大产汽量，机组按 $100\sim150r/min$ 的速率升速，升温速度控制在 $1\sim1.5℃/min$ 内（保证蒸汽过热度在 $50℃$ 以上）。当转速上升到 $1000\sim1400r/min$，中速暖机 $20min$，当转速上升到 $2000\sim2400r/min$，高速暖机 $60min$，然后将机组转速提升到额定转速 $3000r/min$（电气人员同时调励磁，建立发电机机端电压）。中速暖机和高速暖机的转速应避开临界转速，防止汽轮机振动。

7. 并网带负荷

当频率、电压符合并网条件后，断路器合闸，发电机并入电网，同时根据汽温汽压逐步关闭各旁路阀和给水泵再循环电动阀。当过热器后面的烟气温度达到 $250℃$ 以上时，开始投入燃烧器喷煤粉燃烧。此后靠锅炉升温升压和增大产汽量来增加机组的出力，升压速度控制在 $0.05\sim0.1MPa/min$，升温速度控制在 $2\sim3.5℃/min$。负荷增加到 10% 额定负荷时，进行 $1h$ 的低负荷暖机，负荷增加到 40% 额定负荷时，进行 $1h$ 的高负荷暖机。接着锅炉继续升温升压和增大产汽量，用 2h 时间将机组的负荷平稳升到额定负荷。在锅炉升温升压期间，应根据机组所带负荷，适当关小调节汽门的开度，防止发电机过负荷。最后蒸汽的参数滑升到额定参数（汽压 13.65+0～13.65-0.1MPa、汽温 540±5℃），在机组增负荷期间，当负荷增加到 50% 额定负荷时，开始逐步退出助燃油枪。负荷增加到 60% 额定负荷时，全部退出助燃油枪。

二、滑参数正常停机的一般操作步骤

在汽轮机主汽阀关闭之前，锅炉的降温降压速度应完全服从汽轮机金属温度下降速度限制的需要。

（1）停炉前的准备工作。主要有：

1）将原煤斗和煤粉仓中的燃料按计划用尽，以防停炉后煤粉产生自燃爆炸事故。

2）因为煤粉燃烧的调节范围很小，调小煤粉燃烧强度，很容易发生突然熄火。因此停机前，应准备好点火助燃油枪，以便当突然熄火时随时投入以稳定燃烧，防止突然熄火后发生爆炸。油枪燃烧的调节范围很大。

（2）在接到停炉命令后，减小锅炉的煤粉入炉量和给风量，锅炉减温减压和减小产汽量，并逐步开大调节汽门到最大开度，使发电机的有功功率以 1～3MW/min 的速率减小，直到有功功率为 80% 的额定功率（电气人员同时调励磁，减小无功功率）。

（3）在调节汽门全开的条件下，继续减少入炉煤粉量和相应的给风量，缓慢下降汽温汽压和减小产汽量，发电机负荷继续减少，为防止温度下降过快而对金属设备产生较大的热应力，降温速度应控制在 1～1.5℃/min 内。为防止进入汽轮机的蒸汽出现水珠，汽压下降应始终保证主蒸汽的过热度不小于 50℃。

（4）当负荷减小到 60% 额定负荷时，可投入点火油枪助燃，并继续减少入炉煤粉量和相应的引送风量，使炉内的燃烧逐渐减弱，过热蒸汽的汽温汽压下降，直到所有煤粉燃烧器停用，由助燃油枪维持燃烧。在压力和温度的滑降过程中，应随时维持蒸汽的 50℃ 过热度。

（5）发电机有功功率继续减少直到 10% 额定功率（电气人员同时调励磁，继续减小无功功率）。在降负荷过程中，应加强对汽包水位的监视和调整，及时切换给水旁路。应根据汽温变化情况，及时调整或退出喷水减温装置。

（6）如果停机后对机组要进行检修，可将主蒸汽的压力和温度滑降到尽可能低（主蒸汽压力降到 1.5～2MPa 以下，汽温降到 250℃ 以下），直到所有油枪停用，锅炉熄火，利用锅炉余热产生的蒸汽继续发电，待发电机有功功率输出自然下降接近于零时，断路器跳闸，发电机退出电网，关闭主汽阀，至此机炉分离。机组由于惯性，转速缓慢下降。如果在转子温度还没有下降到室温就停止转动，转子主轴将发生永久性变形，因此，当转速下降到一定值时，必须投入盘车装置，进行盘车，使机组继续缓慢转动，直到转子温度下降到室温。利用这种方法停机，可使汽缸金属温度下降较低，可以缩短停机后的汽轮机转子盘车时间。锅炉自然冷却，温度下降到室温。

如果停机后一段时间还要再次启动机组，可以在发电机 10% 出力时带负荷跳断路器，机组退出电网。所有油枪停用，锅炉熄火，关闭主汽阀，至此机炉分离。利用这种方法停机，可使汽缸温度保持在 250℃ 以上（主蒸汽压力约 4.9MPa），主汽阀关闭后，立即投入连续盘车，并采取一切措施力保锅炉的余温余压，锅炉和机组同时转为热备用状态。

第五节　火电厂计算机监控与水电厂计算机监控的比较

火电厂锅炉和汽轮发电机组及其辅助设备组成的庞大设备群，设备品种繁多，工艺流程复杂，管路纵横交错，操作控制频繁。一台 500MW 的燃煤锅炉和机组，需要监视的项目达 1200 多个，需要操作的项目达 4000 多个。仅在启动过程中，需要监测 500 多个项目，进行 400 多个操作控制，因此无论从被监控设备的数量，还是进行监控的技术要求都远远超过水电厂。

一、计算机监测功能

火电厂计算机监测功能与水电厂计算机监测功能完全一样，即对锅炉和汽轮发电机组的运行状态进行实时准确的监视和测量，得出运行正常、出现故障或事故征兆的信息，为控制功能提供实时准确的控制条件。

不同的是，由于需监测设备的数量多范围广，因此，火电厂监测所需的传感器、仪器仪表和信号电缆比水电厂要多，且复杂得多。对计算机而言，需要输入的模拟量信号和开关量信号比水电厂计算机监测要多。

二、计算机控制功能

火电厂计算机控制功能与水电厂计算机控制功能完全一样，即按控制功能分基本控制功能和高级控制功能；按控制方式分操作控制（顺序控制）、调节控制和最优控制。

不同之处主要有以下几点：

1. 操作控制（顺序控制）

火电厂锅炉和汽轮发电机组及其辅助设备在启停机过程中的操作控制内容繁多，经历的时间达数小时，技术要求高，设备危险性大。在启停机操作的顺序控制流程中，在关键的接点上，就目前的技术而言，单靠仪器、仪表测量和计算机运算尚难以准确地分析、判断，需要中断顺序控制过程，由运行人员人工判断、确定后再继续，因此在锅炉和汽轮发电机组启停的顺序控制中设置了多个"断点"，中途需要运行人员参与。而在计算机控制的水电厂机组启停机过程中，没有"断点"，可以实现全厂计算机控制。

2. 调节控制

除了有与水电厂相同的励磁调节控制系统和频率调节控制系统之外，还有水电厂不具有的调节控制。其中：

（1）汽包锅炉蒸汽温度自动调节控制系统。自动调节控制过热器出口温度在 ±5℃ 范围内。过热蒸汽温度过高，可能造成过热器、主蒸汽管路和汽轮机高压段部分金属损坏；过热蒸汽温度过低，降低了全厂热效率和影响汽轮机安全运行（乏汽中水珠增加）。

（2）汽包锅炉给水自动调节控制系统。自动调节控制并维持汽包内水位在规定的范围内。汽包水位过高，会影响汽包内汽水分离器的正常工作，造成汽包出口蒸汽水分过多，使过热器管壁结垢烧坏过热器，还会使过热蒸汽的汽温急剧变化，直接影响机组运行的安全性和经济性；汽包水位过低，造成水冷壁钢管烧坏发生爆管事故。

（3）燃烧过程自动调节控制系统。随着高参数大容量的火力发电机组在电网中占的比重越来越大（国内火电机组最大单机容量达 900MW），电网要求火电机组参与电网负荷调节的要求越来越高，即要求火电机组承担电网变化负荷的幅度越来越大。例如华东电网与火电厂鉴定的进网协议规定，进网机组必须具有 50％的负荷调节能力。对单元机组来讲，锅炉自身的热容量已无法承担机组如此大的负荷变化，这就要求在汽轮机调节汽阀根据负荷调蒸汽流量的同时调锅炉给粉机的给粉量，使锅炉的燃烧也参与机组负荷的调节。计算机控制的实现，使得这种机炉同时参与负荷调节成为可能。

（4）单元机组协调控制系统。协调调节控制的任务是将单元机组的锅炉和汽轮机作为一个发电动力设备整体来进行调节控制，协调控制锅炉的燃料量、送风量、给水量、主蒸汽的压力温度和调节汽门等，使机组对外保证有较快的负荷响应能力；对内保证主蒸汽压力、温度参数稳定。这在常规控制中是无法实现的。

3. 最优控制

（1）根据负荷曲线或预设的调节准则或上级调度实时发来的有功功率给定值，以降低煤耗率、热耗率、厂用电率及多发电为目标，提高热效率，对锅炉和机组进行最优控制，使机组运行在最佳运行状况，提高火电厂的经济效益和确保设备的安全。

此外，与水电厂计算机监控系统相同，还能实现自动发电控制（AGC）和自动电压控制（AVC），具有与上级调度自动化系统间的远动功能，与管理有关的（如 MIS 网）统计数据传递，并具有故障自诊断和恢复功能。

（2）由于火电厂被控制设备的数量多，需要进行的控制项目也多，对计算机而言，火电厂用的计算机现地控制单元 LCU（即下位机）比水电厂的多，需要输出的模拟量信号和开关量信号也比水电厂计算机监控的多。

（3）水电厂已经能实现无人值班，甚至遥控电厂。而火电厂要实现全过程计算机监控，技术难度较大，计算机设备投资较大，目前我国还在起步阶段。

三、火电厂计算机监控系统的结构

火电厂计算机监控系统的结构与水电厂相同，也是现代工业计算机控制最流行的"三点一线"分散控制系统（DCS），即上位机的操作员站、工程师站，下位机的现地控制单元和用来连接个站点的通信网络。集计算机技术、数据通信技术、控制技术与 CRT 显示技术融于一体，采用分散结构和危险分散的原则。

图 10-4 为采用 DCS 系统的单元机组计算机监控系统结构。分散控制系统可以组成数据采集系统（DAS）、模拟量调节控制系统（MCS）、开关量顺序控制系统（SCS）和锅炉炉膛安全监控系统（FSSS）等直接面对生产过程的下位机系统，对单元机组的炉、机、电三大主要设备和主要辅助设备进行监视、控制和保护。

数据采集系统（DAS）对机组运行参数和状态进行采集、处理，用于显示、报警及打印报表。

模拟量调节控制系统（MCS）包括锅炉的燃烧调节控制、汽包给水水位调节控制、主蒸汽温度调节控制等子系统和辅助设备的控制子系统。对单元机组来说，还包括机炉协调控制主控制系统及与上述子系统一起组成的单元机组协调控制系统。负责对单元机组的主要参数进行调节控制，并通过机炉协调控制使机炉协调动作，快速响应电网负荷变化的要求，同时保证机组主要运行参数（汽温、汽压）在正常范围内。

开关量顺序控制系统（SCS）对机组和辅助设备进行启停的顺序控制和连锁保护。

锅炉炉膛安全监控系统（FSSS）通过对炉膛的自动吹扫、火焰监测、炉膛压力保护以及喷油、喷煤燃烧器管理，锅炉连锁保护等安全管理，保证了锅炉的安全。

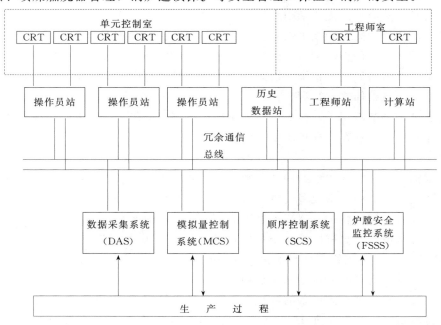

图 10-4　采用 DCS 系统的单元机组计算机监控系统结构图

附　　录

附表 I　　　　饱和水与干饱和蒸汽表（按压力编排）

压　力	饱和温度	比　容		焓		汽化潜热	熵	
		液　体	蒸　汽	液　体	蒸　汽		液　体	蒸　汽
p	t_s	v'	v''	h'	h''	r	s'	s''
MPa	℃	m³/kg	m³/kg	kJ/kg	kJ/kg	kJ/kg	kJ/(kg·K)	kJ/(kg·K)
0.001	6.982	0.0010001	129.208	29.33	2513.8	2484.5	0.1060	8.9756
0.002	17.511	0.0010012	67.006	73.45	2533.2	2459.8	0.2606	8.7236
0.003	24.098	0.0010027	45.668	101.00	2545.2	2444.2	0.3543	8.5776
0.004	28.981	0.0010040	34.803	121.41	2554.1	2432.7	0.4224	8.4747
0.005	32.90	0.0010052	28.196	137.77	2561.2	2423.4	0.4762	8.3952
0.006	36.18	0.0010064	23.742	151.50	2567.1	2415.6	0.5209	8.3305
0.007	39.02	0.0010074	20.532	163.38	2572.2	2408.8	0.5591	8.2760
0.008	41.53	0.0010084	18.106	173.87	2576.7	2402.8	0.5926	8.2289
0.009	43.79	0.0010094	16.206	183.28	2580.8	2397.5	0.6224	8.1875
0.01	45.83	0.0010102	14.676	191.84	2584.4	2392.6	0.6493	8.1505
0.02	60.09	0.0010172	7.6515	251.46	2609.6	2358.1	0.8321	7.9092
0.03	69.12	0.0010223	5.2308	289.31	2625.3	2336.0	0.9441	7.7695
0.04	75.89	0.0010265	3.9949	317.65	2636.8	2319.2	1.0261	7.6711
0.05	81.35	0.0010301	3.2415	340.57	2646.0	2305.4	1.0912	7.5951
0.06	85.95	0.0010333	2.7329	359.93	2653.6	2293.7	1.1454	7.5332
0.07	89.96	0.0010361	2.3658	376.77	2660.2	2283.4	1.1921	7.4811
0.08	93.51	0.0010387	2.0879	391.72	2666.0	2274.3	1.2330	7.4360
0.09	96.71	0.0010412	1.8701	405.21	2671.1	2265.9	1.2696	7.3963
0.1	99.63	0.0010434	1.6946	417.51	2675.7	2258.2	1.3027	7.3608
0.2	120.23	0.0010608	0.88592	504.7	2706.9	2202.2	1.5301	7.1286
0.3	133.54	0.0010735	0.60586	561.4	2725.5	2164.1	1.6717	6.9930
0.4	143.62	0.0010839	0.46242	604.7	2738.5	2133.8	1.7764	6.8966
0.5	151.85	0.0010928	0.37481	640.1	2748.5	2108.4	1.8604	6.8215
0.6	158.84	0.0011009	0.31556	670.1	2756.4	2086.0	1.9308	6.7598
0.7	164.96	0.0011082	0.27274	697.1	2762.9	2065.8	1.9918	6.7074
0.8	170.42	0.0011150	0.24030	720.9	2768.4	2047.5	2.0457	6.6618
0.9	175.36	0.0011213	0.21484	742.6	2773.0	2030.4	2.0941	6.6212
1	179.88	0.0011274	0.19430	762.6	2777.0	2014.4	2.1382	6.5847
1.2	187.96	0.0011386	0.16320	798.4	2783.4	1985.0	2.2160	6.5210
1.4	195.04	0.0011489	0.14072	830.1	2788.4	1958.3	2.2836	6.4665
1.6	201.37	0.0011586	0.12368	858.6	2792.2	1933.6	2.3436	6.4187
1.8	207.10	0.0011678	0.11031	884.6	2795.1	1910.5	2.3976	6.3759
2.0	212.37	0.0011766	0.09953	908.6	2797.4	1888.8	2.4468	6.3373
2.5	223.93	0.0011972	0.07993	961.8	2800.8	1839.0	2.5540	6.2564
3.0	233.84	0.0012163	0.06662	1008.4	2801.9	1793.5	2.6455	6.1832
3.5	242.54	0.0012345	0.05702	1049.8	2801.3	1751.5	2.7253	6.1218
4.0	250.33	0.0012521	0.04974	1087.5	2799.4	1711.9	2.7967	6.0670
5.0	263.92	0.0012858	0.03941	1154.6	2792.8	1638.2	2.9209	5.9712
6.0	275.56	0.0013187	0.03241	1213.9	2783.3	1569.4	3.0277	5.8878
7.0	285.80	0.0013514	0.02734	1267.7	2771.4	1503.7	3.1225	5.8126
8.0	294.98	0.0013843	0.02349	1317.5	2757.5	1440.0	3.2083	5.7430
9.0	303.31	0.0014179	0.02046	1364.2	2741.8	1377.6	3.2875	5.6773
10	310.96	0.0014526	0.01800	1408.6	2724.4	1315.8	3.3616	5.6143
12	324.64	0.0015267	0.01425	1492.6	2684.8	1192.2	3.4986	5.4930
14	336.63	0.0016104	0.01149	1572.8	2638.3	1065.5	3.6262	5.3737
16	347.32	0.0017101	0.009330	1651.5	2582.7	931.2	3.7486	5.2496
18	356.96	0.0018380	0.007534	1733.4	2514.4	781.0	3.8739	5.1135
20	365.71	0.002038	0.005873	1828.8	2413.8	585.0	4.0181	4.9338
21	369.79	0.002218	0.005006	1892.2	2340.2	448.0	4.1137	4.8106
22	373.68	0.002675	0.003757	2007.7	2192.5	184.8	4.2891	4.5748
22.129	374.15	0.00326	0.00326	2100	2100	0.0	4.4296	4.4296

注　临界参数：$p_c = 22.129$ MPa；$v_c = 0.00326$ m³/kg；$t_c = 374.15$ ℃。

饱和水与干饱和蒸汽表（按温度编排）

温 度	饱和压力	比 容		焓		汽化潜热	熵	
		液 体	蒸 汽	液 体	蒸 汽		液 体	蒸 汽
t	p_s	v'	v''	h'	h''	r	s'	s''
℃	MPa	m³/kg	m³/kg	kJ/kg	kJ/kg	kJ/kg	kJ/(kg·K)	kJ/(kg·K)
0	0.0006108	0.0010002	206.321	−0.04	2501.0	2501.0	−0.0002	9.1565
0.01	0.0006112	0.00100022	206.175	0.000614	2501.0	2501.0	0.0000	9.1562
1	0.0006566	0.0010001	192.611	4.17	2502.8	2498.6	0.0152	9.1298
2	0.0007054	0.0010001	179.935	8.39	2504.7	2496.3	0.0306	9.1035
4	0.0008129	0.0010000	157.267	16.80	2508.3	2491.5	0.0611	9.0514
6	0.0009346	0.0010000	137.768	25.21	2512.0	2486.8	0.0913	9.0003
8	0.0010721	0.0010001	120.952	33.60	2515.7	2482.1	0.1213	8.9501
10	0.0012271	0.0010003	106.419	41.99	2519.4	2477.4	0.1510	8.9009
12	0.0014015	0.0010004	93.828	50.38	2523.0	2472.6	0.1805	8.8525
14	0.0015974	0.0010007	82.893	58.75	2526.7	2467.9	0.2098	8.8050
16	0.0018170	0.0010010	73.376	67.13	2530.4	2463.3	0.2388	8.7583
18	0.0020626	0.0010013	65.080	75.50	2534.0	2458.5	0.2677	8.7125
20	0.0023368	0.0010017	57.833	83.86	2537.7	2453.8	0.2963	8.6674
25	0.0031660	0.0010030	43.400	104.81	2547.0	2442.2	0.3672	8.5570
30	0.0042417	0.0010043	32.929	125.66	2555.9	2430.2	0.4365	8.4537
35	0.0056217	0.0010060	25.246	146.56	2565.0	2418.4	0.5049	8.3536
40	0.0073749	0.0010078	19.548	167.45	2574.0	2406.5	0.5721	8.2576
45	0.0095817	0.0010099	15.278	188.35	2582.9	2394.5	0.6383	8.1655
50	0.012335	0.0010121	12.048	209.26	2591.8	2382.5	0.7035	8.0771
60	0.019919	0.0010171	7.6807	251.09	2609.5	2358.4	0.8310	7.9106
70	0.031161	0.0010228	5.0479	292.97	2626.8	2333.8	0.9548	7.7565
80	0.047359	0.0010292	3.4104	334.92	2643.8	2308.9	1.0752	7.6135
90	0.070108	0.0010361	2.3624	376.94	2660.3	2283.4	1.1925	7.4805
100	0.101325	0.0010437	1.6738	419.06	2676.3	2257.2	1.3069	7.3564
110	0.14326	0.0010519	1.2106	461.32	2691.8	2230.5	1.4185	7.2402
120	0.19854	0.0010606	0.89202	503.7	2706.6	2202.9	1.5276	7.1310
130	0.27012	0.0010700	0.66851	546.3	2720.7	2174.4	1.6344	7.0281
140	0.36136	0.0010801	0.50875	589.1	2734.0	2144.9	1.7390	6.9307
150	0.47597	0.0010908	0.39261	632.2	2746.3	2114.1	1.8416	6.8381
160	0.61804	0.0011022	0.30685	675.5	2757.7	2082.2	1.9425	6.7498
170	0.79202	0.0011145	0.24259	719.1	2768.0	2048.9	2.0416	6.6652
180	1.0027	0.0011275	0.19381	763.1	2777.1	2014.0	2.1393	6.5838
190	1.2552	0.0011415	0.15631	807.5	2784.9	1977.4	2.2356	6.5052
200	1.5551	0.0011565	0.12714	852.4	2791.4	1939.0	2.3307	6.4289
220	2.3201	0.0011900	0.08602	943.7	2799.9	1856.2	2.5178	6.2819
240	3.3480	0.0012291	0.05964	1037.6	2801.6	1764.0	2.7021	6.1397
260	4.6940	0.0012756	0.04212	1135.0	2795.2	1660.2	2.8850	5.9989
280	6.4191	0.0013324	0.03010	1237.0	2778.6	1541.6	3.0687	5.8555
300	8.5917	0.0014041	0.02162	1345.4	2748.4	1403.0	3.2559	5.7038
320	11.290	0.0014995	0.01544	1463.4	2699.6	1236.2	3.4513	5.5356
340	14.608	0.0016390	0.01078	1596.8	2622.3	1025.5	3.6638	5.3363
350	16.537	0.0017407	0.008822	1672.9	2566.1	893.2	3.7816	5.2149
360	18.674	0.0018930	0.006970	1763.1	2485.7	722.6	3.9189	5.0603
370	21.053	0.002231	0.004958	1896.2	2335.7	439.5	4.1198	4.8031
374.15	22.129	0.00326	0.00326	2100	2100	0.0	4.4296	4.4296

附表 Ⅲ　　　　未饱和水与过热蒸汽表

p	0.005MPa			0.010MPa		
	$t_s=32.90$　$v'=0.0010052$　$v''=28.196$　$h'=137.77$　$h''=2561.2$　$s'=0.4762$　$s''=8.3952$			$t_s=45.83$　$v'=0.0010102$　$v''=14.676$　$h'=191.84$　$h''=2584.4$　$s'=0.6493$　$s''=8.1505$		
t	v	h	s	v	h	s
℃	m³/kg	kJ/kg	kJ/(kg·K)	m³/kg	kJ/kg	kJ/(kg·K)
0	0.0010002	0.0	−0.0001	0.0010002	0.0	−0.0001
10	0.0010002	42.0	0.1510	0.0010002	42.0	0.1510
20	0.0010017	83.9	0.2963	0.0010017	83.9	0.2963
40	28.86	2574.6	8.4385	0.0010078	167.4	0.5721
60	30.71	2612.3	8.5552	15.34	2611.3	8.2331
80	32.57	2650.0	8.6652	16.27	2649.3	8.3437
100	34.42	2687.9	8.7695	17.20	2687.3	8.4484
120	36.27	2725.9	8.8687	18.12	2725.4	8.5479
140	38.12	2764.0	8.9633	19.05	2763.6	8.6427
160	39.97	2802.3	9.0539	19.98	2802.0	8.7334
180	41.81	2840.8	9.1408	20.90	2840.6	8.8204
200	43.66	2879.5	9.2244	21.82	2879.3	8.9041
220	45.51	2918.5	9.3049	22.75	2918.3	8.9848
240	47.36	2957.6	9.3828	23.67	2957.4	9.0626
260	49.20	2997.0	9.4580	24.60	2996.8	9.1379
280	51.05	3036.6	9.5310	25.52	3036.5	9.2109
300	52.90	3076.4	9.6017	26.44	3076.3	9.2817
350	57.51	3177.1	9.7702	28.75	3177.0	9.4502
400	62.13	3279.4	9.9280	31.06	3279.4	9.6081
450	66.74	3383.3	10.077	33.37	3383.3	9.7570
500	71.36	3489.0	10.218	35.68	3488.9	9.8982
550	75.98	3596.2	10.352	37.99	3596.2	10.033
600	80.59	3705.2	10.481	40.29	3705.2	10.161

p	0.1MPa			0.2MPa		
	$t_s=99.63$　$v'=0.0010434$　$v''=1.6946$　$h'=417.51$　$h''=2675.7$　$s'=1.3027$　$s''=7.3608$			$t_s=120.23$　$v'=0.0010608$　$v''=0.88592$　$h'=504.7$　$h''=2706.9$　$s'=1.5301$　$s''=7.1286$		
t	v	h	s	v	h	s
℃	m³/kg	kJ/kg	kJ/(kg·K)	m³/kg	kJ/kg	kJ/(kg·K)
0	0.0010002	0.1	−0.0001	0.0010001	0.2	−0.0001
10	0.0010002	42.1	0.1510	0.0010002	42.2	0.1510
20	0.0010017	84.0	0.2963	0.0010016	84.0	0.2963
40	0.0010078	167.5	0.5721	0.0010077	167.6	0.5720
60	0.0010171	251.2	0.8309	0.0010171	251.2	0.8309
80	0.0010292	335.0	1.0752	0.0010291	335.0	1.0752
100	1.696	2676.5	7.3628	0.0010437	419.1	1.3068
120	1.793	2716.8	7.4681	0.0010606	503.7	1.5276
140	1.889	2756.6	7.5669	0.9353	2748.4	7.2314
160	1.984	2796.2	7.6605	0.9842	2789.5	7.3286
180	2.078	2835.7	7.7496	1.0326	2830.1	7.4203
200	2.172	2875.2	7.8348	1.080	2870.5	7.5073
220	2.266	2914.7	7.9166	1.128	2910.6	7.5905
240	2.359	2954.3	7.9954	1.175	2950.8	7.6704
260	2.453	2994.1	8.0714	1.222	2991.0	7.7472
280	2.546	3034.0	8.1449	1.269	3031.3	7.8214
300	2.639	3074.1	8.2162	1.316	3071.7	7.8931
350	2.871	3175.3	8.3854	1.433	3173.4	8.0633
400	3.103	3278.0	8.5439	1.549	3276.5	8.2223
450	3.334	3382.2	8.6932	1.665	3380.9	8.3720
500	3.565	3487.9	8.8346	1.781	3486.9	8.5137
550	3.797	3595.4	8.9693	1.897	3594.5	8.6485
600	4.028	3704.5	9.0979	2.013	3703.7	8.7774

197

p	0.5MPa			1MPa		
	$t_s=151.85$ $v'=0.0010928$ $v''=0.37481$ $h'=640.1$ $h''=2748.5$ $s'=1.8604$ $s''=6.8215$			$t_s=179.88$ $v'=0.0011274$ $v''=0.19430$ $h'=762.6$ $h''=2777.0$ $s'=2.1382$ $s''=6.5847$		
t	v	h	s	v	h	s
℃	m³/kg	kJ/kg	kJ/(kg·K)	m³/kg	kJ/kg	kJ/(kg·K)
0	0.0010000	0.5	−0.0001	0.0009997	1.0	−0.0001
10	0.0010000	42.5	0.1509	0.0009998	43.0	0.1509
20	0.0010015	84.3	0.2962	0.0010013	84.8	0.2961
40	0.0010076	167.9	0.5719	0.0010074	168.3	0.5717
60	0.0010169	251.5	0.8307	0.0010167	251.9	0.8305
80	0.0010290	335.3	1.0750	0.0010287	335.7	1.0746
100	0.0010435	419.4	1.3066	0.0010432	419.7	1.3062
120	0.0010605	503.9	1.5273	0.0010602	504.3	1.5269
140	0.0010800	589.2	1.7388	0.0010796	589.5	1.7383
160	0.3836	2767.3	6.8654	0.0011019	675.7	1.9420
180	0.4046	2812.1	6.9665	0.1944	2777.3	6.5854
200	0.4250	2855.5	7.0602	0.2059	2827.5	6.6940
220	0.4450	2898.0	7.1481	0.2169	2874.9	6.7921
240	0.4646	2939.9	7.2315	0.2275	2920.5	6.8826
260	0.4841	2981.5	7.3110	0.2378	2964.8	6.6974
280	0.5034	3022.9	7.3872	0.2480	3008.3	7.0475
300	0.5226	3064.2	7.4606	0.2580	3051.3	7.1239
350	0.5701	3167.6	7.6335	0.2825	3157.7	7.3018
400	0.6172	3271.8	7.7944	0.3066	3264.0	7.4606
420	0.6360	3313.8	7.8558	0.3161	3306.6	7.5283
440	0.6548	3355.9	7.9158	0.3256	3349.3	7.5890
450	0.6641	3377.1	7.9452	0.3304	3370.7	7.6188
460	0.6735	3398.3	7.9743	0.3351	3392.1	7.6482
480	0.6922	3440.9	8.0316	0.3446	3435.1	7.7061
500	0.7109	3483.7	8.0877	0.3540	3478.3	7.7627
550	0.7575	3591.7	8.2232	0.3776	3587.2	7.8991
600	0.8040	3701.4	8.3525	0.4010	3697.4	8.0292

p	2MPa			3MPa		
	$t_s=212.37$ $v'=0.0011766$ $v''=0.09953$ $h'=908.6$ $h''=2797.4$ $s'=2.4468$ $s''=6.3373$			$t_s=233.84$ $v'=0.0012163$ $v''=0.06662$ $h'=1008.4$ $h''=2801.9$ $s'=2.6455$ $s''=6.1832$		
t	v	h	s	v	h	s
℃	m³/kg	kJ/kg	kJ/(kg·K)	m³/kg	kJ/kg	kJ/(kg·K)
0	0.0009992	2.0	0.0000	0.0009987	3.0	0.0001
10	0.0009993	43.9	0.1508	0.0009988	44.9	0.1507
20	0.0010008	85.7	0.2959	0.0010004	86.7	0.2957
40	0.0010069	169.2	0.5713	0.0010065	170.1	0.5709
60	0.0010162	252.7	0.8299	0.0010158	253.6	0.8294
80	0.0010282	336.5	1.0740	0.0010278	337.3	1.0733
100	0.0010427	420.5	1.3054	0.0010422	421.2	1.3046
120	0.0010596	505.0	1.5260	0.0010590	505.7	1.5250
140	0.0010790	590.2	1.7373	0.0010783	590.8	1.7362
160	0.0011012	676.3	1.9408	0.0011005	676.9	1.9396
180	0.0011266	763.6	2.1379	0.0011258	764.1	2.1366
200	0.0011560	852.6	2.3300	0.0011550	853.0	2.3284
220	0.10211	2820.4	6.3842	0.0011891	943.9	2.5166
240	0.1084	2876.3	6.4953	0.06818	2823.0	6.2245
260	0.1144	2927.9	6.5941	0.07286	2885.5	6.3440
280	0.1200	2976.9	6.6842	0.07714	2941.8	6.4477
300	0.1255	3024.0	6.7679	0.08116	2994.2	6.5408
350	0.1386	3137.2	6.9574	0.09053	3115.7	6.7443
400	0.1512	3248.1	7.1285	0.09933	3231.6	6.9231
420	0.1561	3291.9	7.1927	0.10276	3276.9	6.9894
440	0.1610	3335.7	7.2550	0.1061	3321.9	7.0535
450	0.1635	3357.7	7.2855	0.1078	3344.4	7.0847
460	0.1659	3379.4	7.3156	0.1095	3366.8	7.1155
480	0.1708	3423.5	7.3747	0.1128	3411.6	7.1758
500	0.1756	3467.4	7.4323	0.1161	3456.4	7.2345
550	0.1876	3578.0	7.5708	0.1243	3568.6	7.3752
600	0.1995	3689.5	7.7024	0.1324	3681.5	7.5084

p	4MPa			5MPa		
	$t_s=250.33$ $v'=0.0012521$ $v''=0.04974$ $h'=1087.5$ $h''=2799.4$ $s'=2.7967$ $s''=6.0670$			$t_s=263.92$ $v'=0.0012858$ $v''=0.03941$ $h'=1154.6$ $h''=2792.8$ $s'=2.9209$ $s''=5.9712$		
t	v	h	s	v	h	s
℃	m³/kg	kJ/kg	kJ/(kg·K)	m³/kg	kJ/kg	kJ/(kg·K)
0	0.0009982	4.0	0.0002	0.0009977	5.1	0.0002
10	0.0009984	45.9	0.1506	0.0009979	46.9	0.1505
20	0.0009999	87.6	0.2955	0.0009995	88.6	0.2952
40	0.0010060	171.0	0.5706	0.0010056	171.9	0.5702
60	0.0010153	254.4	0.8288	0.0010149	255.3	0.8283
80	0.0010273	338.1	1.0726	0.0010268	338.8	1.0720
100	0.0010417	422.0	1.3038	0.0010412	422.7	1.3030
120	0.0010584	506.4	1.5242	0.0010579	507.1	1.5232
140	0.0010777	591.5	1.7352	0.0010771	592.1	1.7342
160	0.0010997	677.5	1.9385	0.0010990	678.0	1.9373
180	0.0011249	764.6	2.1352	0.0011241	765.2	2.1339
200	0.0011540	853.4	2.3268	0.0011530	853.8	2.3253
220	0.0011878	944.2	2.5147	0.0011866	944.4	2.5129
240	0.0012280	1037.7	2.7007	0.0012264	1037.8	2.6985
260	0.05174	2835.6	6.1355	0.0012750	1135.0	2.8842
280	0.05547	2902.2	6.2581	0.04224	2857.0	6.0889
300	0.05885	2961.5	6.3634	0.04532	2925.4	6.2104
350	0.06645	3093.1	6.5838	0.05194	3069.2	6.4513
400	0.07339	3214.5	6.7713	0.05780	3196.9	6.6486
420	0.07606	3261.4	6.8399	0.06002	3245.4	6.7196
440	0.07869	3307.7	6.9058	0.06220	3293.2	6.7875
450	0.07999	3330.7	6.9379	0.06327	3316.8	6.8204
460	0.08128	3353.7	6.9694	0.06434	3340.4	6.8528
480	0.08384	3399.5	7.0310	0.06644	3387.2	6.9158
500	0.08638	3445.2	7.0909	0.06853	3433.8	6.9768
550	0.09264	3559.2	7.2338	0.07363	3549.6	7.1221
600	0.09879	3673.4	7.3686	0.07864	3665.4	7.2586

p	6MPa			7MPa		
	$t_s=275.56$ $v'=0.0013187$ $v''=0.03241$ $h'=1213.9$ $h''=2783.3$ $s'=3.0277$ $s''=5.8878$			$t_s=285.80$ $v'=0.0013514$ $v''=0.02734$ $h'=1267.7$ $h''=2771.4$ $s'=3.1225$ $s''=5.8126$		
t	v	h	s	v	h	s
℃	m³/kg	kJ/kg	kJ/(kg·K)	m³/kg	kJ/kg	kJ/(kg·K)
0	0.0009972	6.1	0.0003	0.0009967	7.1	0.0004
10	0.0009974	47.8	0.1505	0.0009970	48.8	0.1504
20	0.0009990	89.5	0.2951	0.0009986	90.4	0.2948
40	0.0010051	172.7	0.5698	0.0010047	173.6	0.5694
60	0.0010144	256.1	0.8278	0.0010140	256.9	0.8273
80	0.0010263	339.6	1.0713	0.0010259	340.4	1.0707
100	0.0010406	423.5	1.3023	0.0010401	424.2	1.3015
120	0.0010573	507.8	1.5224	0.0010567	508.5	1.5215
140	0.0010764	592.8	1.7332	0.0010758	593.4	1.7321
160	0.0010983	678.6	1.9361	0.0010976	679.2	1.9350
180	0.0011232	765.7	2.1325	0.0011224	766.2	2.1312
200	0.0011519	854.2	2.3237	0.0011510	854.6	2.3222
220	0.0011853	944.7	2.5111	0.0011841	945.0	2.5093
240	0.0012249	1037.9	2.6963	0.0012233	1038.0	2.6941
260	0.0012729	1134.8	2.8815	0.0012708	1134.7	2.8789
280	0.03317	2804.0	5.9253	0.0013307	1236.7	3.0667
300	0.03616	2885.0	6.0693	0.02946	2839.2	5.9322
350	0.04223	3043.9	6.3356	0.03524	3017.0	6.2306
400	0.04738	3178.6	6.5438	0.03992	3159.7	6.4511
450	0.05212	3302.6	6.7214	0.04414	3288.0	6.6350
500	0.05662	3422.2	6.8814	0.04810	3410.5	6.7988
520	0.05837	3469.5	6.9417	0.04964	3458.6	6.8602
540	0.06010	3516.5	7.0003	0.05116	3506.4	6.9198
550	0.06096	3540.0	7.0291	0.05191	3530.2	6.9490
560	0.06182	3563.5	7.0575	0.05266	3554.1	6.9778
580	0.06352	3610.4	7.1131	0.05414	3601.6	7.0342
600	0.06521	3657.2	7.1673	0.05561	3649.0	7.0890

p	8MPa			9MPa		
	$t_s=294.98$ $v'=0.0013843$　$v''=0.02349$ $h'=1317.5$　$h''=2757.5$ $s'=3.2083$　$s''=5.7430$			$t_s=303.31$ $v'=0.0014179$　$v''=0.02046$ $h'=1364.2$　$h''=2741.8$ $s'=3.2875$　$s''=5.6773$		
t	v	h	s	v	h	s
℃	m³/kg	kJ/kg	kJ/(kg·K)	m³/kg	kJ/kg	kJ/(kg·K)
0	0.0009962	8.1	0.0004	0.0009958	9.1	0.0005
10	0.0009965	49.8	0.1503	0.0009960	50.7	0.1502
20	0.0009981	91.4	0.2946	0.0009977	92.3	0.2944
40	0.0010043	174.5	0.5690	0.0010038	175.4	0.5686
60	0.0010135	257.8	0.8267	0.0010131	258.6	0.8262
80	0.0010254	341.2	1.0700	0.0010249	342.0	1.0694
100	0.0010396	425.0	1.3007	0.0010391	425.8	1.3000
120	0.0010562	509.2	1.5206	0.0010556	509.9	1.5197
140	0.0010752	594.1	1.7311	0.0010745	594.7	1.7301
160	0.0010968	679.8	1.9338	0.0010961	680.4	1.9326
180	0.0011216	766.7	2.1299	0.0011207	767.2	2.1286
200	0.0011500	855.1	2.3207	0.0011490	855.5	2.3191
220	0.0011829	945.3	2.5075	0.0011817	945.6	2.5057
240	0.0012218	1038.2	2.6920	0.0012202	1038.3	2.6899
260	0.0012687	1134.6	2.8762	0.0012667	1134.4	2.8737
280	0.0013277	1236.2	3.0633	0.0013249	1235.6	3.0600
300	0.02425	2785.4	5.7918	0.0014022	1344.9	3.2539
350	0.02995	2988.3	6.1324	0.02579	2957.5	6.0383
400	0.03431	3140.1	6.3670	0.02993	3119.7	6.2891
450	0.03815	3273.1	6.5577	0.03348	3257.9	6.4872
500	0.04172	3398.5	6.7254	0.03675	3386.4	6.6592
520	0.04309	3447.6	6.7881	0.03800	3436.4	6.7230
540	0.04445	3496.2	6.8486	0.03923	3485.9	6.7846
550	0.04512	3520.4	6.8783	0.03984	3510.5	6.8147
560	0.04578	3544.6	6.9075	0.04044	3535.0	6.8444
580	0.04710	3592.8	6.9646	0.04163	3583.9	6.9023
600	0.04841	3640.7	7.0201	0.04281	3632.4	6.9585

p	10MPa			12MPa		
	$t_s=310.96$ $v'=0.0014526$　$v''=0.01800$ $h'=1408.6$　$h''=2724.4$ $s'=3.3616$　$s''=5.6143$			$t_s=324.64$ $v'=0.0015267$　$v''=0.01425$ $h'=1492.6$　$h''=2684.8$ $s'=3.4986$　$s''=5.4930$		
t	v	h	s	v	h	s
℃	m³/kg	kJ/kg	kJ/(kg·K)	m³/kg	kJ/kg	kJ/(kg·K)
0	0.0009953	10.1	0.0005	0.0009943	12.1	0.0006
10	0.0009956	51.7	0.1500	0.0009947	53.6	0.1498
20	0.0009972	93.2	0.2942	0.0009964	95.1	0.2937
40	0.0010034	176.3	0.5682	0.0010026	178.1	0.5674
60	0.0010126	259.4	0.8257	0.0010118	261.1	0.8246
80	0.0010244	342.8	1.0687	0.0010235	344.4	1.0674
100	0.0010386	426.5	1.2992	0.0010376	428.0	1.2977
120	0.0010551	510.6	1.5188	0.0010540	512.0	1.5170
140	0.0010739	595.4	1.7291	0.0010727	596.7	1.7271
160	0.0010954	681.0	1.9315	0.0010940	682.2	1.9292
180	0.0011190	767.8	2.1272	0.0011183	768.8	2.1246
200	0.0011480	855.9	2.3176	0.0011461	856.8	2.3146
220	0.0011805	946.0	2.5040	0.0011782	946.6	2.5005
240	0.0012188	1038.4	2.6878	0.0012158	1038.8	2.6837
260	0.0012648	1134.3	2.8711	0.0012609	1134.2	2.8661
280	0.0013221	1235.2	3.0567	0.0013167	1234.3	3.0503
300	0.0013978	1343.7	3.2494	0.0013895	1341.5	3.2407
350	0.02242	2924.2	5.9464	0.01721	2848.4	5.7615
400	0.02641	3098.5	6.2158	0.02108	3053.3	6.0787
450	0.02974	3242.6	6.4220	0.02411	3209.9	6.3032
500	0.03277	3374.1	6.5984	0.02679	3349.0	6.4893
520	0.03392	3425.1	6.6635	0.02780	3402.1	6.5571
540	0.03505	3475.4	6.7262	0.02878	3454.2	6.6220
550	0.03561	3500.4	6.7568	0.02926	3480.0	6.6536
560	0.03616	3525.4	6.7869	0.02974	3505.7	6.6847
580	0.03726	3574.9	6.8456	0.03068	3556.7	6.7451
600	0.03833	3624.0	6.9025	0.03161	3607.0	6.8034

p	14MPa			16MPa		
	$t_s=336.63$ $v'=0.0016104$ $v''=0.01149$ $h'=1572.8$ $h''=2638.3$ $s'=3.6262$ $s''=5.3737$			$t_s=347.32$ $v'=0.0017101$ $v''=0.009330$ $h'=1651.5$ $h''=2582.7$ $s'=3.7486$ $s''=5.2496$		
t	v	h	s	v	h	s
℃	m³/kg	kJ/kg	kJ/(kg·K)	m³/kg	kJ/kg	kJ/(kg·K)
0	0.0009933	14.1	0.0007	0.0009924	16.1	0.0008
10	0.0009938	55.6	0.1496	0.0009928	57.5	0.1494
20	0.0009955	97.0	0.2933	0.0009946	98.8	0.2928
40	0.0010017	179.8	0.5666	0.0010008	181.6	0.5659
60	0.0010109	262.8	0.8236	0.0010100	264.5	0.8225
80	0.0010226	346.0	1.0661	0.0010217	347.6	1.0648
100	0.0010366	429.5	1.2961	0.0010356	431.0	1.2946
120	0.0010529	513.5	1.5153	0.0010518	514.9	1.5136
140	0.0010715	598.0	1.7251	0.0010703	599.4	1.7231
160	0.0010926	683.4	1.9269	0.0010912	684.6	1.9247
180	0.0011167	769.9	2.1220	0.0011151	771.0	2.1195
200	0.0011442	857.7	2.3117	0.0011423	858.6	2.3087
220	0.0011759	947.2	2.4970	0.0011736	947.9	2.4936
240	0.0012129	1039.1	2.6796	0.0012101	1039.5	2.6756
260	0.0012572	1134.1	2.8612	0.0012535	1134.0	2.8563
280	0.0013115	1233.5	3.0441	0.0013065	1232.8	3.0381
300	0.0013816	1339.5	3.2324	0.0013742	1337.7	3.2245
350	0.01323	2753.5	5.5606	0.009782	2618.5	5.3071
400	0.01722	3004.0	5.9488	0.01427	2949.7	5.8215
450	0.02007	3175.8	6.1953	0.01702	3140.0	6.0947
500	0.02251	3323.0	6.3922	0.01929	3296.3	6.3038
520	0.02342	3378.4	6.4630	0.02013	3354.2	6.3777
540	0.02430	3432.5	6.5304	0.02093	3410.4	6.4477
550	0.02473	3459.2	6.5631	0.02132	3438.0	6.4816
560	0.02515	3485.8	6.5951	0.02171	3465.4	6.5146
580	0.02599	3538.2	6.6573	0.02247	3519.4	6.5787
600	0.02681	3589.8	6.7172	0.02321	3572.4	6.6401

p	18MPa			20MPa		
	$t_s=356.96$ $v'=0.0018380$ $v''=0.007534$ $h'=1733.4$ $h''=2514.4$ $s'=3.8739$ $s''=5.1135$			$t_s=365.71$ $v'=0.002038$ $v''=0.005873$ $h'=1828.8$ $h''=2413.8$ $s'=4.0181$ $s''=4.9338$		
t	v	h	s	v	h	s
℃	m³/kg	kJ/kg	kJ/(kg·K)	m³/kg	kJ/kg	kJ/(kg·K)
0	0.0009914	18.1	0.0008	0.0009904	20.1	0.0008
10	0.0009919	59.4	0.1491	0.0009910	61.3	0.1489
20	0.0009937	100.7	0.2924	0.0009929	102.5	0.2919
40	0.0010000	183.3	0.5651	0.0009992	185.1	0.5643
60	0.0010092	266.1	0.8215	0.0010083	267.8	0.8204
80	0.0010208	349.2	1.0636	0.0010199	350.8	1.0623
100	0.0010346	432.5	1.2931	0.0010337	434.0	1.2916
120	0.0010507	516.3	1.5118	0.0010496	517.7	1.5101
140	0.0010691	600.7	1.7212	0.0010679	602.0	1.7192
160	0.0010899	685.9	1.9225	0.0010886	687.1	1.9203
180	0.0011136	772.0	2.1170	0.0011120	773.1	2.1145
200	0.0011405	859.5	2.3058	0.0011387	860.4	2.3030
220	0.0011714	948.6	2.4903	0.0011693	949.3	2.4870
240	0.0012074	1039.9	2.6717	0.0012047	1040.3	2.6678
260	0.0012500	1134.0	2.8516	0.0012466	1134.1	2.8470
280	0.0013017	1232.1	3.0323	0.0012971	1231.6	3.0266
300	0.0013672	1336.1	3.2168	0.0013606	1334.6	3.2095
350	0.0017042	1660.9	3.7582	0.001666	1648.4	3.7327
400	0.01191	2889.0	5.6926	0.009952	2820.1	5.5578
450	0.01463	3102.3	5.9989	0.01270	3062.4	5.9061
500	0.01678	3268.7	6.2215	0.01477	3240.2	6.1440
520	0.01756	3329.3	6.2989	0.01551	3303.7	6.2251
540	0.01831	3387.7	6.3717	0.01621	3364.6	6.3009
550	0.01867	3416.4	6.4068	0.01655	3394.3	6.3373
560	0.01903	3444.7	6.4410	0.01688	3423.6	6.3726
580	0.01973	3500.3	6.5070	0.01753	3480.9	6.4406
600	0.02041	3554.8	6.5701	0.01816	3536.9	6.5055

p	25MPa			30MPa		
t	v	h	s	v	h	s
℃	m³/kg	kJ/kg	kJ/(kg·K)	m³/kg	kJ/kg	kJ/(kg·K)
0	0.0009881	25.1	0.0009	0.0009857	30.0	0.0008
10	0.0009888	66.1	0.1482	0.0009866	70.8	0.1475
20	0.0009907	107.1	0.2907	0.0009886	111.7	0.2895
40	0.0009971	189.4	0.5623	0.0009950	193.8	0.5604
60	0.0010062	272.0	0.8178	0.0010041	276.1	0.8153
80	0.0010177	354.8	1.0591	0.0010155	358.7	1.0560
100	0.0010313	437.8	1.2879	0.0010289	441.6	1.2843
120	0.0010470	521.3	1.5059	0.0010445	524.9	1.5017
140	0.0010650	605.4	1.7144	0.0010621	608.1	1.7097
160	0.0010853	690.2	1.9148	0.0010821	693.3	1.9095
180	0.0011082	775.9	2.1083	0.0011046	778.7	2.1022
200	0.0011343	862.8	2.2960	0.0011300	865.2	2.2891
220	0.0011640	951.2	2.4789	0.0011590	953.1	2.4711
240	0.0011983	1041.5	2.6584	0.0011922	1042.8	2.6493
260	0.0012384	1134.3	2.8359	0.0012307	1134.8	2.8252
280	0.0012863	1230.5	3.0130	0.0012762	1229.9	3.0002
300	0.0013453	1331.5	3.1922	0.0013315	1329.0	3.1763
350	0.001600	1626.4	3.6844	0.001554	1611.3	3.6475
400	0.006009	2583.2	5.1472	0.002806	2159.1	4.4854
450	0.009168	2952.1	5.6787	0.006730	2823.1	5.4458
500	0.01113	3165.0	5.9639	0.008679	3083.9	5.7954
520	0.01180	3237.0	6.0558	0.009309	3166.1	5.9004
540	0.01242	3304.7	6.1401	0.009889	3241.7	5.9945
550	0.01272	3337.3	6.1800	0.010165	3277.7	6.0385
560	0.01301	3369.2	6.2185	0.01043	3312.6	6.0806
580	0.01358	3431.2	6.2921	0.01095	3379.8	6.1604
600	0.01413	3491.2	6.3616	0.01144	3444.2	6.2351

注 粗黑水平线以上为未饱和水，以下则为过热蒸汽。

自 测 练 习 题

（共 326 题，1252 分）

（选择题每题 2 分，填空题每空 1 分，可任选 100 分值的题目对自己进行测验）

第一章

1-1 水电厂动力设备的组成及各自的作用。（5 分）

1-2 水流的能量形式及水头的几何意义和物理意义。（3 分）

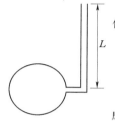

题 7 图

1-3 什么是均匀流？什么是渐变流？两者水流的过水断面上水质点的能量有什么特点？（3 分）

1-4 绝对压力减去当地大气压力称为（　　　）。（2 分）

A. 相对压力　　　　　B. 真空度　　　　　C. 表压力

1-5 根据定义写出动能修正系数 α 的计算表达式。（2 分）

1-6 已知一垂直向上的射流，在喷嘴出口处的流速 $v=5$m/s，如果忽略空气摩擦阻力的影响，该射流可以上升到的最高位置 z 为何值？（取动能修正系数 $\alpha=1.0$）（2 分）

1-7 已知压力水管某点压力表的表压力 $p=0.02$MPa，如果将压力表换接成一根玻璃管（如题 7 图所示，在水力学中称测压管），该玻璃管高 L 最少要多长水才不会从玻璃管中溢出。（2 分）

1-8 设均匀流河段，过水断面平均流速 $v=0.981$m/s，水深 $h=3$m，以河床底部 0—0 平面作为高程的基准平面见题 8 图，请计算：（4 分）（注：取动能修正系数 $\alpha=1.0$）

(1) 在过水断面上河流表面点 1 的水头 E_1；

(2) 在过水断面上河床底部点 2 的水头 E_2；

(3) 如果认为流速 v 较小，动能水头 $\alpha v^2/2g$ 可以忽略不计，河流表面点 1 的水头 E_1'。

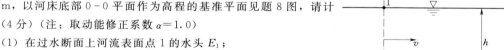

题 8 图

1-9 水库中水的位能够转换成蜗壳进口处的（　　　）。

A. 位能和压能　　　　B. 压能和动能　　　　C. 动能和位能

1-10 （　　　）过水断面上水质点的压力分布规律与静止水体内部的压力分布规律相同或相近似。

A. 河流　　　　　　　B. 管流　　　　　　　C. 均匀流

D. 渐变流　　　　　　E. 均匀流和渐变流

1-11 以黄海平面作为高程的基准平面，浙江龙泉均溪溪流在均溪村的河面海拔▽491.5m，在下游 3km 的百步村的河面海拔▽331.66m，河流的多年平均水流量 $Q=2.574$m³/s，设两河床断面的平均流速相等，请计算：（6 分）

(1) 该段河流的水流功率 N_{h1}；

(2) 该段河流一年（365 天）的水能蕴藏量 W_{h1}；

(3) 如果将这些水能按 80% 转换成电能，上网平均电价为 0.4 元/kW·h，请计算该段河流每年蕴藏着多少经济价值？

(4) 千百年来这些能量消耗在哪几方面？

1-12 水电站上游与下游（　　　）之差，近似称为水电站毛水头 H_m。

A. 流速　　　　　　　B. 压力　　　　　　　C. 水位　　　　　　　D. 水头

1-13　水力发电的基本原理是什么？（4分）

1-14　常规水电站有哪四种布置形式？各有什么特点？各能形成多高的水位差？（6分）

1-15　特殊水电站有哪两种形式？各有什么特点？（4分）

1-16　世界上最高水头的水电站是什么布置形式？采用什么机型的水轮机？（2分）

1-17　中小型立式机组的共同特点是一个推力轴承，（　　）径向轴承。

A. 三个　　　　　　　　　B. 两个　　　　　　　　　C. 一个

1-18　采用弹性联轴器的卧式机组是（　　）机组。

A. 两支点　　　　　　　　B. 三支点　　　　　　　　C. 四支点

1-19　立式机组有哪几种布置形式？各有什么特点？卧式机组有哪几种布置形式？各有什么特点？（4分）

第二章

2-1　水轮机工作水头是（　　）

A. 水轮机对水流能量的利用值

B. 水轮机对水流能量差值的利用值

C. 水轮机进口与出口断面之间单位重量水体的能量值

D. 水轮机进口与出口断面之间单位重量水体的能量差值

2-2　在某电站，某一天两台机组一起运行，实测得到上游库水位高程▽$_{sy}$488.18，上游水库过水断面很大，流速水头可忽略不计。下游尾水位高程▽$_{xy}$331.80，蜗壳进口断面中心压力 $p_{蜗壳}$＝1.38MPa。已知蜗壳进口断面中心高程▽$_{蜗壳}$332.5，蜗壳进口断面直径 d＝1m，水轮机工作流量 Q＝4.1m^3/s，水轮机效率 η_t＝90.66％，发电机效率 η_g＝96％，（取动能修正系数 α＝1.05，1MPa＝101.937mH$_2$O）请计算：（6分）

（1）水电站引水管道水头损失 h_{wy}；

（2）水轮机工作水头 H；

（3）水轮机出力 N_t；

（4）发电机出力 N_g。

2-3　水轮机设计水头 H_r是机组发出（　　）的最低水头。

A. 最大出力　　　　　　　B. 额定出力　　　　　　　C. 最小出力

2-4　水轮机实际最大工作水头不应超过由水轮机＿＿＿＿＿＿＿决定的最大允许工作水头；水轮机实际最小工作水头不应低于由水轮机＿＿＿＿＿＿＿决定的最小允许工作水头。

2-5　提高水轮机效率应该从提高水轮机蜗壳、导叶和转轮叶片表面的＿＿＿＿＿和＿＿＿＿＿，减小＿＿＿＿＿损失；减小水轮机转动部件与固定部件之间的＿＿＿＿＿，减小＿＿＿＿＿损失；提高机组轴承的＿＿＿＿＿＿＿＿＿，减小＿＿＿＿＿损失这三方面下手。

2-6　枯水期水库的库水位为什么要尽量运行在高水位？而为什么丰水期不能这样运行？（3分）

2-7　机组在正常运行工况时的稳定转速称＿＿＿＿＿＿；机组断路器跳闸甩负荷后的转速称＿＿＿＿＿＿；机组断路器跳闸甩负荷同时又遇到导叶拒动后的转速称＿＿＿＿＿＿。

2-8　发生飞逸工况后的后备保护有＿＿＿＿＿＿＿＿＿＿和＿＿＿＿＿＿＿＿＿＿＿＿两种。

2-9　反击式水轮机的转轮能量转换在＿＿＿＿＿中进行；冲击式水轮机的转轮能量转换在＿＿＿＿＿中进行。

2-10　水轮机的分类及各类水轮机的适用场合？（6分）

2-11　反击式水轮机四大过流部件的性能好坏直接影响机组的（　　）。

A. 运行特性　　　　　　　B. 水力特性　　　　　　　C. 机械特性　　　　　　　D. 电气特性

2-12 反击式水轮机引水部件的作用及水力性能最佳的形式？（4分）

2-13 反击式水轮机导水部件的作用及结构性能最佳的形式？（4分）

2-14 反击式水轮机泄水部件的作用及水力性能最佳的形式？（6分）

2-15 两种新型的混流式转轮结构上各有什么特点？性能上各有什么优点？（4分）

2-16 射流沿着转轮旋转平面22.5℃的方向冲击转轮的水轮机称（　　）水轮机。

A. 水斗式　　　　　　　　B. 斜击式　　　　　　　　C. 双击式

2-17 喷针——折向器协联机构在机组甩负荷时，以最快的速度将（　　）切入射流，使射流不再冲击斗叶，机组转速不至于上升过高。

A. 喷针　　　　　　　　　B. 折向器　　　　　　　　C. 喷针和折向器一起

2-18 写出下列水轮机牌号所表示的意义：（6分）

ZZ560—LH—250

NXL200—LJ—140

2CJ26—W—120/2×9

2-19 转轮内水质点参与了哪两种运动？定性画出转轮进出口速度三角形的图形并说出各量的名称。（5分）

2-20 反击式水轮机基本方程式得出的四点结论是：（1）水流在转轮进口处必须要有一定的_____；（2）水流在转轮进口处的_____必须大于转轮出口处的_____；（3）转轮出口水流的_____时，水轮机效率最高；（4）转轮对水流能量的转换只与水流的_____变化有关。

2-21 冲击式水轮机基本方程式得出的两点结论是：（1）保持水流出口相对速度方向角 β_2 不变，_____时水轮机效率最高；（2）保持射流速度 v_0 和转轮圆周速度 u 不变，_____时水轮机效率最高。

2-22 某电站混流式机组，工作水头 $H＝142m$，水轮机额定转速 $n_r＝1000r/min$，转轮进口直径 $D_1＝0.82m$，出口直径 $D_2＝0.6m$，运行在最优工况时水轮机效率 $\eta_t＝92\%$，进口绝对速度方向角 $\alpha_1＝30°$，请计算：（6分）

（1）水流进口切向分速度 v_{u1}；

（2）进口圆周速度 u_1 和绝对速度 v_1 的大小；

（3）进口相对速度 w_1 的大小和方向。

2-23 某电站水斗式机组，水轮机额定转速 $n_r＝500r/min$，转轮直径 $D_1＝1.4m$，水流出口相对速度方向角 $\beta_2＝4°$，$H＝318m$，水轮机效率 $\eta_t＝82\%$，请计算：（6分）

（1）此时的射流流速 v_0；

（2）最佳速度比此时的射流流速 v_0 和水轮机效率 η_t。

2-24 水轮机最优工况的条件是（　　）。

A. 切向进口、切向出口　　　　　　　　B. 切向进口、法向出口

C. 法向进口、切向出口　　　　　　　　D. 法向进口、法向出口

2-25 当反击式水轮机出力小于最优工况的出力时，离开转轮的水流（　　），并沿尾水管向下游流动。

A. 具有与转轮旋转方向相反方向的旋转量

B. 具有与转轮旋转方向相同方向的旋转量

C. 在离开转轮时水流没有旋转量

2-26 水轮机在最优工况运行时，只要工作水头或导叶开度（　　），水轮机都会从最优工况进入非最优工况。

A. 两个中只要有一个变化   B. 两个同时变化

C. 两个中只要有一个不变

2-27　分析水轮机在非最优工况时效率下降的原因。（6分）

2-28　转桨式水轮机在运行中通过对叶片安放角的调整，能始终保持（　　），从而使水轮机在很大的出力变化范围内效率都比较高。

A. 水流在叶片进口处切向进口或近似切向进口

B. 水流在叶片出口处法向出口或近似法向出口

C. 水流在叶片进口处切向进口，出口处法向出口

D. 水流在叶片进口处法向进口，出口处切向出口

2-29　所谓转桨式机组调速器的双重调节是指（1）根据＿＿＿＿＿＿变化调＿＿＿＿＿＿；（2）根据＿＿＿＿＿＿和＿＿＿＿＿＿变化调＿＿＿＿＿＿。

第三章

3-1　水轮机主阀的作用？（4分）

3-2　水头越高漏水量越小的主阀是（　　）。

A. 蝴蝶阀   B. 球阀   C. 闸阀

3-3　主阀只有＿＿＿＿＿＿或＿＿＿＿＿＿两种运行工况。

3-4　除了发生＿＿＿＿＿＿的事故以外，主阀一般只允许在＿＿＿＿＿＿条件下打开或关闭。

3-5　每次开主阀之前必须先打开＿＿＿＿＿＿阀，向＿＿＿＿＿＿＿＿充水。

3-6　蝶阀活门全关后止水效果最好的是＿＿＿＿＿＿＿＿＿＿式圆周密封，但是每次活门转到全关位置后，必须进行＿＿＿＿＿＿＿＿＿＿。

3-7　球阀活门转到全关位置后，应该（　　）。

A. 关闭旁通阀   B. 打开旁通阀   C. 打开卸压阀   D. 关闭卸压阀

3-8　主阀启闭的操作方法有＿＿＿＿＿＿、＿＿＿＿＿＿和＿＿＿＿＿＿三种方法。

3-9　根据闸阀活门的厚度不同分，活门有＿＿＿＿＿＿状活门和＿＿＿＿＿＿状活门两种形式，其中＿＿＿＿＿＿状活门的止水密封效果较好。

3-10　透平油系统的主要用户有＿＿＿＿＿＿和＿＿＿＿＿＿；绝缘油系统的主要用户有＿＿＿＿＿＿。

3-11　低压气系统的主要用户有＿＿＿＿＿＿、＿＿＿＿＿＿、＿＿＿＿＿＿和＿＿＿＿＿＿；高压气系统的主要用户有＿＿＿＿＿＿。

3-12　技术供水系统的主要用户有＿＿＿＿＿＿、＿＿＿＿＿＿、＿＿＿＿＿＿和＿＿＿＿＿＿。

3-13　渗漏排水的任务是排（　　）。

A. 技术供水用户用过的水

B. 厂房内靠自流无法排走的水

C. 水轮机流道内靠自流无法排走的水

3-14　油系统中常见的自动化元件有哪些？（5分）

3-15　气系统中常见的自动化元件有哪些？（5分）

3-16　技术供水系统中常见的自动化元件有哪些？（5分）

3-17　分别写出同步电机四种工况的功率发出及吸收情况。（4分）

3-18　对储气罐的压力信号采集，要求采集供上位机压力显示用的数字量信号和反映储气罐压力上下限的开关量信号，现在只有一只输出标准模拟量信号的数字式压力表，请问能用吗？如何处理？（4分）

第四章

4-1 水轮机调节的任务是根据机组所带的负荷及时调节进入水轮机的_____，使输入水轮机的_____与发电机的输出_____保持一致，保证机组的_____不变或在规定的范围内变。

4-2 水轮机调节的方法是：调节进入水轮机的_____，使_____随_____的变化而变化，从而使机组的转速不变。

4-3 熟练地画出水轮机调节系统原理方框图，并分别指出调节对象、调节装置和被调参数。（4分）

4-4 无论什么形式的调速器，在功能上都是由_____部分、_____部分和_____三部分组成。

4-5 无论什么形式的调速器最后输出的操作执行机构都是（　　）。

A. 机械液压装置　　　B. 电动传动装置　　　C. 杠杆传动装置

4-6 水轮机调速器按构成元件分类有_____调速器、_____调速器和_____调速器；按调节规律分类有_____调速器、_____调速器和_____调速器；按输出执行机构的数目分类有_____调速器和_____调速器。

4-7 熟练地画出水轮机调速器结构原理框图。（4分）

4-8 离心摆的作用是将_____信号转换成_____信号。

4-9 画出离心摆的静态特性曲线及写出输出与输入的关系式。（3分）

4-10 液压放大器又称_____，其作用是对_____和_____进行放大，输入_____信号，输出_____信号。

4-11 配压阀的作用是将（　　）。

A. 油压信号转换成油压信号　　　　　　　B. 油压信号转换成机械位移信号
C. 机械位移信号转换成油压信号　　　　　D. 机械位移信号转换成机械位移信号

4-12 接力器的作用是将（　　）。

A. 油压信号转换成油压信号　　　　　　　B. 油压信号转换成机械位移信号
C. 机械位移信号转换成油压信号　　　　　D. 机械位移信号转换成机械位移信号

4-13 要使放大装置或具有放大功能的信号转换装置的输出信号与输入信号之间有线性比例关系，必须采用_____反馈。

4-14 YT型调速器中常用的配压阀类型有_____和_____两种，前者的特点是有_____根压力油管、_____根信号油管和_____根排油管；后者的特点是有_____根压力油管、_____根信号油管和_____根排油管。

4-15 YT型调速器中常用的接力器类型有_____和_____两种，前者的特点是有_____根信号油管；后者的特点是有_____根信号油管。

4-16 看懂由引导阀构成的液压放大器原理图，熟练分析动作和放大原理，并建立液压放大器的运动方程。（6分）

4-17 在由引导阀构成的液压放大器中，设输入机械位移使得引导阀套上移，则经过一段时间动作后，辅助接力器活塞（　　）停下不动。

A. 在上部极限位置　　　B. 在上部新的位置　　　C. 在原来位置
D. 在下部新的位置　　　E. 在下部极限位置

4-18 在由引导阀构成的液压放大器中，如果取消负反馈，设输入机械位移使得引导阀套上移，则经过一段时间动作后，辅助接力器活塞（　　）停下不动。

A. 在上部极限位置　　　B. 在上部新的位置　　　C. 在原来位置

D. 在下部新的位置　　　　　E. 在下部极限位置

4-19　看懂由主配压阀构成的液压放大器原理图，熟练分析动作和放大原理，并建立液压放大器的运动方程。（6分）

4-20　在由主配压阀构成的液压放大器中，设输入机械位移使得主配压阀活塞上移，则经过一段时间动作后，主接力器活塞（　　）停下不动。

A. 在左边极限位置　　　　B. 在左边新的位置　　　　C. 在原来位置

D. 在右边新的位置　　　　E. 在右边极限位置

4-21　在由主配压阀构成的液压放大器中，如果取消负反馈，设输入机械位移使得主配压阀活塞上移，则经过一段时间动作后，主接力器活塞（　　）停下不动。

A. 在左边极限位置　　　　B. 在左边新的位置　　　　C. 在原来位置

D. 在右边新的位置　　　　E. 在右边极限位置

4-22　液压放大器的行程放大倍数与（　　）。

A. 反馈系数成正比　　　　B. 反馈系数成反比　　　　C. 接力器活塞直径成正比

D. 压力油的压力成正比　　　　E. 接力器活塞直径和压力油的压力成正比

4-23　液压放大器的力放大倍数与（　　）。

A. 反馈系数成正比　　　　B. 反馈系数成反比　　　　C 接力器活塞直径成正比

D. 压力油的压力成正比　　　　E. 接力器活塞直径和压力油的压力成正比

4-24　看懂 YT 型机械液压型调速器采用的液压放大原理图，主配压阀的结构为什么发生了变化？熟练分析动作和放大原理，并建立液压放大器的运动方程。（8分）

4-25　YT 型机械液压型调速器中，为了平衡＿＿＿＿＿＿＿＿＿＿＿力，主配压阀两个活塞盘的直径为上大下小。

4-26　在 YT 型机械液压型调速器采用的两级液压放大器中，设输入机械位移使得引导阀套上移，则经过一段时间动作后，辅助接力器在（　　）停下不动。

A. 在上部极限位置　　　　B. 在上部新的位置　　　　C. 在原来位置

D. 在下部新的位置　　　　E. 在下部极限位置

4-27　在 YT 型机械液压型调速器采用的两级液压放大器中，设输入机械位移使得引导阀套上移，则经过一段时间动作后，主接力器在（　　）停下不动。

A. 在左边极限位置　　　　B. 在左边新的位置　　　　C. 在原来位置

D. 在右边新的位置　　　　E. 在右边极限位置

4-28　在 YT 型机械液压型调速器采用的两级液压放大器中，如果取消局部负反馈，设输入机械位移使得引导阀套上移，则经过一段时间动作后，辅助接力器活塞（　　）停下不动。

A. 在上部极限位置　　　　B. 在上部新的位置　　　　C. 在原来位置

D. 在下部新的位置　　　　E. 在下部极限位置

4-29　在 YT 型机械液压型调速器采用的两级液压放大器中，如果取消局部负反馈，设输入机械位移使得引导阀套上移，则经过一段时间动作后，主接力器活塞（　　）停下不动。

A. 在左边极限位置　　　　B. 在左边新的位置　　　　C. 在原来位置

D. 在右边新的位置　　　　E. 在右边极限位置

4-30　在 YT 型机械液压型调速器采用的两级液压放大器中，如果取消跨越负反馈，设输入机械位移使得引导阀套上移，则经过一段时间动作后，辅助接力器活塞（　　）停下不动。

A. 在上部极限位置　　　　B. 在上部新的位置　　　　C. 在原来位置

D. 在下部新的位置　　　　E. 在下部极限位置

4-31　在 YT 型机械液压型调速器采用的两级液压放大器中，如果取消跨越负反馈，设输入机械位移使得引导阀套上移，则经过一段时间动作后，主接力器活塞（　　）停下不动。

A. 在左边极限位置　　　　B. 在左边新的位置　　　　C. 在原来位置

D. 在右边新的位置　　　　E. 在右边极限位置

4-32　（　　）的反馈称为软反馈。

A. 输出信号为新的值，引回的反馈信号消失

B. 输出信号为新的值，引回的反馈信号不消失

C. 输出信号为原来值，引回的反馈信号消失

D. 输出信号为原来值，引回的反馈信号不消失

4-33　看懂采用跨越硬反馈的 YT 型调速器原理图，熟练分析动作原理，并建立调速器的绝对值运动方程和进行参数的相对化处理。（8分）

4-34　画出采用跨越硬反馈的 YT 型调速器的静态特性曲线并解释静态特性表示的意义。（4分）

4-35　画出采用跨越硬反馈的 YT 型调速器的动态特性曲线并解释动态特性表示的意义。（4分）

4-36　采用跨越硬反馈的 YT 型调速器输出主接力器在稳定位置时，设输入转速信号上升，则经过一段时间动作后，主接力器活塞（　　）停下不动。

A. 在左边极限位置　　　　B. 在左边新的位置　　　　C. 在原来位置

D. 在右边新的位置　　　　E. 在右边极限位置

4-37　看懂采用跨越软反馈的 YT 型调速器原理图，熟练分析动作原理，并解释调速器相对值运动方程式中每一项的意义。（8分）

4-38　画出采用跨越软反馈的 YT 型调速器的静态特性曲线并解释静态特性表示的意义。（4分）

4-39　画出采用跨越软反馈的 YT 型调速器的动态特性曲线并解释动态特性表示的意义。（4分）

4-40　采用跨越软反馈的 YT 型调速器输出主接力器在稳定位置时，设输入转速信号上升，则经过一段时间动作后，主接力器活塞（　　）停下不动。

A. 在左边极限位置　　　　B. 在左边新的位置　　　　C. 在原来位置

D. 在右边新的位置　　　　E. 在右边极限位置

4-41　说出在正向调节信号的通道中加入微分环节的作用？并解释这种调速器相对值运动方程式中每一项的意义。（5分）

4-42　画出 PID 规律调速器的静态特性曲线并解释静态特性表示的意义。（4分）

4-43　画出 PID 规律调速器的动态特性曲线并解释动态特性表示的意义。（4分）

4-44　熟练画出 YT 型调速器自动调节部分原理方框图。（6分）

4-45　分别写出永态转差系数 b_p、暂态转差系数 b_t 的几何意义和物理意义。（6分）

4-46　输出反映输入信号变化加速度的调节规律称（　　）。

A. P 规律　　　　　　　B. PI 规律　　　　　　　C. PID 规律

4-47　解释 P 规律水轮机调节系统的静态特性及画出静态特性曲线。（3分）

4-48　解释 P 规律水轮机调节系统的动态特性及画出动态特性曲线。（3分）

4-49　解释 PI 规律水轮机调节系统的静态特性及画出静态特性曲线。（3分）

4-50　解释 PI 规律水轮机调节系统的动态特性及画出动态特性曲线。（3分）

4-51　解释 PID 规律水轮机调节系统的静态特性及画出静态特性曲线。（3分）

4-52　解释 PID 规律水轮机调节系统的动态特性及画出动态特性曲线。（3分）

4-53　写出永态转差系数 b_p（或机组调差率 e_p）、暂态转差系数 b_t、缓冲时间常数 T_d、微分时间常数 T_n 参数大小对调节系统性能的影响？（6分）

4-54　根据图 4-25，介绍 YT 型调速器的转速调整原理。（6分）

4-55　有差特性机组的优点、缺点及应用场合？（6分）

4-56 无差特性机组的优点、缺点及应用场合？（6分）

4-57 在电网中担任基本负荷的机组称_____机，由_____电厂承担；担任可预见负荷的机组称_____机，由_____电厂承担；担任不可预见负荷的机组称_____机，由_____电厂承担。

4-58 假设某电网只有一台100万kW的调频机组，在晚上22h，通过调度对调峰机组的调度，应该使调频机组带（ ）的负荷，更有利于电网的稳定。

A. 10万kW   B. 50万kW   C. 90万kW

4-59 假设某电网只有一台100万kW的调频机组，现在带了90万kW的负荷，突然电网中有一台12万kW的机组发生甩负荷退出电网，一次调频结束后，电网频率应该是（ ）。

A. 小于50Hz   B. 等于50Hz   C. 大于50Hz

4-60 并网运行机组的一次调频能力与（ ）成反比。

A. 永态转差系数 b_p B. 暂态转差系数 b_t C. 缓冲时间常数 T_d

4-61 解释电网二次调频的原理？（5分）

4-62 当电网的变化负荷（ ）调频机组的调节容量时，所有调峰机组都会自动参与电网负荷调节。

A. 等于   B. 大于   C. 小于

4-63 从理论上讲，负荷变化后的电网频率（ ）的。

A. 是不会变化   B. 是要变化   C. 是无法确定

4-64 从理论上讲，电网调度对调峰机组自动参与变化负荷的调节是（ ）的。

A. 希望   B. 不希望   C. 参与或不参与都可以

4-65 当一个电网的调频机组容量不够大时，可采用两台机组担任调频机组，这时这两台机组的机组调差率 e_p 应该取（ ）。

A. 0   B. 0.8%～1.5%   C. 6%～8%

4-66 根据图4-25，介绍YT型调速器的出力调整原理。（6分）

4-67 在中小型机组中，微机调节器的结构常采用_____结构；在大中型机组中常采用_____或_____冗余结构。

4-68 双机冗余结构的微机调节器，每一个微机调节器都是由_____板、_____板、_____板、_____板和_____板组成。

4-69 简述数字测频的原理，假设测频计数器中的数字 $N_f=20100$，请计算此时的发电机频率 f。（5分）

4-70 简述数字鉴相的原理，假设鉴相计数器中的数字 $N_{x1}=0$，$N_{x2}=200$，请回答此时发电机相位是超前电网相位还是滞后电网相位？并计算此时两者的相位差 ϕ。（6分）

4-71 主从机故障检测到CPU工作正常时，每个周期 T_1 由_____向单稳电路a发送一个脉冲。

4-72 主从机故障检测到作为主机的A机CPU错误或程序混乱时，A机单稳电路b后面的与非门电路输出_____脉冲，送到A机CPU的_____端子，使A机CPU_____；与此同时，A机单稳电路a的Q端输出_____电平，退出作为主机状态。

4-73 主从机故障检测到作为主机的B机CPU错误或程序混乱时，B机切换三极管VT转为（ ）状态。

A. 截止   B. 放大   C. 饱和

4-74 主从机故障检测到作为主机的B机CPU错误或程序混乱时，（ ）。

A. A机切换继电器 K_A 失磁、B机切换继电器 K_B 吸合

B. A机切换继电器 K_A 吸合、B机切换继电器 K_B 失磁

C. A机切换继电器 K_A 吸合、B机切换继电器 K_B 吸合

D. A机切换继电器 K_A 失磁、B机切换继电器 K_B 失磁

4－75　切换继电器 K_A 和 K_B 分别在对方回路中串联一个常闭接点，能保证＿＿＿＿＿＿＿＿＿＿

＿＿＿＿＿＿＿＿＿＿＿＿。

4－76　由于＿＿＿＿＿＿＿＿＿＿＿＿＿＿＿＿的原因，对微机调节器后面的电液随动系统来讲，前面的这种主从机切换是无扰动切换。

4－77　微机调速器的特殊功能有＿＿＿＿＿＿＿＿＿＿＿＿功能、＿＿＿＿＿＿＿＿＿＿＿＿功能、＿＿＿＿＿＿＿＿＿＿功能、＿＿＿＿＿＿＿＿＿＿＿＿功能、＿＿＿＿＿＿＿＿＿＿功能和＿＿＿＿＿＿＿＿＿＿功能六种。

4－78　在将电调节信号转换成机械位移调节信号或油压调节信号的信号转换方法上，除了＿＿＿＿＿＿＿＿＿和＿＿＿＿＿＿＿＿＿以外，近几年又出现了采用＿＿＿＿＿＿＿＿＿的方法。

4－79　微机调速器的三大类系统结构中共有哪五种结构形式？（6分）

4－80　电液伺服阀又称＿＿＿＿＿＿＿＿＿＿＿＿＿＿＿＿，有输出＿＿＿＿＿＿＿＿＿＿＿和＿＿＿＿＿＿＿＿＿＿两种形式，其中＿＿＿＿＿＿＿＿＿形式必须配中间接力器和负反馈。

4－81　比较电液伺服阀与伺服电机的优缺点。（4分）

4－82　为什么标准液压元件对油质的要求较低？（3分）

4－83　采用标准液压元件，取消了传统液压放大中的＿＿＿＿＿＿＿＿＿＿＿＿＿＿＿＿和＿＿＿＿＿＿＿＿＿＿＿＿＿＿，使调速器的机械液压部分大大简化。采用插装阀组，取消了元件之间的＿＿＿＿＿＿＿＿＿＿＿＿，使得液压部分结构紧凑，集成化程度高。

4－84　比例阀是一只＿＿＿＿＿＿＿＿＿线圈的＿＿＿＿＿＿＿＿＿＿阀，输出＿＿＿＿＿＿根信号油管，只有＿＿＿＿＿＿＿＿＿＿＿＿＿＿＿时，左右液控阀才同时关闭，以保证接力器处于＿＿＿＿＿＿＿＿＿＿状态。

4－85　实际运行中只要比例阀的（　　）通电，左右液控阀就会同时打开。

A. 左线圈　　　　　　　B. 右线圈　　　　　　　C. 左右线圈同时

D. 左右线圈同时不　　　E. 左线圈或右线圈中任一只线圈

4－86　数字阀是一只＿＿＿＿＿＿＿＿线圈的＿＿＿＿＿＿＿＿＿＿阀，输出＿＿＿＿＿＿根信号油管，只有两只数字阀＿＿＿＿＿＿＿＿＿＿＿＿＿时，左右液控阀才同时关闭，以保证接力器处于＿＿＿＿＿＿＿＿＿＿状态。

4－87　实际运行中只要（　　）通脉冲电流，左右液控阀就会同时打开。

A. 开侧数字阀　　　　　　B. 关侧数字阀　　　　　　C. 两只数字阀同时

D. 两只数字阀同时不　　　E. 开侧数字阀或关侧数字阀中任一只数字阀

4－88　数字阀输出压力油流量的多少与（　　）成正比。

A. 脉冲电流的宽度　　　　B. 脉冲电流信号作用的时间

C. 脉冲电流的宽度和信号作用的时间

4－89　由于＿＿＿＿＿＿＿＿＿＿＿＿，所以称它为数字阀；由于＿＿＿＿＿＿＿＿＿＿＿＿，又称它为快速开关阀；由于＿＿＿＿＿＿＿＿＿＿＿＿，还称它为电磁球阀。

第五章

5－1　写出水轮发电机组正常开机的操作步骤。（6分）

5－2　写出水轮发电机组正常停机的操作步骤。（6分）

5－3　（　　）时，导叶和主阀一起关闭。

A. 正常停机　　　　　　　B. 事故停机　　　　　　　C. 紧急停机

5－4　（　　）时，导叶关到空载开度。

A. 正常停机　　　　　　　B. 事故停机　　　　　　C. 紧急停机

5-5　计算机监控包括＿＿＿＿＿＿＿功能和＿＿＿＿＿＿＿功能两大部分。

5-6　计算机监测项目包括＿＿＿＿＿＿量监测和＿＿＿＿＿＿量监测两大类。其中＿＿＿＿＿＿量监测又可分为＿＿＿＿＿＿量监测和＿＿＿＿＿＿量监测。

5-7　计算机控制项目按控制功能分有＿＿＿＿＿＿控制和＿＿＿＿＿＿控制两个级别；按控制方式分有＿＿＿＿＿控制、＿＿＿＿＿控制和＿＿＿＿＿控制三种，其中＿＿＿＿＿控制是简单控制，＿＿＿＿＿控制是难度控制。

5-8　举例写出 6 个计算机检测需要采集的电模拟量信号。（3分）

5-9　举例写出 6 个计算机检测需要采集的非电模拟量信号。（3分）

5-10　举例写出 6 个计算机检测需要采集的开关量信号。（3分）

5-11　举例写出 6 个计算机控制需要输出的开关量信号。（3分）

5-12　所有需要采集的非电模拟量信号一律由＿＿＿＿＿＿器转换成＿＿＿＿＿＿直流电压或＿＿＿＿＿＿直流电流的标准模拟量，再经过＿＿＿＿＿＿转换后，送入 CPU。

5-13　所有需要采集的电模拟量信号一律由＿＿＿＿＿＿器转换成＿＿＿＿＿＿直流电压或直流电流的标准模拟量，再经过＿＿＿＿＿＿转换后，送入 CPU。

5-14　所有需要采集的接点"闭合"和"断开"的状态开关量信号，一律由＿＿＿＿＿＿器转换成CPU 能读懂的＿＿＿＿＿＿和＿＿＿＿＿＿逻辑信号，送入 CPU。

5-15　从 CPU 输出的信号有供＿＿＿＿＿＿用的数字量信号还必须经过 D/A 转换成＿＿＿＿＿＿V的直流电压信号。

5-16　从 CPU 输出的开关量信号都是以＿＿＿＿＿＿和＿＿＿＿＿＿逻辑信号，由＿＿＿＿＿＿和＿＿＿＿＿＿转换成接点的"闭合"和"断开"状态的开关量信号。

5-17　从 CPU 输出的所有开关量信号都必须经过（　　）隔离后再去控制被控对象。

A. 变压器　　　　　　　B. 中间继电器　　　　　　C. 数模转换器

5-18　由于需要采集的开关量信号所处的现场环境较差，可能有机械振动，所以，采集的开关量信号都必须经过＿＿＿＿＿＿＿＿＿＿处理，才能送入 CPU。

5-19　从 CPU 输出的所有开关量信号都是以（　　）的形式输出。

A. 接点闭合和断开　　　B. 逻辑信号"0"和"1"　　　C. 电流的有无

5-20　表示作用断路器在断开或闭合位置、风闸投入或退出位置、主阀打开或关闭位置等信号属于（　　）。

A. 开关量输入信号　　　B. 开关量输出信号　　　C. 模拟量输入信号

D. 模拟量输出信号　　　E. 数字量输出信号

5-21　表示作用断路器投入或退出、风闸投入或退出、主阀打开或关闭等信号属于（　　）。

A. 开关量输入信号　　　B. 开关量输出信号　　　C. 模拟量输入信号

D. 模拟量输出信号　　　E. 数字量输出信号

5-22　画出中小型水电厂常见的计算机监控系统结构原理草图，并写出图中每一项内容的任务。（8分）

第六章

6-1　火电厂三大动力设备及各自的作用？（3分）

6-2　什么叫工质？（2分）

6-3　什么叫热力学的过程？（2分）

6-4　开口系的热力学系统与外界存在（　　）。

A. 物质交换　　　　　　　　B. 能量交换　　　　　　C. 物质交换和能量交换

6-5　工质流动速度（　　）的流动称恒定流。

A. 随时间变化而变化　　　　　　　　　　　B. 随时间变化而不变

C. 随沿程变化而变化　　　　　　　　　　　D. 随沿程变化而不变

6-6　描述工质状态的三个基本状态参数为（1）_____，表示_____；
（2）_____，表示_____；（3）_____，表示_____。
三个导出状态参数为（1）_____，表示_____；（2）_____，表示
_____；（3）_____，表示_____。

6-7　工质状态的定量描述可以用工质的_____和_____两个状态参数，查_____表，得到
另外几个状态参数；或用工质的_____和_____两个状态参数，查_____图，得到另外几个状态
参数。

6-8　工质状态的 p—v 图又称为_____图，图中的一个点表示工质的_____，两个
点之间的连线表示_____，连线下面的面积可以定性表示
_____。

6-9　工质状态的 T—s 图又称为_____图，图中的一个点表示工质的_____，两个点之
间的连线表示_____，连线下面的面积可以定性表示
_____。

6-10　热力学第一定律是_____，热力学第二定律是
_____。

6-11　热力学第二定律符合或遵循（　　）。

A. 能量守恒定律　　　　　　B. 质量守恒定律　　　　　　C. 事物变化的不可逆性

6-12　写出开口系恒定流能量方程的表达式，并解释方程式表达的含义。（5分）

6-13　对于汽轮机，由于_____变化很小，可以忽略不计；_____变化很小，也可以忽略
不计，因此开口系恒定流能量方程在汽轮机中的表达式为_____。

6-14　写出开口系恒定流能量方程在回热加热器的表达式，并解释原因。（4分）

6-15　对于喷嘴，由于与外界既没有_____也没有_____，又由于_____变化很小，
可以忽略不计，因此开口系恒定流能量方程在喷嘴中的表达式为_____。

6-16　设喷嘴进出口蒸汽的比焓下降值 $\Delta h = 150kJ/kg$，喷嘴出口蒸汽压力为 1MPa、温度为
350℃，喷嘴出口面积 $A_2 = 28cm^2$，认为喷嘴进口蒸汽流速 $c_1 \approx 0$，请计算：（4分）

（1）喷嘴出口蒸汽流速 c_2；

（2）通过喷嘴的蒸汽流量 D。

6-17　写出三种热量传递的名称、方法及特点，并各举一个实例。（6分）

6-18　卡诺循环是由_____、_____、_____和_____四个过程组成的
理想热力循环。

6-19　卡诺循环向我们提示哪三个重要结论？（6分）

6-20　名词解释：未饱和水、饱和水、饱和温度、饱和压力、湿饱和蒸汽、干饱和蒸汽、过热蒸
汽、干度。（8分）

6-21　在水蒸气的定压预热过程中，工质的温度_____，压力_____，比容_____，
比焓_____，比熵_____，干度_____，工质的状态从_____变成_____，其吸
热量称_____。

6-22　在水蒸气的定压汽化过程中，工质的温度_____，压力_____，比容_____，
比焓_____，比熵_____，干度_____，工质的状态从_____变成_____，其吸

热量称_____。

6-23　在水蒸气的定压过热过程中，工质的温度_____，压力_____，比容_____，比焓_____，比熵_____，干度_____，工质的状态从_____变成_____，其吸热量称_____。

6-24　在水蒸气形成的 $T-s$ 图上，C 点称_____点，其压力为_____MPa，温度为_____℃，干度为_____，在升温加热过程中不再有_____过程。

6-25　在水蒸气形成的 $T-s$ 图上，$C-A$ 线称_____线，是不同压力下_____状态点的连线，共同特点是_____；$C-B$ 线称_____线，是不同压力下_____状态点的连线，共同特点是_____。

6-26　在水蒸气形成的 $T-s$ 图上，$C-A$ 线左边的区域称_____区，是不同压力下_____状态点的集合，共同特点是_____；$C-B$ 线右边的区域称_____区，是不同压力下_____状态点的集合，共同特点是_____；$C-A$ 线与 $C-B$ 线之间的区域称_____区，是不同压力下_____状态点的集合，共同特点是_____。

6-27　查出压力分别在 0.004、0.1、14MPa 和 22.129MPa 下水汽化所需的汽化潜热 r，并找出规律。（4分）

6-28　保持容器内压力 12MPa 不变，将饱和干蒸汽加热到 550℃ 的过热蒸汽，计算单位千克工质携带的能量增加的百分数（%）和过热蒸汽的过热度 D。（4分）

6-29　分别保持容器内压力为 0.004MPa 不变、0.1MPa 不变和 12MPa 不变，将饱和水加热到饱和干蒸汽，计算这三种情况下单位千克工质的比容增加的百分数（%）并找出规律。（4分）

6-30　分别保持容器内压力为 0.004MPa 不变、0.1MPa 不变和 12MPa 不变，将饱和水加热到饱和干蒸汽，计算这三种情况下单位千克工质的比焓增加的百分数（%）并找出规律。（4分）

6-31　保持容器内压力 12MPa 不变，请问当温度为 124.64℃、324.64℃ 和 524.64℃ 时的工质各是什么状态？（3分）

6-32　保持容器内温度 275.56℃ 不变，请问当压力为 4、6MPa 和 10MPa 时的工质各是什么状态？（3分）

6-33　基本朗肯循环过程 1→2，在_____设备中进行_____，工质的温度_____，压力_____，比容_____，比焓_____，比熵_____，干度_____，工质的状态从_____变成_____，单位千克工质做功_____（kJ）。

6-34　基本朗肯循环过程 2→3，在_____设备中进行_____，工质的温度_____，压力_____，比容_____，比焓_____，比熵_____，干度_____，工质的状态从_____变成_____，单位千克工质放热_____（kJ）。

6-35　基本朗肯循环过程 3→4，在_____设备中进行_____，工质的温度_____，压力_____，比容_____，比焓_____，比熵_____，干度_____，工质的状态从_____变成_____，单位千克工质能量变化_____（kJ）。

6-36　基本朗肯循环过程 4→5，在_____设备中进行_____，工质的温度_____，压力_____，比容_____，比焓_____，比熵_____，干度_____，工质的状态从_____变成_____，单位千克工质吸热量_____（kJ）。

6-37　基本朗肯循环过程 5→6，在_____设备中进行_____，工质的温度_____，压力_____，比容_____，比焓_____，比熵_____，干度_____，工质的状态从_____变成_____，单位千克工质吸热量_____（kJ）。

6-38　基本朗肯循环过程 6→1，在_____设备中进行_____，工质的温度_____，压力_____，比容_____，比焓_____，比熵_____，干度_____，工质的状态从_____变成_____，单位千克工质吸热量_____（kJ）。

6-39 某火电厂汽轮机进汽参数 $p_1 = 16\text{MPa}$、$t_1 = 550℃$，排汽压力 $p_2 = 0.004\text{MPa}$、干度 $x = 0.88$，请计算：（6分）

（1）按基本朗肯循环方式运行时的循环热效率 η_t；

（2）按卡诺循环方式运行时的循环热效率 η_t；

（3）两者相差多少？

6-40 基本朗肯循环初压 $p_1 = 16\text{MPa}$、乏汽压力 $p_2 = 0.004\text{MPa}$、干度 $x = 0.88$，请计算：（6分）

（1）初温为 $t_1 = 550℃$ 时的基本朗肯循环热效率；

（2）初温为 $t_1 = 500℃$ 时的基本朗肯循环热效率；

（3）两者相差多少？

6-41 基本朗肯循环初温 $t_1 = 550℃$、乏汽压力 $p_2 = 0.004\text{MPa}$、干度 $x = 0.88$，请计算：（6分）

（1）初压为 $p_1 = 16\text{MPa}$ 时的基本朗肯循环热效率；

（2）初压为 $p_1 = 14\text{MPa}$ 时的基本朗肯循环热效率；（提示：由于初温不变，初压降低，使得乏汽干度增大到 $x = 0.92$）

（3）两者相差多少？

6-42 基本朗肯循环初压 $p_1 = 16\text{MPa}$、初温 $t_1 = 550℃$、乏汽干度 $x = 0.88$，请计算：（6分）

（1）乏汽压力 $p_2 = 0.004\text{MPa}$ 时的基本朗肯循环热效率；

（2）乏汽压力 $p_2 = 0.04\text{MPa}$ 时的基本朗肯循环热效率；

（3）两者相差多少？

6-43 提高朗肯循环热效率的方法有哪五种？并分别说明原理、优缺点或受限条件。（10分）

6-44 采用提高朗肯循环热效率的方法后的循环热效率，也很难超过（　　　）。

A. 35%　　　　　　　　　B. 45%　　　　　　　　　C. 66.4%

6-45 根据图 6-22 熟练画出火电厂燃烧系统生产工艺流程方框图，正确标明框内和箭头上的文字。（6分）

6-46 根据图 6-22 熟练画出火电厂汽水系统生产工艺流程方框图，正确标明框内和箭头上的文字。（6分）

6-47 二次风的作用是用来（　　　）。

A. 干燥煤粉　　　　B. 干燥输送煤粉　　　　C. 输送助燃煤粉　　　　D. 助燃煤粉

6-48 在汽水系统的封闭循环系统中，工质流动的大部分流道不是_____就是_____，工质在其中匆匆而过，永不停息。

6-49 在汽水系统的封闭循环系统中，高压流段惟一的一只压力容器是_____，低压流段惟一的一只压力容器是_____，工质只有在其中才有可能稍作停留。

6-50 在汽水系统的封闭循环系统中，低压流段惟一的一只压力容器是（　　　）。

A. 凝汽器　　　　　　　　B. 给水箱　　　　　　　　C. 除氧器

6-51 水冷壁管内的水的汽化率过高会产生什么后果？应控制在多少范围内？（3分）

第七章

7-1 锅炉的特性指标有哪四个？（4分）

7-2 请读出下列锅炉牌号所表示的意思。（3分）

DG—670/137—540/540—8

7-3 按所用燃料分类电厂锅炉可分为_____炉、_____炉和_____炉。

7-4 按锅炉的工作压力分类电厂锅炉可分为_____锅炉、_____锅炉、_____锅炉和_____锅炉。

7-5 按水冷壁内工质的流动动力分类电厂锅炉可分为_____锅炉、_____锅炉和_____锅炉。

7-6 在水泵与饱和水和蒸汽的密度差共同作用下，工质在水冷壁管内自下而上流动，这种锅炉称（   ）。

A. 自然循环锅炉　　　　　　　B. 强制循环锅炉　　　　　　C. 直流锅炉

7-7 不设汽包的锅炉称（   ）。

A. 自然循环锅炉　　　　　　　B. 强制循环锅炉　　　　　　C. 直流锅炉

7-8 在_____锅炉中，饱和水和饱和蒸汽的密度差等于零。

7-9 按煤的燃烧方法分类电厂锅炉可分为_____燃烧锅炉、_____燃烧锅炉、_____燃烧锅炉和_____燃烧锅炉四种。

7-10 引风机的引风能力略大于送风机的送风能力的锅炉称_____锅炉。

7-11 煤的元素分析成分有_____、_____、_____、_____、_____、_____和_____七种，其中_____、_____和_____为可燃成分。

7-12 煤的工业分析成分有_____、_____、_____和_____四种。

7-13 火电厂排放的烟气中，_____和_____为有害气体，在大气中产生_____效应，破坏_____，形成_____。

7-14 脱硫措施按反映物质的状态不同有_____式和_____式两大类，其中_____式脱硫能产生_____、_____或_____有价值的副产品。

7-15 脱氮措施常采用_____和_____两种方法，_____锅炉，脱氮效果较好。

7-16 锅炉本体由_____系统和_____系统两大部分组成。辅助设备包括_____系统、_____系统、_____系统、_____和_____系统。

7-17 制粉系统有_____式和_____式两种形式。两者在设备配置上的区别是_____。

7-18 燃烧器的作用和种类？（4分）

7-19 空气预热器的作用？（3分）

7-20 省煤器的作用？（3分）

7-21 水的汽化循环系统由_____、_____、_____和_____四部分组成。

7-22 过热器的作用？（3分）

7-23 再热器的作用？（3分）

7-24 调节给粉机的_____，可以调节给粉机送出的煤粉量。

7-25 在（   ）磨煤机的制粉系统中，粗粉分离器与磨煤机是分开的两个独立的设备。

A. 低速　　　　　　　　　　　B. 中速　　　　　　　　　　C. 高速

7-26 再热蒸汽的压力约为新蒸汽压力的（   ）。

A. 80%～85%　　　　　　　B. 40%～45%　　　　　　　C. 20%～25%

7-27 锅炉中直接参与热交换的部件有_____、_____、_____、_____和_____五个。

7-28 除尘器有_____式和_____式两大类，前一类中的_____除尘器在大中型火电厂应用较多；后一类中的_____除尘器在中小型火电厂应用较多。

7-29 静电除尘器中的集尘极周围的电场强度（   ）。

A. 较强　　　　　　　　　　　B. 较弱　　　　　　　　　　C. 由于接地所以为零

7-30 在离心式水膜除尘器中，烟气沿筒壁的（   ）方向进入。

A. 半径　　　　　　　　B. 轴线　　　　　　　　C. 切线

第八章

8-1　在汽轮机的纯冲动级中，蒸汽在动叶流道内一边流动，一边（　　　）。

A. 改变运动方向，但沿程不降压膨胀

B. 不改变运动方向，但沿程降压膨胀

C. 既改变运动方向，又沿程降压膨胀

8-2　在汽轮机的反动级中，蒸汽在动叶流道内一边流动，一边（　　　）。

A. 改变运动方向，但沿程不降压膨胀

B. 不改变运动方向，但沿程降压膨胀

C. 既改变运动方向，又沿程降压膨胀

8-3　从流体运动的角度观察，水轮机叶片内的流体运动与汽轮机叶片内的流体运动有何区别？（4分）

8-4　火箭发射时，高速喷出的气体对火箭作用了强大的（　　　）。

A. 冲动力　　　　　　　B. 反动力　　　　　　　C. 冲动力和反动力

8-5　在汽轮机的反动级动叶内，高速运动的蒸汽流对动叶作用了（　　　）。

A. 冲动力　　　　　　　B. 反动力　　　　　　　C. 冲动力和反动力

8-6　为什么说水轮机的"冲击式"和"反击式"与汽轮机的"冲动式"和"反动式"表示的不是同一种意思？（3分）

8-7　在纯冲动式汽轮机的理想动叶内，蒸汽沿程（　　　）。

A. 压力下降，比焓不变，速度下降　　　　　　　B. 压力下降，比焓下降，速度下降

C. 压力不变，比焓不变，速度下降　　　　　　　D. 压力不变，比焓下降，速度下降

8-8　在反动式汽轮机的理想动叶内，蒸汽沿程（　　　）。

A. 压力下降，比焓不变，速度下降　　　　　　　B. 压力下降，比焓下降，速度下降

C. 压力不变，比焓不变，速度下降　　　　　　　D. 压力不变，比焓下降，速度下降

8-9　在汽轮机喷嘴内，蒸汽沿程（　　　）。

A. 压力下降，比焓不变，速度增大　　　　　　　B. 压力下降，比焓下降，速度增大

C. 压力不变，比焓不变，速度增大　　　　　　　D. 压力不变，比焓下降，速度增大

8-10　比较斜击式水轮机射流冲击叶片的工作原理与纯冲动式汽轮机射流冲击叶片的工作原理，写出两者有哪些相同点和不同点？（4分）

8-11　反动度 $0<\rho<0.5$ 的汽轮机工作级，称为（　　　）。

A. 纯冲动式　　　　　　B. 冲动式　　　　　　　C. 反动式

8-12　在理想条件下，纯冲动级的最佳速度比为_____；反动级的最佳速度比为_____。

8-13　（　　　）汽轮机的做功能力最大。

A 纯冲动式　　　　　　B. 冲动式　　　　　　　C. 反动式

8-14　（　　　）汽轮机的做功效率最高。

A. 纯冲动式　　　　　　B. 冲动式　　　　　　　C. 反动式

8-15　大中型汽轮机中较多地采用_____；中小型汽轮机中较多地采用_____。

8-16　比较图 2-44（b）与图 8-9，写出两者的相同点和不同点。（3分）

8-17　写出单级汽轮机的轮周功率表达式，解释效率最高或出力最大的条件。（4分）

8-18　按热力过程分类可分为_____式汽轮机、_____式汽轮机、_____式汽轮机和_____式汽轮机。

8-19　请读出下列汽轮机牌号所表示的意思。（3分）

N300—165/550/550

8-20　汽轮机本体由_____、_____和_____三部分组成；辅助设备由_____、_____和_____三部分组成。

8-21　隔板的作用？（3分）

8-22　汽封的作用？（3分）

8-23　调节汽门的作用？说明油动机操作调节汽门的动作原理。（6分）

8-24　正常运行中汽轮机调节级的一列动叶在周线上是（　　）。

A. 全周进汽　　　　　　　　B. 部分进汽　　　　　　　C. 根据负荷不同在变化的部分进汽

8-25　正常运行中汽轮机压力级的一列动叶在周线上是（　　）。

A. 全周进汽　　　　　　　　B. 部分进汽　　　　　　　C. 根据负荷不同在变化的部分进汽

8-26　设群阀提板式调节阀有5个调节汽门，则随着横梁的上升，五个调节汽门（　　）。

A. 一起打开　　　　　　B. 一起关闭　　　　　　C. 逐个打开　　　　　　D. 逐个关闭

8-27　回热加热系统由_____和_____组成。

8-28　除氧器同时具有_____和_____作用。

8-29　抽气器的作用有两个：一是在运行中_____，维持汽轮机尾部的高度真空，这种抽气器称_____抽气器；二是机组启动前_____，使机组尽快进入正常运行状态，这种抽气器称_____抽气器。

8-30　冷却水供水系统有_____和_____两种，当电厂周围河水水源不足或没有河流时，采用_____形式的冷却水供水系统。

8-31　分别写出给水泵、循环水泵、凝结水泵和冷却水泵的作用。（8分）

第九章

9-1　比较汽轮机调节系统图9-1与水轮机调节系统图4-1的相同点和不同点。（4分）

9-2　比较汽轮机机械液压型调速器和水轮机机械液压型调速器机组转速测量方法的相同点和不同点。哪一种转速测量方法更优？为什么？（5分）

9-3　比较汽轮机微机液压型调速器和水轮机微机液压型调速器机组转速测量方法的相同点和不同点。（3分）

9-4　比较汽轮机调速器和水轮机调速器液压放大器内部的信号传递方法的相同点和不同点。哪一种信号传递方法更优？为什么？（5分）

9-5　比较汽轮机机械液压型调速器和水轮机机械液压型调速器油压装置的相同点和不同点。哪一种油压装置更优？为什么？（5分）

9-6　随动滑阀和继动器相当于YT型调速器中的_____；错油门相当于YT型调速器中的_____；油动机相当于YT型调速器中的_____；反馈滑阀相当于YT型调速器中的_____；同步器相当于YT型调速器中的_____。

9-7　简述油动机作用和操作调节汽门的工作原理。（5分）

9-8　机械液压型调速器中的同步器相当于微机调速器中的（　　）。

A. 单机运行时的频率给定　　　　　　　　　　B. 并网运行时的功率给定

C. 单机运行时的频率给定和并网运行时的功率给定

9-9　解释汽轮发电机组不宜频繁进出电网的原因，比较汽轮发电机组和水轮发电机组进出电网哪一个更方便？为什么？（4分）

9-10 解释汽轮发电机组在电网中不宜大幅度压负荷参与负荷调节的原因，比较汽轮发电机组和水轮发电机组参与负荷调节哪一个更优？为什么？（4分）

9-11 比较汽轮发电机组和水轮发电机组的发电功率保证率，哪一个更优？为什么？（4分）

9-12 电网中水电机组的比例过高，会产生什么后果？电网中火电、核电机组的比例过高，会产生什么后果？水电机组的比例多少较为合适？（5分）

9-13 简述抽水蓄能机组在电网中的削峰填谷作用。（4分）

9-14 汽轮机机械液压型调速器的运动方程和静态特性？（3分）

9-15 为什么汽轮机调节要采用功频调节系统？在水轮机调节中为什么不采用？（5分）

9-16 简述汽轮机功频调节原理。（6分）

第十章

10-1 给水泵再循环电动阀的作用是（　　）。

A. 对给水泵出口分流　　　B. 对给水泵出口降压　　　C. 对给水泵出口增压

10-2 写出旁路系统的作用。（4分）

10-3 根据国产125MW再热式机组的原则性热力系统图，介绍热力系统工作原理。（6分）

10-4 只表示热力设备之间本质联系的热力系统称为（　　）热力系统。

A. 局部　　　　　　B. 全厂　　　　　　C. 原则性　　　　　　D. 全面性

10-5 火电厂主要技术经济指标有＿＿＿＿＿率、＿＿＿＿＿率、＿＿＿＿＿率、＿＿＿＿＿率和＿＿＿＿＿率五项。

10-6 汽耗率高是否一定是经济技术指标差？为什么说热耗率比汽耗率更能确切地反映汽轮机的生产质量？（5分）

10-7 我国目前的平均煤耗率为多少？为什么国家要坚决关闭小火电？（3分）

10-8 火电厂将煤的化学能转换成电能的过程中，能量转换总效率有哪几部分组成？总效率一般为何值？主要是什么原因使得火电厂的总效率比水电厂低得多？（6分）

10-9 设单缸汽轮机，进口新蒸汽压力 12MPa、温度 550℃，乏汽压力 0.004MPa，乏汽干度 $x=0.88$，新蒸汽流量 360t/h，汽轮机内效率 $\eta_{oi}=85\%$，汽轮机机械效率 $\eta_j=98\%$，发电机效率 $\eta_g=98.58\%$，请计算：（6分）

（1）蒸汽对汽轮机所做的功率 N_z；

（2）汽轮机出力 N_q；

（3）发电机出力 N_g。

10-10 根据工作时汽轮机与锅炉的联合方式不同分为＿＿＿＿＿＿＿＿＿＿供汽系统和＿＿＿＿＿＿＿＿＿＿供汽系统两种形式，其中＿＿＿＿＿＿＿＿＿＿供汽系统适用在大中型火电厂。

10-11 锅炉在启停过程中，增加或减少燃料入炉量及增加或减少投入的喷油枪和燃烧器的数目可以调节主蒸汽的（　　）。

A. 汽压　　　　　　　　B. 汽温　　　　　　　　C. 汽压和汽温

10-12 锅炉在启停过程中，调整喷水减温装置对过热蒸汽的喷水量，可以调节主蒸汽的（　　）。

A. 汽压　　　　　　　　B. 汽温　　　　　　　　C. 汽压和汽温

10-13 锅炉在启停过程中，切换旁路阀可以调节蒸汽的（　　）。

A. 汽压和汽温　　　　　B. 汽压和流量　　　　　C. 汽温和流量

10-14 锅炉在启停过程中，调整给水泵再循环电动阀的开度，可以调节主蒸汽的（　　）。

A. 汽压　　　　　　　　B. 汽温　　　　　　　　C. 流量

10-15 锅炉在正常的带负荷运行中，主蒸汽的汽温汽压调节可以采取（　　）。

A. 增加或减少燃料入炉量　　B. 增加或减少投入的喷油枪和燃烧器的数目

C. 增加或减少燃料入炉量及增加或减少投入的喷油枪和燃烧器的数目

10-16　锅炉在正常的带负荷运行中，主蒸汽的汽温调节还可以采取调整_____。

10-17　简述冷态滑参数正常启动的一般操作步骤。（8分）

10-18　简述滑参数正常停机的一般操作步骤。（8分）

10-19　在火电厂计算机监控的顺序操作过程中，为什么要设置多个"断点"？（4分）

10-20　从被控设备的数量和监控的技术两方面比较火电厂计算机监控系统和水电厂计算机监控系统。（4分）

10-21　除了水电厂计算机监控系统所具有的_____调节控制系统和_____调节控制系统外，火电厂计算机监控系统的调节控制还有_____调节控制系统；_____调节控制系统；_____调节控制系统和_____调节控制系统。

10-22　火电厂计算机监控系统中，面对生产过程的下位机系统由_____系统、_____系统、_____系统和_____系统四部分组成。

部 分 参 考 答 案

1-4 C 1-5 $\alpha = \left(\sum_{1}^{n} u_i^2\right)/v^2 n$ 1-6 1.274m 1-7 2.039m 1-8 (1) 3.049m;(2) 3.049m;(3) 3m 1-9 B 1-10 D 1-11 (1) 4036.1kW;(2) 35356325.79kW·h;(3) 11314024.25元 1-12 C 1-17 A 1-18 C

2-1 D 2-2 (1) 13.55m;(2) 142.83m;(3) 5208.33kW;(4) 5000kW 2-3 B 2-11 B 2-16 B 2-17 B 2-22 (1) 29.86m/s;(2) 42.91m/s,34.48m/s;(3) 21.62m/s,52.88° 2-23 (1) 71.59m/s;(2) 73.27m/s,85.93% 2-24 B 2-25 B 2-26 A 2-28 C

3-2 B 3-7 D 3-13 B 3-18 能用,只要在计算机程序中增加一条命令

4-5 A 4-11 C 4-12 B 4-17 B 4-18 A 4-20 D 4-21 E 4-22 B 4-23 E 4-26 C 4-27 D 4-28 C 4-29 D 4-30 B 4-31 E 4-32 A 4-36 D 4-40 E 4-46 C 4-58 C 4-59 A 4-60 A 4-62 B 4-63 A 4-64 B 4-65 B 4-69 49.75Hz 4-70 机组相位滞后电压相位3.6° 4-73 A 4-74 B 4-85 D 4-87 D 4-88 C

5-3 C 5-4 B 5-17 B 5-19 B 5-20 A 5-21 B

6-4 C 6-5 B 6-11 C 6-16 (1) 547.72m/s;(2) 5.43kg/s 6-27 2432.7kJ/kg,2258.2kJ/kg,1065.5kJ/kg,0 6-28 29.62%,225.36℃ 6-29 3466434%,162411%,933% 6-30 2004%,641%,179.87% 6-31 未饱和水,饱和蒸汽,过热蒸汽 6-32 过热蒸汽,饱和蒸汽,未饱和水 6-39 (1) 35.45%;(2) 63.31%;(3) 27.86% 6-40 (1) 35.45%;(2) 32.57%;(3) 2.88% 6-41 (1) 35.45%;(2) 32.95%;(3) 2.5% 6-42 (1) 35.45%;(2) 34.60%;(3) 0.85% 6-44 B 6-47 D 6-50 B

7-6 B 7-7 C 7-25 A 7-26 C 7-29 B 7-30 C

8-1 A 8-2 C 8-4 B 8-5 C 8-7 C 8-8 B 8-9 B 8-11 B 8-13 A 8-14 C 8-24 C 8-25 A 8-26 C

9-8 C

10-1 B 10-4 C 10-9 (1) 121782kW;(2) 101444.4kW;(3) 10万kW 10-11 C 10-12 B 10-13 B 10-14 A 10-15 A

参　考　文　献

1　中国水力发电工程（九五国家重点图书）．北京：中国电力出版社，2000

2　中国电力百科全书（第二版）．北京：中国电力出版社，2001

3　王定一等主编．水电厂计算机监视与控制．北京：中国电力出版社，2001

4　梅祖彦主编．抽水蓄能发电技术．北京：机械工业出版社，2000

5　高严主编．面向21世纪电力科学技术讲座．北京：中国电力出版社，2001

6　边立秀等主编．热工控制系统．北京：中国电力出版社，2002

7　肖增弘，徐丰主编．汽轮机数字式电液调节系统．北京：中国电力出版社，2003

8　关金烽主编．发电厂动力部分．北京：中国电力出版社，1998

9　易大贤，史振声主编．发电厂动力设备．北京：水利电力出版社，1995

10　金维强，涂仲光主编．电厂锅炉．北京：中国电力出版社，1995

11　童建栋主编．冲击式水轮机．杭州：Hangzhou International Center．1991

12　杨敏媛主编．火电厂动力设备．北京：中国水利水电出版社，1996

13　俞国泰主编．电厂热力设备及运行．北京：中国电力出版社，1997

14　季盛林，刘国柱主编．水轮机．北京：水利电力出版社，1986

15　沙锡林主编．贯流式水电站．北京：中国水利水电出版社，1999

16　林亚一主编．水轮机调节及辅助设备．北京：水利电力出版社，1995

17　辽宁省电力工业局．锅炉运行．北京：中国电力出版社，1995

18　辽宁省电力工业局．汽轮机运行．北京：中国电力出版社，1995

19　方勇耕，陈建农主编．水轮机及辅助设备运行与维修．南京：河海大学出版社，1991